元華文創

臺灣佛光人間
佛教出版與傳播研究
Taiwan Buddhist Publishing Research

從佛光山「人間佛教」主題出版品的發行，更加了解佛光山透過文化傳播，努力打造「人間佛教」願景的過程。

陳建安——著

摘　要

　　臺灣佛教的主體，是來自中國大陸的漢傳佛教。但是，經過近百年來曲折的歷史發展，臺灣漢傳佛教的文化性格，與舊有的漢傳佛教已經有顯著的不同。對於近二十多年來所形成的這種佛教，許多學者稱之為「新漢傳佛教」。經過佛教界裡面的太虛大師、歐陽竟無與印順大師等人，超過廿年的宣揚，新漢傳佛教終於在 1980 年代中期開始於臺灣盛行。加上經濟發達、政治鬆綁等因素，加上教義新穎，科學化，也適合現代社會需要，佛教信徒迅速增多。其中以星雲大師為首的佛光山教團，卻儼然成為「人間佛教」的代表。近半世紀以來，貫徹印順導師人間佛教理念的，首推佛光山的星雲大師。高希均曾說，星雲大師是人間佛教的第一人。星雲大師在海內外推動的「人間佛教」，是另一個《臺灣奇蹟》、另一次《寧靜革命》、另一場《和平崛起》。在臺灣宗教界，能結合佛教思想與人生幸福，加以多方面實踐與全球性推廣的領袖，當首推星雲大師。佛光山也在星雲大師的人間佛教模式下，已經成功透過出版傳播進行弘法，並讓人間佛教遍佈全世界。

　　星雲大師的人間佛教確實不只是世俗化、辦辦文化慈善、搞搞政治，它是帶動佛教整體走上現代化道路，而與社會之現代化相呼應相聯結的新佛教運動，是真正《在人間的佛教》。正因，佛光山或言星雲大師的「人間佛教」擁有現代化，屬於真正在「人間的佛教」，所以，本書優先的主要研究物件，就是可以真正落實「在人間的佛教」為主的出版物。本書先從臺灣佛教的發展，談到臺灣佛教出版物的發展，然後才論述到人間佛教出版物的發展；再者，透

過文獻資料與統計分析,將佛光山隸屬出版社關於「人間佛教」主題的書籍進行一一瀏覽分析,並且輔以佛光文化、香海文化、大覺文化與佛光山文化發行部等單位的負責法師與師姐們,進行面對面訪談,希冀找出「人間佛教」成功的編輯政策。

另外,透過定價、標題、文本型態、內容主題分析與行銷推廣、傳播管道等各種方式,去分析星雲模式如何成功推動「人間佛教」,並讓佛光山順利在臺灣社會化,成為穩定臺灣社會的一股力量。總言之,從星雲大師到佛光山各出版社的任一傳播行為,都是宗教文化傳播最大的功效,也是本書所提及「出版效果」。

關鍵字:佛教出版、佛光山、人間佛教

A Study on Buddhist Publishing in Fo Guang Shan Monastery

Chen Jianan （Library and Information Science）
Directed by Professor Li Changqing

ABSTRACT

The main body of Buddhism in Taiwan is the Chinese Buddhism from mainland China. However, after a hundred years of historical development, this kind of Buddhism formed by Taiwan over the past two decades has been called "New Chinese Buddhism". The new Han Buddhism began in Taiwan in the mid-1980s. Because of the economic development, political relaxation and other factors, Buddhist believers increased rapidly. Nebula Master, has become a representative of "Humanities Buddhism", and representatives of Fo Guang Shan Monastery.

Nebula Master's "Human Buddhism" is another "Taiwan miracle", another "quiet revolution" and another "peaceful rise". In the religious circles of Taiwan, Nebula Master is the only one that can combine Buddhism with thought and happiness. And the human Buddhism model, has been successfully spread through the publication of Dharma, and let the world of Buddhism around the world.

The main research object of this study is the publication of "Human Buddhism". From the development of Buddhist Buddhism in

Taiwan to the development of Buddhist publications in Taiwan, and finally to the development of human Buddhism publications. Through the literature and statistical analysis, we will analyze the books on the theme of "human Buddhism" , And supplemented by interviews with Buddhist Culture Press, or other mages and sisters who hope to find "human Buddhism" successful editing policy.In addition, through the pricing, title, text type, content theme analysis and marketing promotion, communication channels and other means to analyze how the nebula model successfully promote "human Buddhism." In general, from the Nebula Master to the Fo Guang Shan publishers of any communication behavior, are the greatest effect of religious culture, is also referred to in this paper, "published effect."

Key words：Buddhist Publishing、Human Buddhism、Fo Guang Shan Monastery.

目 次

摘　要 ·· i

A Study on Buddhist Publishing in Fo Guang Shan Monastery ··· iii

第一章　緒論 ·· 1
　1.1 研究緣起與其意義 ·· 1
　1.2 研究對象與目標 ·· 14
　1.3 研究綜述 ·· 22
　　1.3.1 臺灣地區宗教相關文獻分析 ······················ 23
　　1.3.2 臺灣地區佛教與出版相關文獻分析 ············ 45
　　1.3.3 臺灣地區人間佛教與出版相關文獻分析 ····· 60
　　1.3.4 佛光山與星雲大師相關文獻分析 ················ 71
　　1.3.5 其他地區相關文獻分析 ····························· 79
　1.4 研究方法、難點與研究創新、不足 ··················· 81
　　1.4.1 研究方法 ··· 81
　　1.4.2 研究創新 ··· 84
　　1.4.3 研究難點與不足 ······································· 85
　1.5 研究思路與章節架構 ······································· 86
　　1.5.1 研究思路 ··· 86
　　1.5.2 章節架構 ··· 87

第二章　臺灣佛教發展與佛教出版現況分析 ⋯⋯⋯⋯⋯⋯ 89
　2.1 臺灣佛教發展歷史與現況分析 ⋯⋯⋯⋯⋯⋯⋯⋯⋯⋯ 89
　2.2 臺灣佛教出版起源與現況 ⋯⋯⋯⋯⋯⋯⋯⋯⋯⋯⋯⋯ 102
　2.3 以人間佛教為主題的出版現況 ⋯⋯⋯⋯⋯⋯⋯⋯⋯⋯ 128

第三章　佛光山與星雲大師的「人間佛教」現況分析 ⋯⋯⋯ 143
　3.1 佛光山在臺灣地區現況分析 ⋯⋯⋯⋯⋯⋯⋯⋯⋯⋯⋯ 143
　3.2 星雲大師「人間佛教」模式分析 ⋯⋯⋯⋯⋯⋯⋯⋯⋯ 152
　　3.2.1 星雲大師介紹 ⋯⋯⋯⋯⋯⋯⋯⋯⋯⋯⋯⋯⋯⋯ 152
　　3.2.2 星雲大師的「人間佛教」模式 ⋯⋯⋯⋯⋯⋯⋯ 162
　3.3 佛光山出版發展與現況分析 ⋯⋯⋯⋯⋯⋯⋯⋯⋯⋯⋯ 180
　　3.3.1 佛光山出版組織分析 ⋯⋯⋯⋯⋯⋯⋯⋯⋯⋯⋯ 180
　　3.3.2 佛光山出版與編輯政策分析：「人間佛教」 ⋯⋯ 194
　　3.3.3 佛光山發行數量推估 ⋯⋯⋯⋯⋯⋯⋯⋯⋯⋯⋯ 208

第四章　佛光山出版物內容型態分析 ⋯⋯⋯⋯⋯⋯⋯⋯⋯⋯ 223
　4.1 內容來源與作者分析 ⋯⋯⋯⋯⋯⋯⋯⋯⋯⋯⋯⋯⋯⋯ 226
　4.2 出版物主題與內容分析 ⋯⋯⋯⋯⋯⋯⋯⋯⋯⋯⋯⋯⋯ 229
　4.3 編輯策略與標題分析 ⋯⋯⋯⋯⋯⋯⋯⋯⋯⋯⋯⋯⋯⋯ 235
　4.4 出版物類型分析：電子與其他語種 ⋯⋯⋯⋯⋯⋯⋯⋯ 240

第五章　人間佛教出版物經營型態分析 ⋯⋯⋯⋯⋯⋯⋯⋯⋯ 255
　5.1 出版物價格與營銷策略 ⋯⋯⋯⋯⋯⋯⋯⋯⋯⋯⋯⋯⋯ 257
　5.2 出版物傳播管道分析 ⋯⋯⋯⋯⋯⋯⋯⋯⋯⋯⋯⋯⋯⋯ 262
　5.3 出版社經營模式研究 ⋯⋯⋯⋯⋯⋯⋯⋯⋯⋯⋯⋯⋯⋯ 271
　5.4 出版物受眾型態分析 ⋯⋯⋯⋯⋯⋯⋯⋯⋯⋯⋯⋯⋯⋯ 283

5.5 其他分析：非正式出版物、廣告 ················· 287

第六章　個案研究：符芝瑛《雲水日月：星雲大師傳
　　　　（上）（下）》 ···························· 299
　　6.1《雲水日月星雲大師傳（上）（下）》作者與內容
　　　　來源分析 ····································· 299
　　6.2《雲水日月星雲大師傳（上）（下）》內容型態與
　　　　主題分析 ····································· 308
　　6.3《雲水日月星雲大師傳（上）（下）》發行方式與
　　　　行銷策略 ····································· 316

第七章　宗教與傳播的出版效果 ······················· 325
　　7.1 宗教本身的社會化角色 ························ 325
　　7.2 宗教出版物對社會產生的效果分析 ·············· 332
　　7.3 臺灣地區宗教出版物的發展分析 ················ 341

第八章　結論 ·· 351
　　8.1 研究結論 ···································· 351
　　8.2 研究限制 ···································· 359

參考文獻 ·· 365
附錄 A：星雲大師主要著作一覽表 ················· 373
附錄 B：1939-1993 年佛教暢銷書單 ··············· 381
附錄 C：佛光山「人間佛教」主題書目統計清單 ····· 395
附錄 D：佛光山海外流通處一覽表 ················· 407
致　　謝 ·· 411

第一章　緒論

1.1 研究緣起與其意義

　　臺灣佛教從明鄭時代自閩南傳來算起，雖已歷三百多年之久，但因臺灣位處大陸東南海疆的邊陲，並且是一新開發的島嶼，所以佛教文化要深層化或精緻化，除少數個別情況外，是缺乏足夠發展條件的。由於臺灣的地理位置和移墾的人口，都和對岸的閩、粵兩省具有密切的地緣關係。所以，臺灣佛教史的一開始的發展性格：邊陲性和依賴性，主要便是受此兩省的佛教性格影響。雖然臺灣近三百年來的佛教發展史當中，日據時代的影響只占其中五十年而已，但因日本佛教具有日本宗派文化的特殊性，以及高度政治化的因素，所以當日本勢力退出，改由大陸重新接管，在短期間內，便不得不面臨再度急據地由日本的佛教轉變成為中國化佛教的艱難適應問題。近五十年，臺灣佛教發展的各個層面，雖然頗多不能盡如人意之處，但如果說數十年來的臺灣佛教全無起色，全未進步，這也非持平之論。從各方面看，儘管進步、革新的幅度不如經濟、藝術、政治等層面來得大，但是佛教在臺灣的發展，確實已在層層雲霧中透露出一線曙光。[1]

　　臺灣佛教的主體，是來自中國大陸的漢傳佛教。但是，經過近百年來曲折的歷史發展，臺灣漢傳佛教的文化性格，與舊有的漢傳

---

[1] 許勝雄.中國佛教在臺灣發展史[J].臺北：中國佛教研究.1998（2）.

佛教已經有顯著的不同。對於近二十多年來所形成的這種佛教，許多學者稱之為「新漢傳佛教」。[2]自日治初期迄今，臺灣先後有閩南佛教、齋教、日本佛教、江浙佛教傳入，由於各系佛教的文化內容並不全同，因此，臺灣佛教文化的主體性也迭受衝擊。到解嚴之後，終於形成了當今的發展盛況，與獨特的佛教文化性格。若深究臺灣佛教的發展，大致上可分為四個時期的過程：

（一）佛教初傳時期；臺灣佛教的信仰遠在明朝，清朝時代，由閩粵先民遷移而來，惟當時的信仰注重祈福禳災、婚喪，乃至個人修行，佛教文化教育的活動可說鮮少。

（二）佛教日化時期；馬關條約後，日本軍隊入侵臺灣，除了推行皇民化運動，臺灣的佛教寺院的活動，以日本佛教化。

（三）國民黨遷臺後佛教；自民國三十四年大陸優秀佛眾度海抵臺弘化；宣揚中國大乘佛教法，發揚中國佛教傳統精神，重建佛教僧制定立佛戒律法，糾正日治時期遺留下來的陋習，實現佛陀教法，正名中國佛教。

（四）近期臺灣佛教；臺灣佛教真正發揚人生佛教的正法，發揮太虛大師對後期中國佛教的教導。以入世精神做出世佛教真正事業，是當代臺灣佛教的作用，臺灣當代佛教發揮了印順導師之人間佛教的真諦，以原始佛教的精神發揮了「佛在人間以人為本」的佛法精神，所以，修行道場如雨後春筍般發芽，佛教文化教育、慈善福利事業的推動，使人間佛法一片興盛。

雖然早期在國民黨統治下，佛教一直被認為是中國佛教，但是在民國初年，經過佛教界裡面的太虛大師、歐陽竟無與印順大師等

---

[2] 藍吉富.新漢傳佛教的形成——建國百年臺灣佛教的回顧與展望[J].臺北：弘誓雙月刊.2011（120）．

人[3]，超過廿年的宣揚，新漢傳佛教終於在 1980 年代中期開始於臺灣盛行。加上經濟發達、政治鬆綁等因素，加上教義新穎，科學化，也適合現代社會需要，佛教信徒迅速增多。不但如此，以往從未出現的佛經謁語也大量出現於各種場合。就目前臺灣來說，佛教大致以淨土宗、禪宗及無所屬的宗派居多，但就佛教團體來說，則以中台山、法鼓山、佛光山以及慈濟等四教團最具規模，詳細敘述如下：

　　首先是位於高雄的佛光山。佛光山在星雲大師的帶領之下，標榜文化、教育、慈善、共修等四大事業，然而，其最突出的成就是它的傳教。200 多個道場，遍及五大洲，可以說第一次將漢傳佛教世界化。而所有的道場都以麥當勞式的連鎖形式出現，統一的組織架構，統一的標識，統一的活動形式，統一的微笑和告別手語，使佛光山派成為世界上影響最大的漢傳佛教道場，乃至成為中華文化的象徵。這一被稱之為「星雲模式」的傳教方法，足以奠定星雲在中國佛教傳播史上的大師地位。

　　其次是位於花蓮的慈濟功德會，由釋證嚴法師所帶領。慈濟功德會有所謂四大志業、八大事業，但其最令人感佩的還是它的慈善及醫療。全球 1000 萬人的會員規模，200 多個國家和地區的救災，其災害救助能力在許多方面已經超過了國家的力量。更為難得的是，慈濟充分發揮佛教的無我慈悲精神，以慈善為橋樑，在不同文化、不同宗教、不同種族間建立起和解與共榮。

　　再來是位於新北市的法鼓山。法鼓山的領袖是獲得日本佛學博

---

[3] 太虛大師（1889-1947）與歐陽竟無（1871-1943）在民初佛教史上，可以說是「雙峰並峙、二水分流」，兩人所分別領導的武昌佛學院與支那內學院（以下簡稱「武院」與「內院」），曾經引發了多次的論諍，掀起民初佛學研究的熱潮。而人間佛教最早提出的是太虛大師。此外，在武院與內院爭論當中，足堪喻為佛教思想大師者，還包括印順大師，共計三人。

士學位的聖嚴法師，雖說聖嚴法師已經仙逝，但他所創辦的道場特色，也集中於科研與教育。法鼓山的中華佛學研究所在資料建設、佛典資料化、佛教教育、佛教出版等方面，都有很高的水準。研究所優雅的環境、齊全的資料、周到的服務，使無數參訪者流連忘返。法鼓山因此對文化程度較高的知識份子群體形成了獨特的攝受力。

最後，則是位於南投市的中台禪寺。中台禪寺以禪修立世，以其保守性贏得市場份額。然而，其所建築的中台禪寺，高大雄偉，無與倫比，成為臺灣中部的新地標。建築出自著名設計大師李祖源之手，在形式上，是將一平面展開的中國佛寺豎立起來，朝拜者從低到高，依次進入甚深法界，而其建築頂端的標誌物，則融合了佛教和各大流派乃至基督教和伊斯蘭教的因素，堅持傳統而又新意迭出。三百年來，臺灣的佛教發展，從清代以前、清末、日據時期到光復後的各個階段，皆有各自不同面貌的呈顯。

據臺灣《內政統計年報》2014 年 12 月統計，臺灣正式登記有案的正式宗教有 21 個，但實際上依各宗教皈依規定之信徒人數，卻僅約 1,581,383 人，以道教、佛教、基督教及天主教最多，佛教道教界線不明確。若深究臺灣佛教史的紀錄，在 2003 年時期，臺灣佛教的信仰人口約 548.6 萬人，占 2300 萬人口的 23.9%，不過，其信仰人數可能與道教、儒教或其他臺灣民間信仰，甚至與其他新興宗教有重迭的情況。[4]據美國國務院民主、人權和勞工事務局發佈的資料顯示，臺灣有多達 80%的人口信奉某種形式，摻雜有佛教信仰因素的傳統臺灣民間信仰或臺灣宗教。因此，就廣義而言，在臺灣佛教是最大宗教。

---

[4] 江燦騰.臺灣佛教史[M].臺北：五南，2009.

臺灣佛教系統承襲自中國閩南地區，世俗化的信仰體系（其中代表為岩仔和高僧信仰）為其一大特色，與以出家僧侶為主的叢林體系（以四大法脈為代表）並立。然而因戰後中國大陸傳入的佛教體系一枝獨秀，蓋過原有本土佛教勢力，使得原有的本土佛教體系常遭誤解，例如世俗體系部分就經常被誤認為《佛道混合》或《非正信》，但實際上世俗體系的發展未必違反佛教原教旨。不過，從佛教以不同形式傳入臺灣後，臺灣真正的佛教信徒，從未有精確的數字統計，正如各宗教呈報給內政部民政司的信徒數字，從來就是隨意性的概括。因此，社會學家的統計，改以觀察寺院增加數目、或透過臺灣社會變遷歷次調查問卷中有關宗教專案的實際統計數字，來論斷其變革的趨勢[5]。

　　隨著科技進步與文明帶動下，許多社會現象都在快速變遷，例如：失業率大幅下降、國際關係緊張、全世界暖化問題等。但對於許多人而言，在巨大變亂當中，宗教功能，尤其以佛教為例，在這末法時期[6]，其重要性卻是不減反增，在臺灣社會尤勝。宗教本身

---

[5] 臺灣社會變遷基本調查是由『行政院國家科學委員會』人文及社會科學發展處在一九八三年推動，由社會科學界研究人員規劃執行。調查的主要目的在經由抽樣調查研究收集資料提供學術界進行有關社會變遷之研究分析。在基本調查研究的設計上，是以間隔五年為原則，從事貫時性之調查，以集得可做兩個時間點以上之比較分析，達到探究社會變遷為重要目標。五期第五次問卷二主題為宗教信仰與文化，為本主題的第四次調查，除延續第二期第五次、第三期第五次以及第四期第五次的問卷內容，包括如個人社經背景資料、宗教信仰、宗教經驗、宗教行為、慈善團體行為等，並經刪減修訂後，新增文化及價值調查、靈性及靈修等題組，以瞭解社會變遷過程中有形的宗教團體靈修與個人靈修之間的消長及關係；另外再加入國際社會調查（ISSP）2008 年宗教的核心題組，以做為國際比較的基礎。本調查以臺灣地區年滿 18 歲以上之中華民國國民為研究母體，以分層三階段隨機方式進行抽樣，為確保足夠的成功樣本數，以 1.3 至 3 倍的比率膨脹樣本進行抽樣，共抽出 4,448 案。正式調查於 2009 年 7 月 19 日起至 8 月 23 日止，以面對面訪問方式進行。最終成功的樣本數則為 1,927 案。

[6] 末法，佛教術語。佛教分為三個時期：正法、像法和末法時期。末法時期，佛教衰落，佛法將滅，只剩教法。附佛外道竄起。沒有人修行和得到證悟，社會動盪

具有調和與平衡社會的力量，姑且不論學界統計研究數據，還是臺灣內政部官方數字，臺灣佛教徒在四大佛教教團的努力下，雖然不會有明顯增加，實際的信眾總數也應該相去不遠。當然，佛教的弘法方式也有許多方式，例如：誦經、打坐、禪七或者辦學、設立電視臺、出版社等等，在在都是在彰顯佛教在現代化社會中，其重要與涉入，已經深入到各階層與領域之中。對於大陸而言，原本擁有百萬僧尼、二十萬座大大小小寺院的龐大佛教盛世，因為文化大革命緣故，讓整個佛教弘法事業，不僅中斷，並在臺灣這個不大的島嶼上，發光發熱，甚至曾幾何時，臺灣新漢傳佛教的「人間佛教」理念與精神，已經成為臺灣佛教界的重要核心指標。

近二、三十年來社會的轉型、變遷，臺灣佛教隨著經濟的起飛與各主客觀有利的條件，道場、慈善救濟，以至文化事業都大幅成長，一躍成為全臺灣地區的第一宗教；1999 年臺灣政府更訂定每年農曆 4 月 8 日《佛誕日》為國定紀念日，2000 年首度實施「佛誕日」更成為臺灣第一個宗教性的國定假日，此更足以顯現近年來臺灣佛教的努力與長足進步。因為信徒大量增加、新興道場林立及絡繹不絕的各式經法會等，讓臺灣佛教呈現前所未有的蓬勃景象；除了北傳佛教禪、淨、律諸宗外，藏傳密宗、日本、南傳泰國與斯里蘭卡的佛教，也相繼引入，臺灣地區儼然成為全中國佛教最發達的地區。其中不僅僅是佛學院與佛教研究所的創辦如雨後春筍，另一方面，各佛教團體，例如：佛光山、法鼓山、慈濟等，展現雄厚實力，深入不同人群普及社會，更積極致力將佛法推向海外，跨足國際舞臺；還有出版物的大量出現，形成新領導趨勢，一片生機蓬

不安，道德淪喪。據說佛法完全消失之後，將有彌勒菩薩降世，重新擔當起普度眾生的責任。

勃景象。

　　以臺北市為例，超過五分之四的佛教團體提供出版服務，顯見其對經典的重視，及在文化教育與教義傳播上的努力程度[7]。另外，臺灣光復後，日本佛教全面撤出，中國大陸僧侶及正統佛教徒大量來臺，自此，佛學院林立、佛教刊物及佛書大量發行。這個時期，就佛學院的數量、佛教典籍之風行程度來看，中國歷史上向臺灣的佛教文化如此蓬勃的朝代，可謂難得一見；另，自民國三十六年到解嚴前夕，《大藏經》在坊間及可覓得將近十種、佛教刊物與佛書，更是充斥到幾可謂氾濫的地步；解嚴後，佛教文化水準的大幅提升，也是顯而易見的。[8]

　　此外，統計近十年來，臺灣佛教圖書出版業者（含個人、政府機關）向臺灣國際標準書號中心申請 CIP 的統計資料顯示：總計有 3,561 種佛教圖書，其中有申請並取得 CIP（出版物預行編目）資料，約占宗教類圖書得 38.74%。所以，隨著佛教的盛行，佛教團體的出版活動也愈趨熱絡。[9]

　　然後，佛教團體出版活動如此熱絡，是否代表著出版物也相對地的廣為流通，透過出版物普種菩提道種於眾生的心田之中呢？若從普及與量化的角度，佛教書籍其實做的相當不錯，不只是這幾年做的好，從以前就已經做得不錯：在現今臺灣出版的書籍，能夠在書店體系上賣五百、一千本書，大概就足以擠上排行榜；但就佛教書籍而言，不要說幾個著名的大型道場，連一般比較小型的寺廟組

---

[7] 陳曼玲.都市地區佛教團體活動多元化及選擇性提供模式之探索性分析——以臺北市為例[D].臺北：政治大學，1993.

[8] 藍吉富.臺灣佛較之歷史發展的宏觀式考察[J].中華佛學學報，1999（12）:237-248.

[9] 曾堃賢.十年來臺灣地區佛教圖書出版資料的觀察研究報告：以 ISBN/CIP 資料庫為例.[EB/OL].[2000-11-3].http://www.gaya.org.tw/journal/m21-22/21-main2-1.htm

織，在助印的情形下，動輒發行五千、一萬本以上，並不是很困難的事。[10]再者，宗教書籍的編輯、印製與發行，一般都有極崇高理念與樸素動機，佛教出版物也不例外，在眾多信徒支持贊助下，佛教出版物往往不會有太大的經濟壓力。[11]

自 1980 年以後，臺灣佛教有著大躍進的發展趨勢，隨著臺灣經濟的復甦與成長，各種運動式新興道場的崛起，改變了傳統佛教寺院原有的生態環境。這些新興道場，大多以「人間佛教」作為號召，推動與現代或社會相結合的各種布教弘法事業，有的以尊重生面與關懷社會為運動方向，有的以神聖性宗教儀式來鼓吹心靈淨化運動，更有的以社會福利的濟貧救難來穩定社會。這種佛教新的運動風潮，改變傳統寺院的生存空間與發展模式，呈現出中興複振的蓬勃景象，進而轉型出不同大小山頭法脈。有些分支道場與機構遍佈臺灣各地，甚至傳播到海外有著國際化的發展趨勢，其中最為有名的就是佛光山[12]。

佛光山教團可說是推動臺灣「人間佛教」最積極的教團。佛光山可說是全方位推展「人間佛教」的宗教組織，是以弘法利生為目的，將佛教與現代社會化結合，以各種創舉的運動面向，開始佛教新的傳播與運動型態；證嚴法師的慈濟功德會，則是以非營利組織型態來推動「人間佛教」，是臺灣民間第一大的自願團體，與佛光山在推動「人間佛教」理念，完全不同。佛光山是以團結信徒而組織而成的人間團體，配合星雲大師人間佛教的理念，以弘法利生為

---

[10] 張元隆.法鼓文化出版發展概況.[EB/OL].[2000-11-3].http://www.gaya.org.tw/journal/m21-22/21-main2-1.htm

[11] 莊耀輝.臺灣佛教出版現況研究：第一屆非營利組織管理研討會論文集[C].嘉義：南華大學／中正大學，2000：1-14。

[12] 鄭志明.臺灣宗教的發展與變遷[M].臺北：文津出版社，2011.

主要目的；而慈濟功德會則洽以非營利組織的營運模式，以慈善救貧為重要宗旨。[13]

何謂「人間佛教」呢？「人間佛教」，這個名詞以及它所代表的方向，都不是星雲大師或者聖嚴法師，更非臺灣新漢傳佛教所創立的。因為「人間佛教」也者，乃清朝末年以來整個佛教發展的趨勢之一，談論倡議者絡繹不絕。1927 年，〈海潮音〉出過人間佛教專號。在抗戰期間，浙江縉雲縣也出過小型〈人間佛教月刊〉，後來慈航法師在新加坡，辦過〈人間佛教〉刊物、法舫法師在暹邏也講說人間佛教。可見「佛教應該是人間的」，而這個發展方向早已被許多人接受了，也有不少提倡者。[14]

若細究「人間佛教」起源與爭辯，清末民初的太虛大師也另外提倡《人生佛教》。於抗戰時期，編述一部專書，即名〈人生佛教〉。但是，太虛大師的弟子——印順導師[15]，仍覺得用「人間佛教」之說較好，因為人生佛教與人間佛教兩者，由顯正方面說，大致相近；而在對治方面，覺得更有極重要的理由。因為佛教是宗教，有五趣說，不能不重視人間真正的佛教，是人間的，惟有人間的佛教，才能表現出佛法的真義。由太虛大師及印順長老對人生佛教和人間佛教這兩個名詞上的辨析，大抵已可以看出主張人生佛教和人間佛教者的基本想法。這個想法其實是目標一致的，都主張改

---

[13] 鄭志明.臺灣宗教的發展與變遷[M].臺北：文津出版社，2011:71.

[14] 龔鵬程.星雲大師與人間佛教[EB/OL].[2003-04-13].http://www.ibps.org/newpage614.htm

[15] 釋印順（1906 年 3 月 12 日－2005 年 6 月 4 日），又稱印順導師、印順長老、印順法師，俗名張鹿芹，浙江杭州府海寧人（今屬嘉興），為太虛大師門徒，近代著名的佛教大思想家，解行並重的大修行僧，被譽為「玄奘以來第一人」。著作等身，曾以《中國禪宗史》一書，獲頒日本大正大學的正式博士學位，為臺灣比丘界首位博士。畢生推行人間佛教，「為佛教，為眾生」。他也是慈濟證嚴法師的依止師。

革佛教之積弊，讓佛教由重視死亡與重視成佛，轉而重視現世人生。

在臺灣，近半世紀以來，貫徹印順導師人間佛教理念的，首推佛光山的星雲大師。高希均曾說，星雲大師是人間佛教的第一人。[16] 星雲大師在海內外推動的「人間佛教」，是另一個《臺灣奇蹟》、另一次《寧靜革命》、另一場《和平崛起》。這就是為什麼《星雲模式》的人間佛教受到歡迎、受到尊敬、受到重視。六十年來的臺灣社會，已經從貧窮變成小康，從閉塞變成開放，從威權變成多元，人才與言論也已經是百花齊放、百家爭鳴。在宗教界，能結合佛教思想與人生幸福，再加以多方面實踐與全球性推廣的領袖，當首推星雲大師。

星雲大師在海內外的成就以及對社會的貢獻，起因於一個念頭：人間佛教。星雲大師曾說：人間佛教就是：佛說的、人要的、淨化的、善美的；凡是有助於幸福人生增進的教法，都是人間佛教。不懂精深佛理的人，也都能懂這樣平易近人的說法。大師這種平易近人的勉勵，就變成了《星雲模式》傳播人間教最有效的方法。星雲大師透過從不間斷著述立論、興學育才、講經說法、推廣實踐，五十年如一日。他的辛苦沒有白費；他的成就幾乎難以概括，在文教領域：一九六七年創建佛光山，啟動了「人間佛教」弘法之路。辦了十六所佛教學院、在美、臺創辦了三所大學、在臺灣另有八所社區大學、在世界各地有五十所中華學校、重編藏經、翻譯白話經典。成立出版社、圖書館、電臺、人間衛視、人間福報等。海外已有兩百多個別分院與道場、九個佛光緣美術館。

---

[16] 高希均.雲水日月——星雲大師傳（上、下）序[M].臺北：天下文化.2006.

深究 2013、2014 年臺灣「國家圖書館」國際書號中心的統計[17]，臺灣出版市場與出版物種類，就廣義的宗教與心理勵志類書籍來說，是有明顯的成長趨勢，此外，臺灣出版社的出版路線以文學類數量最多，其次是宗教類，心理勵志、醫學家政、藝術、青少年兒童類圖書出版社也都佔有一定比例。對臺灣的政治、經濟、社會而言，從 1987 年的解嚴（解除戒嚴令）開始，宗教就默默地影響臺灣這各區域，其中以佛光山的人間佛教為例，從 1995 年以後，普門雜誌、人間福報，以及星雲大師的演講集、傳燈——星雲大學傳等，再加上南華大學、佛光大學等，在在都顯示宗教在文化教育上的著墨甚深。不管社會如此變遷改變，宗教的力量，是不減反增。

　　佛教文化事業，就是仿菩薩二乘、凡夫等作一切利益的事而將佛教的文化推廣開來。它可以跟世道齊造共業，但又獨為突進以去執離苦為最終訴求，不只對社會國家有益，對一般人更有所幫助。這在古代多見於著述、出版、講經、授徒等作為；近代以來，則又增加興學、設講座、利用聲音影視等媒體弘法。[18]此外，佛教界有意無意締造的佛教文學和藝術，包含建築、雕塑、音樂與繪畫等，以及開發或利用的傳播媒體，也一併成為文化事業的表徵。

　　佛光山之所以對文化事業如此的規模發展，首先應該瞭解星雲大師為一切佛化事業所做努力背後的那段不屈不撓的意志。聖嚴法師曾指出：在今日的臺灣佛教界，若非自己另有一手弄錢的方法，寫了書要出版，也是一樁難事，出版家總是歎苦，說他們出書，是純粹的服務，因為佛教界的讀書風氣太低，不唯無利可圖，而且賠本。另又說：但是星雲法師對於佛教出版事業的魄力和貢獻，是很

---

[17] 臺灣國家圖書館.102 年臺灣圖書出版現況及其趨勢分析[M].臺北：國家圖書館書號中心，2013.

[18] 周慶華.佛教的文化事業[M].臺北：秀威出版社，2007.

可佩的，不論他蝕本或賺錢，他能放下手來出版了幾十種新書，他的佛教文化服務處，也越來規模越大，足以證明萬事不怕開頭難，那就好了。[19]

　　佛光山的文化事業，在佛光山是作為弘法媒介以及培植興教人才和宣導人間佛教的先行，但又是佛光山由內塑精神到外化行動而能獨顯殊異的現世體證所在。這種體證則顯現在藉由出版物及佛教藝術的創作，將佛光山的宗風和理念以及內部運作和對外行善的情況，予以和盤托出。這種經營方式，有工商企業的管理精神，但沒有工商企業的營利目的；它是屬於非營利事業範疇，著重在社會教會與社會福利服務。[20]

　　因此，若要研究為什麼佛教在臺灣社會有如此影響力，是否因為「人間佛教」的關係？導致讓傳統佛教更接地氣，更加社會化。又為何人間佛教會如此廣為佛教信徒或一般人周知呢？是否正因為佛光山教團或星雲大師致力文化弘法之故呢？而佛光山或星雲大師的文化弘法又是如何將「人間佛教」理念發揚光大呢？在整個弘揚「人間佛教」過程中，又如何透過出版物去影響臺灣整體社會或者個人呢？因此，本書就以佛光山為例，深入瞭解佛光山教團本身，如何聚焦建立以「人間佛教」為內涵的模式，並如何利用出版圖書，讓臺灣社會產生的一股穩定與寧靜的力量，進而維持臺灣目前的心靈與內心發展？又是如何透過佛光山下屬各種文教事業，例如：號稱社會皮膚的出版產業與媒體，透過紙本力量、或者媒介的力量，來讓臺灣可以往前走。而臺灣宗教與出版間的錯綜複雜關係，以及出版物對於信徒、或者一般社會大眾的影響效果為何？就

---

[19] 釋聖嚴.今日臺灣的佛教及其面臨的問題[M]//中國佛教史論集（八）臺灣佛教篇.臺北：大乘出版社，1978.

[20] 周慶華.佛教的文化事業[M].臺北：秀威出版社，2007:21-27.

成為本書撰寫專書的主要方向。該部分也將於研究物件與目標時，再進一步闡述。

佛光山四大宗旨，分別為以文化弘揚佛法、以教育培養人才、以慈善福利社會與以共修淨化人心。其中，就文化教育這部分，也是本書研究主要物件。該部分是屬於佛光山文化弘法機構，透過編印藏經，出版各類圖書、發行報紙雜誌、提供書畫、錄影（音）帶、唱片、影（音）光碟等，肩負起為大眾傳播法音的責任的機構眾多，其中包括佛光山文化事業有編藏處、佛光文化事業公司、佛光書局、佛教文物流通處、佛光緣美術館、香海文化事業公司、如是我聞文化公司、人間福報、人間衛視、普門學報等，透過編印藏經，出版各類圖書、發行報紙雜誌、提供書畫、錄影（音）帶、唱片、影（音）光碟等，肩負起為大眾傳播法音的責任。

本書將透過這些屬於佛光山體系下，所出版與發行的正式出版物[21]，搜錄專以星雲大師自己所著述並以「人間佛教」為單本書書名、系列叢書書名與星雲大師的演講書稿，或者佛光山所屬各出版社出版物，被歸類或者劃分以「人間佛教」系列等的書籍，均屬於本書研究物件。例如：以星雲大師為主的人間佛教系列書籍，包括：人間佛教系列叢書（2006，10冊）、迷悟之間（2001，12冊）、人間佛教的戒定慧（2007）、菜根譚（2007，4冊）、星雲法語（2007，9-10冊）與人間佛教小叢書（117冊，目前尚未出版完畢）等。還有，其它其他法師或者作者所撰寫跟「人間佛教」的正式出版物，例如：滿義法師所饌《星雲模式的人間佛教》（2005）、符芝瑛所饌《傳燈——星雲大師傳》（1997）、《雲水

---

[21] 正式出版品，在臺灣指的是，必須向臺灣國家圖書館書號中心所登記的正式出版物稱之。

日月——星雲大師傳（上、下）》（2006）。不過，這部分仍不囊括佛光山，或者屬於國際佛光會或者佛教徒之間所流傳的非正式報紙、期刊或者宣傳小冊等[22]。

從上述簡單資料來看，佛光山在星雲大師大力宣揚「人間佛教」下，應該算已經成功的使用出版傳播進行弘法，並讓「人間佛教」遍佈全世界。所以，若可以透過本書研究彙整並歸納佛光山以「人間佛教」模式下的各式出版物發行或者宣傳模式，或許可以清楚的瞭解佛教出版或者佛教傳播的流程與效果，不僅可以清楚理解佛光山星雲大師本身內心對於使用出版弘法的內心想法，更可以為未來其他宗教，或者大陸地區佛教傳播與出版，提供一個參考的模式與模型。這也正是本書的另一個重要意義存在。

1.2 研究對象與目標

本書題目是臺灣「佛光山」佛教出版研究，所以，研究物件是以星雲大師一手所創立的佛光山下面所屬出版組織出版的正式出版物，以及其他出版社以星雲大師或者星雲大師「人間佛教」為主題的正式出版物為主要的研究物件。

為何在研究佛教出版研究時，為何會以星雲大師的佛光山教團為主呢？而研究佛光山出版研究時，要以「人間佛教」模式的發展為優先呢？觀察星雲大師，常以「佛教現代化」來概括他的建設

---

[22] 臺灣本身沒有出版法，所有出版品僅需要在不違反臺灣的法令下，均可已印製散佈。例如：佛光山佛陀紀念館本身有一本免費刊物，從 2013 年 7 月份創刊，名為「喬達摩」，屬於月刊，每期發刊 12 萬冊，創辦人是星雲大師，每期內容均有大師開講類似主題的文章。

「人間佛教」運動。這個詞語，代表了他對佛教改革的總體方向。若說「人間佛教」一詞仍屬借用別家品牌，則佛教現代化，便可說是佛光山的商標。這個詞，比「人間佛教」更容易懂，也更能獲得社會的支持。因為整個社會正在進行現代化轉型，佛教的現代化，無論它是在精神或方法上，都能得到正當性，都具有「改革者的正義」。而且，星雲大師在各個領域中的改革，例如宣教方式、寺廟建築、事業經營、財務管理、組織行政等，都可以擁有一個可以統一辨識的指標。他之所以比太虛大師更能給到認同，掌握了時代的脈動，無疑為一大因素。換句話說，星雲大師的人間佛教確實不只是世俗化、辦辦文化慈善、搞搞政治，它是帶動佛教整體走上現代化道路，而與社會之現代化相呼應相聯結的新佛教運動，是真正「在人間的佛教」[23]。

正因，佛光山或言星雲大師的「人間佛教」擁有現代化，屬於真正在「人間的佛教」，所以，本書優先的主要研究物件，就是可以真正落實「在人間的佛教」為主的出版物。當然，佛光山本身所出版各種正式出版物，就成為本書主要的研究物件。

先將佛光山各式的文化弘法機構，不管是負責編印藏經，出版各類圖書、發行報紙雜誌、提供書畫、錄影（音）帶、唱片、影（音）光碟等等機構篩選與過濾一遍，佛光山內部可能成為研究物件，包括佛光山編藏處、佛光文化事業公司、佛光書局、佛教文物流通處、佛光緣美術館、香海文化事業公司、如是我聞文化公司、人間福報、人間衛視、普門學報等，透過編印藏經，出版各類圖書、發行報紙雜誌、提供書畫、錄影（音）帶、唱片、影（音）光

---

[23] 龔鵬程.星雲大師與人間佛教[EB/OL].[2003-04-13].http://www.ibps.org/newpage614.htm

碟等，肩負起為大眾傳播法音的責任。

　　其中，還有部分也屬於佛光山的文化弘法機構，例如：人間福報、人間衛視、人間通訊社與佛光山電視中心將不在本書的主要物件之中。佛光山的出版事業，包括佛光文化事業公司、香海文化事業公司、美國佛光出版社、如是我聞文化公司、大覺文化傳播公司、福報文化公司、佛光大藏經編修委員會、世界佛教美術圖說大辭典、馬來西亞佛光出版社、馬來西亞普門雜誌社、普門學報社、佛光山國際翻譯中心，詳見圖1-1說明。

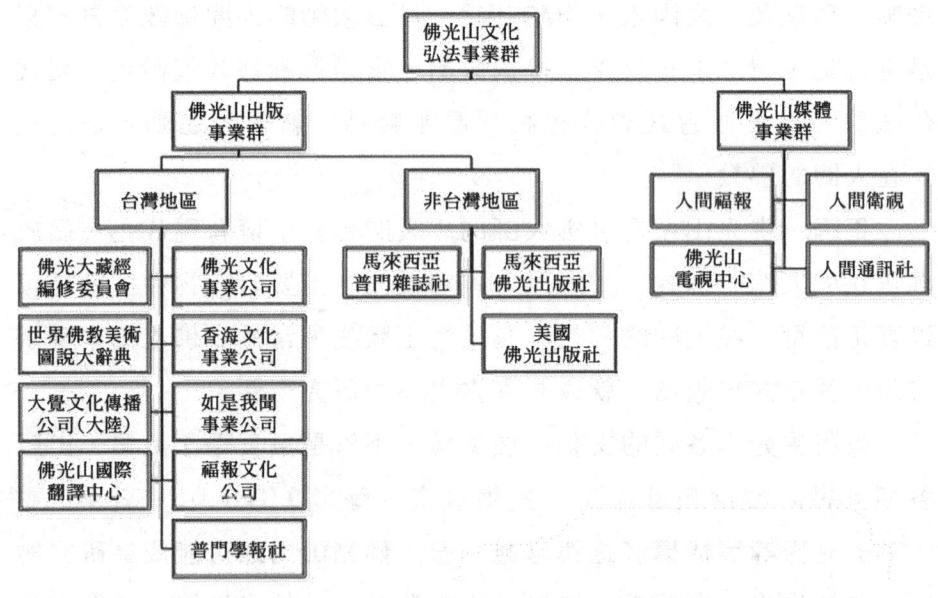

圖 1-1 佛光山文化弘法事業組織示意圖

資料來源：本書自行整理

　　當然，本書研究的物件不僅止於臺灣地區的佛光山教團裡面，還包括佛光山與外面出版社合作，並以完成宣揚「人間佛教」該主題為主的各種正式出版物，均是本書的研究物件；而本書所定義的

臺灣地區的正式出版物，指的是已經擁有國際出版書號的紙質圖書為主，並不包含錄音帶、錄影帶、光碟、影片等其他內容，以及非臺灣地區所發行的正式出版物為主。至於，什麼是屬於「人間佛教」為主題的正式出版物，或者什麼樣的內容是屬於為弘揚人間佛法而撰寫或編撰的呢？

其實，這並不難以理解，星雲大師本身已是被稱為「人間佛教」第一人，為了讓佛教徒或者一般大眾能夠理解佛法真諦所著書立作的的各種書籍，應該就是本書最狹義的研究物件。所以，是那些人把「人間佛教」的理念撰寫成書？又透過何種體例、編排，以至於出版行銷方式，讓臺灣一般民眾能夠接受，以至於瞭解？再者，除了星雲大師之外，又是那些非星雲大師本人的著作？利用那些文字與內容，透過非佛光山體系的管道，進行對外銷售與推廣？其成效又為何？這些屬於「人間佛教」出版物對於臺灣一般民眾所產生的影響為何？星雲大師與佛光山教團，又是如何去建立龐大的出版體系，並且讓這些出版體系或者組織，可以井井有序，並且把「人間佛教」的道理，深入這些出版物（物）當中，散播到臺灣，以至於全世界呢？而這些，可謂是本書廣義的研究物件，而不管廣義或者狹義，都是本書所必須找出答案的重要物件所在。

佛光文化事業公司主要出版書籍，可分為經典、概論、史傳、教理、文選、儀制、用世、藝文、童話漫畫、工具、影音、電子等不同系列出版物，以接引普羅大眾。同時也與佛光山海內外各單位結合，將大師的著作譯成英、日、韓、德、法、西、葡、俄、越、泰、印尼、尼泊爾等二十多國語文流通全球，促使文化弘法國際化；並積極參與國際書展與各國先進出版同業相互觀摩、拓展視野，藉此推廣文化理念和社會大眾接軌，將佛教文化推向世界舞臺。另外，並成立「佛光文化悅讀」網站，並於佛光山全球各道場

流通處及佛光書局，提供各類佛教書籍的諮詢及訂購服務。而佛光文化事業公司認為，儘管時代更替，科學文明日新月異，信仰的提升仍有賴文字般若的傳播，因此「為讀者扮演心靈導航的角色」是佛光山文化出版事業多年來努力的目標。承繼星雲大師創辦「佛教文化服務處」的初衷──「以文化弘揚佛法」的理念，未來將在專業上更深入，觸角再開展，建構佛教文化弘法的新時代。

香海文化事業有限公司，則是主要經營項目為平面、影音出版物及文化禮品的製作、代理及發行。若仔細推敲香海文化該公司的定位，一開始是主要代理發行佛光山相關單位與佛光文化的出版物為主，後來也逐漸有自己的出版的圖書產品。例如：圖書方面，星雲大師的「迷悟之間」與「佛光菜根譚」系列，全球發行量皆已突破 50 萬冊，目前同時有多國譯本發行中。其中「佛光菜根譚──中英對照版」以口袋書的形式製作，輕鬆可愛的封面設計，實用豐富的內容，突破傳統佛教圖書的編輯方式，獲得讀者一致好評。

此外，除佛光與香海兩家文化公司以外，佛光山體系當中，還有佛光山文教基金會與部分佛光山各地別院個別會出版與人間佛教相關圖書；以及，其他幾家非佛光山體系的出版社，請詳見表 1-1，也曾出版過以星雲大師為作者，或者依照「人間佛教」、「佛光山」與《星雲大師》三個關鍵字的圖書出版物，這些主題為「人間佛教」的出版物，具體共計有多少種類，根據學生初步透過臺灣博客來網路書店進行彙整統計，這些著作大都是以星雲大師為作者，或者是星雲大師口述、旁人整理，或以星雲大師的理念為主，加以闡述，或者以研討會的論文集出版，共計 199 種。其中，以星雲大師為主要作者的出版物有 179 種，屬於大師口述他人整理者，2 種；大師與他人合著，1 種；坊間其他作者，11 種；以人間佛教為主題，且為佛光山體系下主辦，並有正式申請國際書號的論文

集，6種。詳細各類書目，詳見本書附錄 A 說明。

表 1-1：非佛光山體系的合作出版社

序號	出版社	序號	出版社
01	天下文化出版社	08	皇冠出版社
02	聯經出版文化公司	09	九歌出版社
03	時報出版文化公司	10	天下遠見出版社
04	有鹿出版社	11	巨龍出版社
05	圓神出版社	12	悅讀名品
06	采風出版社	13	中華日報
07	晨星出版社	14	麥田出版社

資料來源：本書自行整理

　　從這些書籍出版的年限，不難發現，自從星雲大師從 1985 年正式卸下佛光山宗主一位之後，就致力大量著書寫作。初期尚會與臺灣其他出版社合作出版，推廣人家佛教，但是邁入 2000 年以後，關於星雲大師新的出版物，或者過去曾經出版過後，再度重新出版的，幾乎都是由佛光文化或者香海文海所出版，不管是佛光山的出版組織，或者佛光山對外合作的例如：星雲禪話或者人間佛教叢書等。至於，還有套《人間佛教小叢書》，目前還處理陸續出版當中。

　　若結合附錄 A 所統計的出版物，更可以發現本書研究物件的時間年限可以限縮到 1985 年到 2014 年之間，一來是因為自 1985 年以後，星雲大師放下宗主位置之後，更有時間致力於「人間佛教」該主題相關的論述與著作，以及現有的各種出版物，最早的也是從 1991 年開始，請詳見表 1-2。

表 1-2：人間佛教出版社年統計一覽表

序號	書名	作者	出版者	出版年
1	星雲大師談生活禪	星雲大師講述，禪如整理	九歌	2002
2	大師的智慧——人間佛語	李倩	大都會	2013
3	人間佛教與星雲大師	陸震廷	中華日報	1992
4	詩歌人間	星雲大師	天下文化	2013
5	歡喜人間：星雲日記精華本	星雲大師	天下文化	1994
6	傳燈——星雲大師傳	符芝瑛	天下文化	1995
7	薪火——佛光山承先啟後的故事	符芝瑛	天下文化	1997
8	人間佛教何處尋	星雲大師	天下遠見	2012
9	雲水日月：星雲大師傳	符芝瑛	天下遠見	2006
10	星雲大師談幸福	星雲大師	天下遠見	2003
11	星雲大師談智慧	星雲大師	天下遠見	2003
12	星雲大師談讀書	星雲大師	天下遠見	2002
13	生活有書香：人間佛教讀書會的故事	宋芳綺	天下遠見	2012
14	星雲模式的人間佛教	滿義法師	天下遠見	2005
15	人間佛國——佛光山佛陀紀念館記事	潘煊	天下遠見	2011
16	星雲大師文集：心性篇、禪話篇	星雲大師	巨龍	1991
17	我們認識的星雲大師	陸震廷、劉仿	采風	1987
18	星雲大師談人生	星雲大師	皇冠	1995

表 1-2：人間佛教出版社年統計一覽表（續）

序號	書名	作者	出版者	出版年
19	成功的禪：星雲大師講述的成功哲學	胡可瑜	悅讀名品	2012
20	活出真意：星雲大師講述的人生哲學	胡可瑜	悅讀名品	2011
21	修剪生命的荒蕪	星雲大師	時報文化	1999
22	一池落花兩樣情	星雲大師	時報文化	1997
23	星雲大師教您一念轉運	星雲大師	晨星	2013
24	當大亨遇到大師：星雲大師改變生命的八堂課	星雲大師、劉長樂	麥田出版	2008
25	星雲大師開示語	星雲大師	圓神	1992
26	星雲大師法語精華	星雲大師講述，禪如整理	聯經	1996
27	佛學研究論文集 2009：人間佛教與參與佛教的模式與展望	佛光山文教基金會		2009
28	人間佛教當今的態勢與未來走向	佛光山文教基金會		2009
29	佛學研究論文集 2007：禪宗與人間佛教	佛光山文教基金會		2007
30	佛學研究論文集 2006：禪宗與人間佛教	佛光山文教基金會		2006
31	佛學研究論文集 2002：人間佛教	佛光山文教基金會		2002
32	佛學研究論文集 2001：人間佛教	佛光山文教基金會		2001

資料來源：本書自行整理

1.3 研究綜述

　　為清楚瞭解臺灣地區是否有研究涉及或討論以「臺灣佛教」與「臺灣社會」該主題時，首先將先釐清是否有研究討論「臺灣宗教或佛教與出版產業」等相關主題；然後，再進一步限縮論述到「人間佛教與出版」、及「佛光山、星雲大師與出版」的主題。學生試著透過「臺灣國家圖書館」所建構的臺灣博碩士論文知識加值系統[24]、與華藝數位圖書館兩種平臺進行查找臺灣博碩士論文：另外，針對大陸地區，亦透過大陸地區的中國知網（中國期刊網）與萬方資料庫兩平臺查找大陸相關研究。其中發現，在臺灣地區，由臺灣國家圖書館所建構的博碩士論文平臺所收錄的論文較為齊全，目前總收錄博碩士論文約 917,074 篇，而擁有電子全文的共有 336,295 篇，遠比華藝所收錄的博碩士論文較多。至於大陸地區，兩家博碩士論文系統平臺所收錄的篇數相差不遠，故採用萬方資料庫的博碩士論文系統平臺進行查找與分析。臺灣部分，在查找過程中，設定幾組關鍵字，包括宗教、佛教、人間佛教、佛光山、星雲大師與出版等，進行查找，發現在臺灣地區從 1997 年開始，截至到 2016 年為主，以佛教為關鍵字的論文有 706 篇、以人間佛教為關鍵字的有

---

[24] 「臺灣博碩士論文知識加值系統」http://ndltd.ncl.edu.tw/cgi-bin/gs32/gsweb.cgi/ccd=juPfE1/webmge?mode=basic 為臺灣教育部委託國家圖書館執行的項目計畫，回溯國內博碩士論文相關資料整理工作的投入，該系統源自於 1970 年起的「中華民國博士碩士論文目錄」；自 1994 年起，正式接受教育部高教司之委託，執行「全國博碩士論文摘要建檔計畫」。1997 年 9 月提供 Web 版線上檢索系統；2000 年開始，於原有之「全國博碩士論文摘要線上建檔案系統」當中，新增電子全文上傳與電子全文授權書線上印製之功能，進一步地整合既有之「全國博碩士論文資訊網」線上資料庫。基於歷年來所累積之成果與經驗進行檢討與改進，研擬深化知識服務之施政目標，於 2010 年起，正式更名為「臺灣博碩士論文知識加值系統」。

87 篇、以佛光山為關鍵字的論文有 58 篇、以星雲大師為關鍵字的論文有 6 篇,其餘請詳見表 1-3。

表 1-3:與本書相關論文數統整表

臺灣地區論文數		
論文總篇數 917,074	電子全文	336,295
關鍵字 1	關鍵字 2	篇數(含全文)
佛教		706
人間佛教		87
佛光山		58
星雲大師		6
宗教	出版	4
佛教	出版	5(佛教 VS.期刊為 0)(佛教 VS.圖書為 9)
人間佛教	出版	0
佛光山	出版	1
星雲大師	出版	0

資料來源:本書自行整理

1.3.1 臺灣地區宗教相關文獻分析

臺灣宗教發展與研究,一直到民國 60 年代後期才開始有人類學家與社會學家注意此一課題,真正多學科的跨文化研究則是解嚴以後,隨著社會風氣的日漸開放,學術的研究更為開闊,滲雜著多元的知識理論與研究方法,討論的面向,就更為豐富化與多樣化。臺灣宗教發展研究,已不是單一學科領域所能勝任的,從宗教的本質到形態的發展,必須尊重不同學科多元的觀念與意見,跨文化討

论是有其必要的,可是學科的知識鴻溝又可能阻礙跨文化討論的可能性,陷入到各說各話的困境,窒息在有意或無意的相互討伐中,常因缺乏共識不歡而散。宗教研究是需要多種文化與學科間的相互整合,〈跨文化〉是必走的路,且必須進行高度科際整合,促進各種學科間的相互交流與相互補充,這是需要雅量的心態與創意的溝通,進行密切的關懷與研討,交會出更多的新觀念與新理論,能同時兼具國際化與本土化的需求。〈宗教〉雖然是耳熟能詳的詞彙,使用極為尋常而普遍,但是究其內容與本質來說,在認知上是極為紛歧,很難有一致的共識,這不單純是見仁見智的問題,還夾雜著各種意識形態的價值衝突,以及錯綜複雜的歷史情結,造成了不只是概念的紛爭,更多的是文化的糾葛、對立與矛盾的情境,不僅統治階層對此課題有意的閃躲與迴避,在學術領域上也似乎是避諱的禁忌或誤區,在 60 年代以前有關臺灣社會宗教現況的研究相當罕見[25]。

　　臺灣官方對宗教的認定與界定,大致上只承認少數制度化的宗教,對本土宗教以籠統性的「寺廟」一詞來泛稱傳統的佛教與道教,根據民國 18 年的《監督寺廟條例》,作為宗教管理的唯一法律依據,因陋就簡式勉強地推動各種宗教政策與法令,但是缺乏對宗教的整體理解,無法相應於宗教的發展現況,衍生出不少怪異現象與脫法行為。或者,可以這麼說,在戒嚴時期政府在特殊的政治環境下根本未重視過宗教的課題,所謂宗教政策都是迫於局勢不得不為,往往是以得過且過的方式來推託拉,有關宗教法制的立法始終胎死腹中,還好是不了了之,否則立的法也是充滿威權色彩,根本不尊重憲法宗教自由的根本精神,如「民國 72 年」的《宗教保

---

[25] 鄭志明.臺灣宗教的發展與變遷[M].臺北:文津出版社,2011.1-28.

護法草案》，缺乏對宗教自由進一步的保障與促進，反而在過多的限制下引起更多的衝突與副作用。

在解嚴時期學術界對宗教課題的討論，也很難客觀與公正，難免受到當時各種意識形態的限制，如本土傳統民族文化下的信仰形態仍被知識份子斥之為〈迷信〉，如 1979 年楊國樞與葉啟政主編的《當前臺灣社會問題》，邀請李亦園撰寫有關宗教的社會問題，發表〈宗教與迷信問題〉一文，顯示當時的政府與社會在科學主義的氣氛下對宗教的態度是曖昧的，遊走在理性與非理性的爭議上。李亦園的這篇文章是企圖對戰後臺灣宗教的發展作整體性的概述，包含本土宗教與外來宗教，針對其歷史淵源、社會文化背景及若干現狀作概括的瞭解，在當時的臺灣學界這是一個相當新的嘗試，可是這篇文章卻把主題鎖定在〈宗教〉與〈迷信〉的判定性，雖然沒有全盤否定傳統信仰的宗教地位，但是在科學主義的氛圍下過度強調現代社會的理性判斷準則[26]。

李亦園雖然主張在科學進步、醫學發達、社會保險普遍推行的今日，是很難以純理性的標準來認定行為的合理與不合理，特別是信仰的問題不是直截了當就可以處理的事，人們在沒有更合理的辦法來整合群體的象徵之前，是難以禁絕傳統的宗教活動，這樣的觀念在當時是相當前衛的，可是仍然無法完全避免科學主義的心態，比如李亦園對迷信的判定準則為：凡是經驗技術與知識所能解決的事而不以之為解決的手段，轉而求之於神靈或超自然的都應視之為迷信[27]。這是對現代知識理性的堅持，在當時是牢不可破的準則，在這個準則下，傳統信仰往往成為迷信代名詞，其根深蒂固的宗教

---

[26] 李亦園.宗教與迷信的問題：當前臺灣社會問題[C].臺北：巨流圖書，1979：149.

[27] 李亦園.宗教與迷信的問題：當前臺灣社會問題[C].臺北：巨流圖書，1979：151.

行為也成為現代社會極欲破除的對象，李亦園認為破除傳統宗教迷信行為的根本辦法就是推行現代教育，其所謂的現代教育是指科學的理性教育，不是指健全的宗教教育。科學的理性教育能完全破除不合理的迷信行為嗎？還有涉及到神聖領域的宗教行為等於迷信嗎？這些問題在戒嚴時期是很難有客觀討論的空間，在科學主義高漲的時代，人們對理性的深信不疑下，宗教的神聖體驗往往被視為盲目的信仰，是對事理不加分析的迷信行為。

　　1984 年楊國樞與葉啟政再度編《臺灣的社會問題》時，李亦園撰寫《宗教問題的再剖析》一文，宗教研究的逐漸熱絡發展，有關臺灣地區各種宗教現象資料的累積較前豐富，對現象所代表的深層意義較能把握，已能避開了當時科學主義的理性氣氛，更能反映出其對宗教問題的瞭解情況[28]。李亦園指出當時臺灣宗教的發展與超自然信仰的興起有密切關係，主要有兩大趨勢，一為功利主義的趨勢，二為虔信教派的趨勢。

　　此種觀察主要是根據英國人類學家陶格拉絲（Mary Douglas）的理論，從群體與個人角色兩個向度出發，探討社會形態與儀式行為的關係，將宗教在當代社會的發展分成四大形態：一、儀式主義的社會：是指群體約束力特強與個人角色規範嚴緊下的社會宗教形態，傳統社會的禮儀宗教是屬於這一類，經由儀式的生活規範來維持社群的原有生存秩序。二、反儀式主義的儀式：是指群體約束與個人角色規範都已相當鬆懈模糊的社會，是指在現代社會無所歸屬或無所認同的人，缺乏與傳統社會的禮儀連繫與行為模式，個人角色也正處在混亂狀態，在宗教的選擇上，鄙視固定儀式的形式化宗教，追求直接與神溝通的靈命世界，如「集體入乩」的宗教活動與

---

[28] 李亦園.宗教問題的再剖析：臺灣的社會問題[C].臺北：巨流圖書，1984：385.

基督教派的靈恩運動。三、社會衛生學的儀式：是指群體力強而個人角色模糊的社會，強烈意識到善惡兩勢力的對立與抗衡，堅持經由儀式的操作來強化人與神間的直接溝通，重視靈媒所扮演的溝通角色，以及祭儀的神聖象徵作用，是一種象徵社會衛生學的儀式，臺灣各種靈媒與祭典的風行屬於這一類的宗教現象。四、天國複臨的信徒：是指群體約束力弱與個人角色規範強的社會，重視責任義務相互交際的人際網路，在宗教信仰上等待天國的來臨，重建新的社會網路。

所謂「功利主義的趨勢」是指第三種形態的社會發展，人們對信仰的需求偏向於功利主義，側重在祈求神明保佑生存的平安順遂，對靈媒與術數等神人交感儀式的過度依賴。所謂「虔誠教派的趨勢」，包含了第二類、第四類與第一類等三種形態的發展，第一種形態稱為反儀式或靈恩型的宗教運動，這是一種虔信的宗教形態，強烈追求神人交感的靈性境界。第二種形態是天國複臨型或救世主運動，大多為基督教的新興教派，也是一種虔誠的宗教形態，認為耶穌將再度的降臨人間，重新建立一個無罪的國度，象徵真正天國的來臨。第三種形態稱為道德複振運動，或稱為回歸本位的宗教儀式，企圖回到傳統形態來複振宗教活動，這也是一種虔誠的宗教形態，是對功利主義宗教形態的反動，渴望經由道德的複振來沖淡過分濃厚的宗教主義色彩。現代社會是有著類似於第三類的發展形態，但也同時朝向其他三類的發展[29]。

此一理論的最大特點就是把各種宗教形態擺在同一個位階上來平等看待，跳脫出本土宗教與外來宗教的衝突，也彌平了制度化宗

---

[29] 李亦園，文化的圖像（下）——宗教與族群的文化觀察.[M].臺北：允晨文化，1992：14-57。

教與非制度化宗教間的隔閡與對立。1981 年社會學家瞿海源在國科會的委託下，進行《三十年來臺灣地區各類宗教發展趨勢的初步探討》的研究計畫[30]中，除了對外來宗教作詳細的資料分析外，也重視本土宗教整體的發展趨勢，指出我國的宗教變遷，主要受到三種因素的影響，一為世俗化的傾向，二為西方宗教力量的介入，三為中國局勢的動盪不安，基本上是採宗教社會學的理論對戰後臺灣宗教的發展現況進行分析。

瞿海源認為造成世俗化的原因很多，如西方科學文明的傳入、新式教育體制的建立、原有統治體制及其相伴之宗教制度的被推翻及廢棄等，另方面西方宗教逐漸在本土生根，影響到原有宗教的發展面向，加上政治經濟局勢的長期動盪不安，民眾易於陷入貧窮及喪失生命的困境中，更可能升高宗教需求。臺灣戰後三十年宗教的急速變遷是顯而易見，廟宇與教堂有著明顯的增加趨勢，本土宗教與外來宗教都有著相當蓬勃的發展，隨著社會的繁榮而有愈來愈興盛的現象，但是各個地區在宗教發展上是有些差異。

姚麗香參與瞿海源的研究計畫，1986 年與瞿海源共同發表〈臺灣地區宗教變遷之探討〉一文，指出戰後三十年宗教發展的速度十分驚人，寺廟每年平均以百分之十三的速率增加，教堂每年平均以百分之十九的速率增長。漢人的傳統信仰下的寺廟在民國 59 年之前成長緩慢，之後有顯著的成長，天主教與基督教剛好相反，在 54 年以前呈快速成長的局面，隨之緩慢下降，直到 64 年才恢復成長。在分類的說明上，指出漢人的民間信仰有其傳統性的特殊韌性，隨著社會經濟發展起碼有著維持不墜的持續力量，會因應社會

---

[30] 瞿海源.我國宗教變遷的社會學分析：我國的社會變遷與發展[C].臺北：三民書局，1981.

變遷中的民眾需求作適度的調整與轉化，與現代社會的世俗化趨勢與功利特性有相互契合的情形，地方上的民間組織與政治經濟勢力仍然與傳統信仰維持緊密的交錯關係[31]。

　　臺灣的宗教發展與宗教研究，解嚴前後是一個很重要的分界點，大約從民國 70 年到 75 年雖然戒嚴尚未解除，但是隨著經濟結構的變遷社會力量的逐漸釋放下，政府已很難主導宗教的發展動向，原本受到管制的本土宗教有如脫韁的野馬奔騰難以掌控。解嚴之前有關臺灣宗教發展的研究都是片面的，比如瞿海源與姚麗香等人的研究大多是根據官方提供有關寺廟與教堂的統計數字，依據宗教機構數目的增減與信徒人數的變化，來探究宗教變遷的趨勢，面臨到不少研究上的限制，有不少現象無法作深入的探究與分析，與當時特殊的政治體制還是有密切的關係，在戒嚴的時代裡有關臺灣宗教發展的學術研究還是面臨到不少的牽制。解嚴後對臺灣宗教現況的研究，橫跨著不同的學術領域，多方的相互支持，加上龐大的研究團隊，在跨文化的研究風潮下，才逐漸將荒漠灌溉成綠洲，有著欣欣向榮的勃興氣象。

　　在沒有外在政治禁忌的限制，活絡了臺灣宗教的學術研究，深入探究各個宗教豐富的文化內涵，尤其是佛教、民間信仰與民間教派等領域有相當深闢的開拓與發展，在理論與實務方面都已有相當可觀的成就，十多年的成果是過去四十年的好幾倍，對臺灣宗教的發展在跨文化上加強了廣度與深度的理解。「臺灣國科會人文中心」與臺灣宗教學會合作，在蔡彥仁的主持下，結合了十多位學者，針對五十年來臺灣宗教學術研究，進行論文提要與評述等工

---

[31] 瞿海源、姚麗香.臺灣地區宗教變遷之探討：臺灣社會與文化變遷[C].臺北：中央研究院，1986：655-685.

作，對道教、佛教、天主教、基督教、伊斯蘭教、民間信仰、民間宗教、新興宗教等五十年來的研究成果進行整體性的評論。同時張珣與江燦騰結合學界的青壯一代，對臺灣宗教學術研究進行總檢討，出版了《當代臺灣本土宗教研究導論》[32]、《臺灣本土宗教研究的新視野與新思維》[33]等書，除了回顧近年來的研究成果外，也企圖開拓跨文化的新議題，建構出新思維與新視野。

　　此外，丁仁傑的《社會分化與宗教制度變遷──當代臺灣新興宗教現象的社會學考察》，是在解嚴後開放的學術環境中，對本土宗教與新興宗教的發展有了較細緻的觀察與分析。丁仁傑提出了「制度性宗教浮現」的理論，認為戰後的臺灣社會是從混合性宗教成為制度性宗教，是經過制度化宗教浮現化與成形化的歷程，主要可分為三種形態：一、宗法性傳統宗教餘緒，二、核心性宗教的替代，三、邊陲性宗教擴張。出現了六種基本宗教行動類型：一、家族性祭祀活動，二、地域性民間信仰，三、以出家人為重的正統教團，四、民間獨立教派，五、在家人與出家人地位並重的正統教團，六、克理斯瑪教團。認為當代臺灣宗教的蓬勃發展是過去傳統社會未曾面對的新情境，在現有的社會情境裡，傳統文化的影響力依然深遠，既有宗教組織調適的速度不見得能跟上環境變化的速度，新宗教組織的層出不窮，將是未來臺灣社會中的一種常態[34]。

　　在探討宗教在現代社會的變遷課題時，一般習慣採用宗教世俗化理論，這是 1960 年代以來社會學界耳熟能詳的重要學說，卻也

---

[32] 張珣、江燦騰主編.當代臺灣本土宗教研究導論[M].臺北：南天書局，2001.

[33] 張珣、江燦騰主編.臺灣本土宗教研究的新視野與新思維[M].臺北：南天書局，2003.

[34] 丁仁傑.社會分化與宗教制度變遷──當代臺灣新興宗教現象的社會學考察[M].臺北：聯經出版，2004：452.

是一個相當引起混淆的概念，歐美宗教社會學界大約從 1960 年代一直爭論到 1980 年代後期，成為宗教社會學的主要課題，但是 1990 年代美國宗教社會學的教科書已經比較不再討論這個課題[35]。吳寧遠根據世俗化理論對臺灣宗教的現況與變遷進行研究，撰寫《臺灣宗教世俗化之研究》一書，其探討的物件有六：民間宗教、佛教、道教、一貫道、天主教、基督教等，指出社會現代化與宗教世俗化有一致性的發展，當社會現代化發展越沉穩，宗教世俗化也能發展的越沉穩，依據其研究資料認為東方宗教都有明顯世俗化的現象，以一貫道最高，民間宗教及道教次之，佛教再次之，西方基督宗教的世俗化程度較低，天主教比基督教高一些[36]。

在不同的社會脈絡裡對世俗化的理解是有不同，西方社會在啟蒙運動的導引下，重視人文的理性化歷程，有著強烈除魅或解除魔咒的需求，強調依知性能力發展合理的行為模式，要求宗教必須走向理性化，與科學技術支配下的世俗社會相結合[37]。在這樣的思想背景下，認為宗教組織會隨著現代社會經濟、政治、文化等新的社會結構發展，朝向世俗化的方向變化，強調社會運作的基本功能被理性化了，不再受控於宗教組織，導致宗教組織在社會體系中逐漸邊緣化，且在社會的分化、理性化、自治化、一般化、個體化、多元化等特性下加速了宗教組織的世俗化。問題是臺灣社會從未經歷過類似西方的除魅歷程，宗教也未曾以高度的組織模式來宰制社會，人們也沒有想要從宗教的束縛中解脫出來，西方宗教社會學的

---

[35] 林本炫.當代臺灣民眾宗教信仰變遷的分析[D].臺北：臺灣大學，1999.
[36] 吳寧遠.臺灣宗教世俗化之研究[M].高雄：複文圖書，1996：158.
[37] 沈清松.解除世界魔咒——科技對文化的衝擊與展望[M].臺北：時報出版：1984：141.

理論基調不適合直接套用[38]。

在全球化經濟體系的擴展過程中，逐漸發展出一致性的同質化社會，臺灣除了自身原有本土的文化傳統外，也必然受到全球文化的衝擊影響，臺灣各個宗教團體跳脫不出社會世俗化的歷史發展過程，在現代化、工業化與都市化的資本社會裡宗教組織有必要在實踐方式上自我調整，在全球文化的新社會中重構新的發展策略。1980年末期興起的宗教市場理論，強調任何宗教團體無法孤立於社會而存在，都必須在社會的宗教市場中爭取新顧客，持續保存原有成員才能夠繼續生存與發展，宗教就像一種商品，宗教市場就如商業市場一樣，當政治對宗教發展介入或保護的力量消失，社會就成為一個自由的宗教市場，宗教團體必須參與供應與需求的市場爭奪，若未能適時地滿足原有顧客的需求或吸引新的顧客群體，將面臨到成員的流失終將退出競爭的市場[39]。

宗教組織的發展一直是延續不斷，顯示出宗教堅強的生命韌性，是與人類生活互為表裡的存在，是深入地鑲嵌在社會文化的變遷歷程之中，與群眾有著密不可分的命運共同體，宗教與社會是永遠不會脫節的，都是人們生活依賴的基本模式，人們在社會化的過程中同時也進行宗教化的調適，宗教不是外來的文化，而是人們生活內化的表現形態，雖然宗教形態可以是五花八門，卻是深入於社會的主流價值之中。丁仁傑嘗試以社會分化的觀點探討臺灣從傳統社會到現代社會變遷過程中的宗教表現形態，在社會分化的過程中，指出臺灣宗教團體的發展主要有三種基本形態：一、宗法性傳

---

[38] 顧忠華.巫術、宗教與科學的世界圖像──一個宗教社會學的考察：宗教、靈異、科學與社會研討會論文集[C].臺北：中央研究院，1997：95.

[39] 趙星光.世俗化與全球化過程中新興宗教團體的發展與傳佈：宗教論述第五輯──新興宗教篇[C].臺北：內政部，2003：14.

統宗教餘續，二、核心性宗教替代，三、邊陲性宗教擴張。所謂宗法性傳統宗教是指從夏商周三代延續下來的宗教形態，主要是指儒教與民間信仰，以及後來混合了佛教、道教所形成三教合一的宗教形態。宗法性傳統宗教在傳統社會裡是居於核心性宗教的地位，可是在現代化的世俗體制中，「宗法性傳統宗教」缺乏體制的支援，成為散佈在民間社會的觀念保留，其地位被邊陲性宗教所替代。邊陲性宗教是指佛教、道教與各種民間教派，原本是居於社會邊陲性的位置，走向獨立與擴張的過程，以制度化的教團形態，從社會邊陲性的位置進入到主流性的體制之中。

　　丁仁傑根據以上三種形態，建構出臺灣當代宗教發展的四個層次與六種基本宗教行動類型：四個層次為：第一層，地域性民間信仰的形成與發展。第二層，日據時代以出家人為重的佛統教團和齋教（民間獨立教團）的蓬勃發展。第三層，以漢人文化正統自居的威權統治政權的覆蓋以及扶鸞活動盛行。第四層多元體制中在家人與出家人地位並重的正統教團和克理斯瑪教團的浮現。六個基本行動類型為：一、家族性祭祀活動。二、地域性民間信仰。三、出家人為重的正統教團。四、民間獨立教派。五、在家人與出家人並重的正統教團。六、克理斯瑪教團。丁仁傑認為當代臺灣宗教的蓬勃發展，主要是以制度性宗教的浮現為其主要表現形式，擔綱者是原傳統社會中居於邊陲性位置的各種宗教團體，混合性的宗法性傳統宗教已無法混融於主流社會之中，很難再保有其滲透性與擴散性的宗教形式，在新的社會分化形式下逐漸被「制度化宗教」的形態所取代，且在宗教場域中在沒有某個個體佔據壟斷性位置後，立即成為多個宗教團體相互爭取市場的局面，帶動了活躍的宗教復興活動。

　　丁仁傑是將社會學放進入宗教研究，以「新功能論」的分析方

式,探討臺灣社會分化後,宗教制度的變遷模式與形成過程,認為臺灣社會在轉型的變遷中與西方社會有極大的差異,政府與市民社會不是兩個相對立的範疇,在新舊宗教交替激烈的過程中,新的宗教形式沒有完全脫離舊的形式,在創造新的形式的同時還保留了不少舊的形式,丁仁傑提出〈合一教〉的概念作為聯結傳統與現代形成大的文化框架。所謂〈合一教〉是指傳統社會融合三教思想又不受三教思想控制的新教派,在現代社會這種〈合一教〉的宗教形態仍然繼續地發展,有不少新興宗教團體展現出既包容又批判、既激進又保守的宗教形態,是「宗教信仰個體化」的發展趨勢,將激烈的影響到臺灣宗教未來的發展生態。丁仁傑認為他的研究是一種跨文化的研究,以社會學分析角度為主,結合了歷史學、宗教學與人類學等學科,將社會學的分析放在一個有歷史縱深與文化脈絡的背景裡,建立出一個較有本土性的研究基礎,但也同時開展了一個與西方學術語言相匯通的視窗[40]。

　　這種跨文化研究是值得鼓勵的,能以動態的研究面向掌握到宗教整體變遷的表現形態,關注到各種宗教團體在新社會情境裡的生存與發展的方式。跨文化研究有助於學科間相互理解與相互補充,能以較為寬廣的文化視野來建立宏觀的分析場域,深入掌握當代宗教發展的多種面向。但是不同學科要真正達到跨文化的整合是極為不易,學科間的意識形態與理論模式往往成為難以跨越的鴻溝,如丁仁傑著重在以社會分化的現象來關注宗教制度的功能與角色,對宗教的發展較著重在外在形式的觀察與分析,忽略了宗教的本質及其內在的義理系統,雖然意識到宗教發展面臨到種種相當複雜的社

---

[40] 丁仁傑.社會分化與宗教制度變遷——當代臺灣新興宗教現象的社會學考察[M].臺北:聯經出版,2004:421-456.

會與文化因素，涉及到表層與深層間的文化互動關係，不能只從社會分化的功能結構與生存情境來進行探討，還必須掌握到傳統社會的宗教內涵及其特殊的組織結構。

對臺灣宗教與社會互動的現象與觀察，是有必要採跨文化的研究方式，一方面要具有社會學的客觀分析能力，從當代社會變遷的趨勢，掌握到其外在的發展脈絡與運行軌跡，理解到宗教團體在社會激烈的競爭過程中，其自我調整與適應的生存之道。另方面也要具有宗教學的內在會通能力，從傳統社會原有的宗教形態，掌握到數千年累積與傳承下的集體文化意識，理解到宗教團體在社會結構變遷下的自我調適歷程，是帶有著自我創造與更新的文化能量。當代臺灣宗教的發展原本就是一種跨文化的課題，包含著社會學、宗教學、歷史學、人類學等相關學術領域，存在著多種的對話視窗，不是單一的知識觀點就可以完全涵蓋，有必要經由跨文化的溝通與交談，來擴大研究的多角度視野，能從外在與內在的相關特性中，貼近於宗教蓬勃發展的文化內涵。

臺灣社會的宗教發展，可以是學界熱門的研究課題，依據跨文化的各種理論作出相應的詮釋與說明，以理解在臺灣特有的文化環境下宗教團體的發展趨勢。問題是臺灣社會民眾對宗教的認知是極為紛歧，連學者有關宗教的定義也是南轅北轍，造成不少認知上的困擾。其中部分學者，認為跨文化的對話應先建立在三組基本觀念的釐清上，第一組是〈宗教〉與宗教組織或宗教團體的釐清，第二組宗派宗教組織與教派宗教組織的釐清，第三組神聖性規範與世俗性規範的釐清。經由以上三組觀念的釐清過程，來探討臺灣宗教特有的文化內涵，以及在現代化社會變遷的過程中，是否能依舊堅持宗教的信仰理念來展現出精緻的實踐傳統。

第一組〈宗教〉與〈宗教組織〉的釐清，是非常重要且迫切的

工作。一般人所謂的〈宗教〉一詞，實際上指的是〈宗教組織〉，或者是〈宗教組織〉的簡稱，這種誤用的情況幾乎早已習以為常，造成對〈宗教〉觀念的誤解與歧視。〈宗教〉應該是一種集體性的總合概念，是對各種宗教組織的總稱或概括下所形成的類概念，所謂「類概念」是指超越具體物象的抽象認知，類似「水果」一詞，水果是類概念，不是專指某一果體，比如水果不能指稱蘋果，蘋果只是水果的一種，不能代表水果。同樣任何的宗教組織如基督教、佛教等，只是宗教的一種，不能代表宗教，〈宗教〉不曾真實地存在過，它只是個形上的理念，是抽象而超越的，指攝著人類精神上的領悟境界。宗教與社會的關係，實際上是包含兩個層次，一個是形而上的層次，談的是宗教的內在理念，一個是形而下的層次，談的是實際社會操作的問題，指稱的不是〈宗教〉，而是具形的〈宗教組織〉。

何謂〈宗教組織〉？〈宗教組織〉與〈宗教〉有何不同？〈宗教組織〉是以〈宗教〉為使命的實踐團體，是將形上的〈宗教〉落實到具象的社會操作之中，將宗教形上的觀念思想或感情體驗，轉換成系統性的教義體系與靈修體系，進而在實際的操作與規範下，建構出禮儀體系與組織體系，即〈宗教組織〉最起碼要具備有教義體系、靈修體系、禮儀體系與組織體系，已非單純形上化的〈宗教〉概念，佛教、道教、基督教是宗教組織，連民間信仰、民間宗教與新興宗教也是宗教組織，實踐宗教組織的群體可以稱為〈宗教團體〉。寺廟是宗教團體，不是指宗教性的建築物，而是指在此建築物下活動的社會群體。宗教組織是宗教的外在形式，在歷史發展的過程中是多樣性與可變化性，同樣的宗教信仰可以發展出許多不同的宗教組織，在不同的國度與地區也可以有相異的組織形態，且會隨著時代的轉移與社會的變遷，不斷地變化其對應的組織形態。

第二組「宗派宗教組織」與「教派宗教組織」的釐清，在多元化的臺灣社會也是一種必備的文化教養，允許宗教組織在各自不同的文化環境與社會結構，發展出殊異性的運作體系。臺灣宗教組織主要有兩大類，即大略可分成為「本土宗教」與「外來宗教」，所謂本土宗教包含原住民的宗教傳統與漢民族的宗教傳統等，是在中國與臺灣長期傳承下來的宗教組織形態，在漢民族的宗教傳統裡，主要有民間信仰、道教、佛教與民間宗教等，所謂「外來宗教」是指近現代傳入中國或臺灣的宗教組織形態，主要有天主教、基督教、伊斯蘭教、新興宗教等，二者因其原有生態環境的差異性，在組織形態上頗為南轅北轍，很難以同一個標準來對待，即不能以外來宗教的組織形態來規範本土宗教，也不能以本土宗教的組織形態來規範外來宗教。

　　在戒嚴時期官方對宗教組織的認定，似乎比較偏向於外來宗教，強調宗教組織的制度化層面，要求須具有崇仰教主、信從經典、謹守信條、入教儀式與科層制度等，否則就無法登記或核准為正式的宗教團體。這是對宗教組織在認知上的極大偏見，但是在官方的強勢主導下也灌輸給民眾，成為對宗教組織判定的基本法則，導致對本土宗教缺乏相應的理解與關懷。外來宗教與本土宗教在組織上最大的差別是在於「教派意識」與「宗派意識」的紛歧認知。外來宗教大多是根據「教派意識」來進行組織規範，從信徒的組織化入手，採取一定的組合形式結為集體性團體，重視團體的集體運作，強化教團與教徒間的組織聯繫，加深教徒的團結與對組織的忠誠。所謂教派意識是指「以教定宗」的發展模式，以教徒的組織與教會的制度為核心，著重於宗教組織對內部宗教成員之間的緊密運作結構，是採較為嚴謹的組織模式，成為「教派宗教組織」。

　　本土宗教大多缺乏這種教派意識，採用的是宗派意識來進行組

織規範，比較重視信仰的實踐，以教法的弘揚與修持的體驗作為核心，強調宗教成員對聖境的領悟與法門的傳播，沒有明顯的教團組織運作，神職人員偏重在修行或神人感通的宗教儀式，可以不必依附於教團，同樣地信徒只對神明或神職人員的崇拜不必依附於宗教團體的組織運作。所謂宗派意識是指「依宗起教」的發展模式，是依神聖領域的體驗境界來發展出各種具體實踐的運作方法，較忽略人際操作下的組織模式與制度建構，信徒、神職人員與教團之間是採鬆散的方式結合，成為「宗派宗教組織」[41]。民間信仰、佛教、道教等多是採「宗派宗教組織」模式，最多只有修行人的團體，沒有嚴謹的信徒組織團體。民間宗教則是介於「宗派宗教組織」與「教派宗教組織」之間，是重視信徒的組織，但是又不如外來宗教的嚴謹，信徒還是具有遊走於宗教之間的自由權益，有的民間宗教的運作最後還是回歸到民間信仰的組織形態上。

　　光復後政府要求寺廟登記時要呈報信徒名冊，這是一件極為荒謬的行政指令與措施，根本不相應於本土宗教團體的運作模式，所有的民眾都是寺廟的善男信女，信徒資格如何確認呢？又如何能經由信徒大會建立寺廟的最高權力機構呢？寺廟原本有其宗派意識下的運作模式，政府有必要以社團化的方式來規定寺廟的組織形態嗎？解嚴後在佛教團體的強烈抗議下，允許以執事制來代替信徒大會，可是要求寺廟要制定組織章程來規定採用何種制度，這是換湯不換藥的作風，政府還是以社團的組織模式侵入寺廟的自治權益，《宗教團體法》仍然是延續著社團化的組織要求，根本未重視本土宗教宗派意識下的特有宗教形態。在官方強力的介入管理下，本土宗教有逐漸朝向於「教派宗教組織」的形態，以佛教、民間宗教與

---

[41] 鄭志明.臺灣傳統信仰的宗教詮釋[M].臺北：大元書局，2005：32.

新興宗教最為明顯，致力於信徒的經營，強化科層的管理體系。

　　戰後臺灣宗教團體的發展，民間信仰與道教大致上還是維持傳統「宗派宗教組織」形態，儘管在《監督寺廟條例》下要有社團法人的形式，大多只是應付了事而已，實際上還是放任善男信女自由地祭拜神明，不會真正地經營信徒大會，主要還是靠各種祭典儀式來服務眾生。佛教的傳統寺院有的還是維持傳統「宗派宗教組織」模式，著重在為眾生念經拜懺，不會特意地經營信徒組織。新興的佛教大小山頭就不一樣，將信徒組織起來，建構出一套完整制度化的管理體系，以專業化的方式來強化組織的管理與人員的分工，甚至仿照企業內部的科層制度，將信徒納入到宗教組織的行政體系之中，相當重視宣傳、組織與動員的效率，培養信徒願意以志工的身分，擔任組織內特定的職位，努力為教團爭取更多的社會資源，較具活力的民間宗教也是如此，如一貫道、天帝教等也都致力於組織的操作，來維繫與信徒間的緊密關係，新興宗教更是如此，否則就難以快速發展。在進行跨文化對話時，必須先釐清其指稱的物件，以及其組織模式的基本形態，在共有的認知基礎下，才能準確的對焦，拉近彼此的論題。這部分也就是近期宗教發展的趨勢，透過嚴謹的組織模式，在共有的認知基礎下，進行弘揚教義。這點與佛光山教團的〈人間佛教〉完全相似。

　　第三組神聖性規範與世俗性規範的釐清，在現代社會的宗教發展過程中，也是一件相當重要與迫切的工作。宗教組織原則上是一種自治團體，具有著宗教性與社會性的雙重性格，宗教與社會的關係是緊密結合的，是以社會化的群體來推動宗教性的各種精神活動，就其宗旨來說，是神聖而不可侵犯，具有著高度的生存理想與實踐目標，用以完成群體共有的信仰意識與價值體系，在實際的運作中則是依存在既有的社會體系，脫離不了與政治經濟等生態環境

的互動關係，無法避免組織運作的世俗權威與利益糾葛。宗教團體要比一般社會團體更需要有組織規範的自覺，不能將宗教的神聖性錯置在社會的世俗性上，也不能將社會的世俗性誤用在宗教的神聖性上，宗教組織的宗教性與社會性雖然是一體並存的，但是神聖與世俗不是隨意地糾纏在一起，各有其必須遵守的規範，稱為〈神聖性規範〉與〈世俗性規範〉。

〈神聖性規範〉與〈世俗性規範〉不是兩個對立性的概念與法則，彼此有著相互整合的一體性，比如當代宗教團體基於〈神聖性規範〉致力於社會教化，重視教育事業與文化事業，深入於生命關懷的實踐工作，以神聖的形上依據，有效地安頓形下的世俗社會，建構新的人文制度的客觀運作法則。宗教團體基於〈世俗性規範〉致力於各種社會福利服務事業，妥善地運用社會資源與管理技術，不能只考慮到與信徒之間的供給與需求的利潤，而是要以宗教神聖使命為核心，超越出財物的等價交換原則，突破世俗社會庸俗化與商業化的種種限制，能符合現代管理需求的知識體系，又能展現出帶有神聖目的的經營策略，有助於宗教終極關懷的價值實現。

觀念的釐清，有助於從跨文化的立場，瞭解戰後宗教組織的整體發展與臺灣社會的互動關係，在特殊的政治與經濟環境下，宗教團體的處境一直是相當惡劣的，早期在戒嚴體制下遭受到不平等的對待，經常面臨著外在形式威權的宰製，戒嚴之後則是強烈受到世俗文化的衝擊，雖然可以獲得大量的社會資源來壯大自身的組織發展，可是在世俗利益的牽引下也可能產生各種畸形怪胎的團體形式，背離了宗教原有神聖性的實踐，反而被其所投入的世俗事業所操縱與奴役。宗教團體不宜建構出過多的世俗化的組織體制與權力結構，在過度的形式化與科層化下，喪失了宗教形上精神的靈活性與創造性。外在政治環境的惡劣，可以經由各種抗爭的手段來逼迫

執政者的改革，至於世俗環境的惡劣，則是需要宗教團體自我更新的創意運動，強化各種精神性的文化教養，來對治日愈沉淪的世俗欲望，在現代社會重構合乎宗教使命的生存文化模式。

　　當代人們對於宗教的認知是極為紛歧，加上各種意識形態的相互糾纏，宗教課題成為棘手的文化現象，長期累積了各種是非恩怨與愛恨情仇，有如定時炸彈隨時可能引爆排山倒海而來的文化衝突。當代宗教發展原本是平實的歷史現象，卻在政治、經濟、社會等外在環境的相互磨擦下，衍生出不少錯綜複雜的文化情節與歷史糾葛，在學術研究上，加上不同的文化背景與學科領域，在多元的觀點與視角的認知下，更是南轅北轍很難有對話的交集。

　　〈跨文化〉是一種理想，希望超越文化的鴻溝與學科的門戶，進行相互的溝通與理解，展開異宗教間的對話、異文化間的對話、異學科間的對話，甚至能與全球社會對話，能與本土傳統對話。可是在實際的操作過程中是極為困難，〈跨文化〉的路不僅跨不出，還可能寸步難行，在缺乏某些基本觀念的釐清與共識，無法橫越各種自以為是的堅持與對立。宗教研究是需要多種文化與學科間的相互整合，〈跨文化〉是必走的路，且必須進行高度科際整合，促進各種學科間的相互交流與相互補充，這是需要雅量的心態與創意的溝通，進行密切的關懷與研討，交會出更多的新觀念與新理論，能同時兼具國際化與本土化的需求。

　　而本書主要想透過文獻與實際訪談去瞭解，近年來新興的佛教大小山頭，如何以及為何將信徒組織起來，建構出一套完整制度化的管理體系，以專業化的方式來強化組織的管理與人員的分工，甚至仿照企業內部的科層制度，將信徒納入到宗教組織的行政體系之中，相當重視宣傳、組織與動員的效率，培養信徒願意以志工的身分，擔任組織內特定的職位，努力為教團爭取更多的社會資源。這

點也就是本書想去瞭解的主要核心意義，透過何種方式擴大對該宗教信念的擬聚，進而讓佛教，或〈人間佛教〉可以成為臺灣社會穩定的力量。不過，在這方面的跨文化研究，似乎不多。

臺灣地區與宗教關鍵字或者標題相關研究博碩士論文，超過1,926 篇；但是若將宗教與出版交叉比對後發現，僅有 4 篇博碩士論文研究。其中與本書較為相關的僅兩篇論文，其中包括 2002 年臺灣南華大學出版與文化事業管理研究所的碩士研究生李懷民《宗教團體出版問題研究——以佛教慈濟文化為例》[42]一文，主要闡述臺灣的出版市場在不景氣的衝擊下，出版物印行數量較以往明顯下降，不過宗教出版物在出版市場中的出版物卻沒有因而減少，以多元化的出版選題創造出讀者更多的選擇機會。在傳統的宗教出版市場中，長久以來多以宗教義理的書籍或是相關選題的出版物為出的主要方向，但是近年來隨著佛教團體型態的轉變，以非營利型態為主的出版物，在出版市場裡也展現出一種不同於以往傳統佛教出版的出版型態，呈現清新、具有強烈文化特質的出版風格。

諸如慈濟、佛光山、法鼓山等類型的佛教團體所附屬的出版社，它們的出版物裡呈現出與佛教團體的密切關係，組織同時也借著出版物的刊行，來將佛教的、文化的、知識性的資訊與理念精神，傳遞到組織成員或是一般大眾讀者的手中；讀者在閱讀出版物後所產生的行為上的轉變，也在出版物中讓人們書寫自己的親身體驗。這種在出版物之中所具有的傳播與社會影響，是值得加以探討的問題。從探討慈濟眾多的出版物所得到的結果，發現慈濟的出版行為中與慈濟本身的組織精神、人文因素等有著密切的關係，同時

---

[42] 李懷民.宗教團體出版問題研究——以佛教慈濟文化為例[D].嘉義:南華大學，2002.

也因為出版物對於讀者的影響，而在組織中扮演著關鍵性的角色。

另，2012 年南華大學出版與文化事業管理所研究生林麗珍《宗教出版物傳播內容之研究：以《新雨月刊》和《現代禪》為例》[43]，更指出解嚴對臺灣佛教發展的研究來說，是一個重要的分界嶺。新雨社和現代禪是在印順思想體系的影響之下，創立於解嚴初期的在家佛教團體。他們分別出版《新雨月刊》（1987.02-1994.01）和《現代禪》（1989.02-1994.08）合計 1326 篇樣本為研究物件。

該研究為瞭解《新雨月刊》及《現代禪》傳播內容訊息的構成，以及新雨社和現代禪在佛教發展上所反映的特殊意義，採用改良式的內容分析法以及自行研發的文獻分析法，以完整地回答研究問題。研究結果發現，《新雨月刊》和《現代禪》這兩本刊物所要傳達的內容側重點不同。《新雨月刊》主要宣導的是原始佛教的內容，特色在於強調修行的重要性，並且積極把四念處落實在生活中的觀照。《現代禪》所要傳達的訊息比較集中在有關教團的訊息，進展和相關的報導。前者的主要人物為張大卿、張慈田以及白偉瑋，採用說明文的文體為主；後者的主要人物為李元松，溫金柯以及連永川，採用的文體以記敘文為主。新雨社和現代禪在佛教發展上反映了對印順導師的人間佛教思想的進一步落實和反思。他們從佛教的角度嘗試與現實生活結合，呈現走向現代化的一種努力，但另一方面，由於他們累積的時間太短，所做出的努力也無法進一步伸延。

臺灣確實是宗教研究者的寶地，因為資料豐富，內容與主題多

---

[43] 林麗珍.宗教出版品傳播內容之研究：以《新雨月刊》和《現代禪》為例[D].嘉義：南華大學，2012.

樣，舉凡中國傳統的宗教，不論是道教、民間教派、民間信仰，在中國大陸已消失者，反而都形諸於臺灣；就是所謂的世界大宗教，在蕞爾臺灣島上，也都有或多或少的信眾，佛教、基督教、伊斯蘭即是最好的例子。因此拜臺灣民主化之賜，加上臺灣特殊的移民開墾史、外來殖民史、特殊海沖位置等條件，我們在此看到了一幅含有原住民宗教、漢人傳統宗教、世界宗教、新興宗教及各類融攝型宗教的繽紛圖像。

　　以往我們絕大部分的學者所研究的主題或物件，皆以中國傳統宗教或臺灣的宗教為主，在相當程度上滿足於我們即時看到、接觸到的宗教資料或事實。但是必須承認，我們的生活世界無時無刻都在變動，尤其這幾年變動之繁、之劇，又甚於過去的年代。在臺灣從事宗教研究，以斯土斯地為主體不但理所當然，並且是絕對的必要。不過，在面對大環境的變動，我們也有必要思索如何擴充我們宗教研究的範圍、內涵、主題、觀點等面向。隨著客觀環境的轉移，我們是否應該思索如何改弦更張，從新穎、比較的角度，以更寬廣的視野尋找各類宗教議題？

　　最後，更需注意的是，宗教研究必須注重宗教的整體人文面向，但並不僅止於此。宗教社會學者以所謂的「3B」，就是信仰（belief）、行為（behavior）、歸屬（belonging），做為他們研究宗教的三項指標。對照之下，上述的人文訓練處理「信仰」層面，而「行為」與「歸屬」方面的主題卻非其專長，因此許多社會科學學者所開展的研究理論、面向與方法，即是我們宗教研究者需要借鏡的物件。如佛教所言，佛子需要有「正信」，也需要有「正行」，基督教也講求「對的意見」（orthodoxy）與「對的行為」（orthopraxy），佛教研究不限於佛學研究，基督教研究也恆大於神學研究，舉凡宗教的行為或外顯活動，包括靈修、儀式、組織、

運作、社會參與、政教關係等,甚至宗教藝術、音樂、建築、教育、傳播、慈善、醫療、環保等等,皆是宗教研究不可忽略的主題。因此就方法層面而論,宗教研究需要相容並蓄,靈活學習其他學域,參考它們的研究過程或步驟後加以取捨,如此才能豐富自身的研究成果[44]。

1.3.2 臺灣地區佛教與出版相關文獻分析

研究臺灣佛教研究,可以從兩個面向進行,一是以歷史角度思考臺灣佛教研究的軌道與歷程;另一則是以佛教研究本身定義加以剖析。在歷史面向上,1945 年臺灣光復後,日本佛教的勢力隨之褪去,大陸佛教全面的取而代之,許多佛教僧侶、居士陸續播遷來臺,開始了佛教的新局面。他們來到臺灣之後,從事寺院的經營、佛學的開創、經書雜誌的發行、以及大藏經的影印,對臺灣的佛教教育文化及宗教事業,作出相當的貢獻。不過,在佛教的學術研究上仍然相當薄弱。在 1970 年之前,具有水準的佛教研究著作極為有限,其中《覺生》月刊和《海潮音》,不時有幾篇佛學的論著,或翻譯介紹當時日本學者的研究成果,這對有心佛學研究的教界人士不啻開了一扇新知視窗,著名的印順法師便受益於這樣的環境[45]。

在佛教研究人才的養成方面,1990 年之前雖有中華佛研所、法光佛研所與中壢圓光佛研所,另外少數的公私立大學文史哲系所

---

[44] 蔡彥仁.臺灣宗教研究的範疇建立與前景發展[J].人文與社會科學簡訊,2010(11-2).

[45] 王見川,李四偉.臺灣地區宗教評介[EB/OL].[2000-11-29] http://www.guoxue.com/?p=1716.

亦有個別的佛教課程，但所得成效有限。至 1990 年後，由於放寬宗教大學與宗教系所的限制，各宗教系所開設的佛教研究課程逐漸豐富。在佛教刊物雜誌中，50 年來應有百種以上，其中偶有學術論文刊出的大約有《海潮音》、《中國佛教》、《菩提樹》、《獅子吼》、《慧炬》、《佛教文化》、《十方》、《法光》、《圓光新志》等。而專門以佛教學術刊物的形式出版者有《華岡佛學學報》、《中華佛學學報》、《華梵佛學年刊》、《佛光學報》、《圓光佛學學報》、《西藏會訊》、《西藏研究論集》、《諦觀》等。其他人文學報或雜誌也偶見相關論文。

在上述的研究機構與刊物中，由藍吉富主編的《佛光學報》是最早有出色成績的代表，可惜該刊物壽命極短。另一具有代表性且持續至今的是由聖嚴法師所創辦的中華佛研所與所屬的《中華佛學學報》。《中華佛學學報》之前身為創刊於 1968 年之《華岡佛學學報》，原是由中國文化學院（今中國文化大學）附設之「中華學術院佛學研究所」發行，其發行人兼主編即當時所長張曼濤，1973 年 5 月，張氏去職。1978 年 10 月，臺灣第一個博士和尚（東京立正大學文學博士）聖嚴法師甫由日本回國不久，便受邀接任該所所長。

整體而言，中華佛研所是戰後臺灣佛教界從事佛教學術研究與教育最有貢獻的代表，不僅會集眾多佛教研究人才，也培養了新一代的研究者，其歷史義意無庸置疑。除了佛學院內部及法師系統外，另一個佛教研究的主力則是在大學院校系統。隨著臺灣佛教的興盛與蓬勃，以及相關教育文化等事業的全面開展，投入佛教研究的人口在質與量上都有增加的趨勢，除了上述的既有人才繼續耕耘外，1990 年代中葉以降，陸續有新的研究者加入；再者，以往研究者的學術背景多為佛學及文史哲，此時已增了加社會科學的人

才。新進的研究者如李玉珍及盧惠馨對於佛教與女性的關係、王俊中對於近代西藏佛教發展史、丁仁傑對於臺灣「慈濟功德會」的組織運作、釋見曄對於明代佛教的發展,都呈現一定的潛力與成績。

目前臺灣佛教的研究雖然在起步階段,但其前景應該比中國佛教的研究更可觀,其原因有二,一是前述的新史料的陸續出土,自然能帶動新領域的形成,一如民初時期敦煌佛學、道教、摩尼教資料的發現,改變了過去宗教史的舊說;清宮檔案的公佈與寶卷的收集出版,開拓民間宗教的新領域等。伴隨著新資料的問世,臺灣佛教史的研究前景可期。第二個原因是外在環境的變化,隨著臺灣的解嚴與「本土化」的潮流,臺灣本土歷史文化逐漸成為一個顯學,佛教研究也連帶受到影響,不僅吸引了許多新手的投入,連許多以往研究中國佛教者也轉變其方向,側身於臺灣佛教之林,釋慧嚴、丁敏、釋見曄等均為其代表,此一發展態勢應會持續下去[46]。

綜觀 1990 年代的臺灣佛教研究,整體的水準有極大的進展,在研究的議題上,傳統佛教的研究仍然是一大主流,同時對佛教原典的語文能力要求加深,以期有效地探析古代的佛教發展。不過在學術市場競爭上,除了要面對既有的歐美、日本的成果外,改革開放以來的大陸佛教研究也是另一個強勁的競爭對手。也因此臺灣佛教的研究課題有相當的轉向,一部分開始探究中國近代佛教與臺灣佛教;另一部分則受到西方流行的學術議題,以及臺灣社會的衝擊,探討一些新興課題,如佛教與女性、佛教與環保、佛教與社會關懷等,這一股新興的研究潮流因具有現實意義,因此勢必帶入到下一個世紀中[47]。

---

[46] 江燦騰.認識臺灣本土佛教——解嚴以來的轉移與多元新貌[M].臺北:臺灣商務印書館,2012.

[47] 藍吉富.臺灣佛教之歷史發展的宏觀式考察[J].中華佛學學報,1999(12):237-248.

若從佛教研究的本質來看佛教學，在中國也稱為「佛學」。作為人文科學的專門領域，「佛教學」是以科學方法為基礎的研究，與研究人員個人的宗教信仰和政治立場無關，必須通過對研究物件客觀性的研究、調查和分析，展開綜合評述，有邏輯地闡釋研究的成果。縱觀佛教的悠久歷史，它完全適合「綜合性文化體系」之稱。對於佛教的研究，根據研究的立場和方法，大致可以分為以上的三種型態。若詳細追究，則更為多種多樣，互相之間也更為交錯繁複。但是，無論何種研究型態，其基礎一定是以文獻批判為根本的文獻學（Philology）方法。畢竟，近代的佛教研究乃至人文科學研究方法，在整體上，其大前提就是嚴密的文本整理和文獻解讀。沒有文獻學方法作為中流砥柱的支撐，人文科學的研究將喪失其立足的基石，這一點我們要時時刻刻銘記在心。

從佛教學本質來看我們先來看近年來佛教研究，首先其實是對佛教文本的重新評估。過去，對於佛典或者祖師著作，曾經認為此等聖典具有絕對的權威，無人膽敢輕易改動其中只言詞組。然而事實上，經典、論書的文本，隨著時代的變化而持續地經歷修訂與擴充，同時還有大量的精簡摘抄本不斷問世。時至今日，佛教研究者需要重新評估研究物件的文本，至少在前提上不能將眼前的文本視為該典籍唯一的型態；而必須清醒地認識到，即使聖典，其文本仍極有可能隨時代變化而不斷演變，將這一認知納入視野，再去面對和處理各種文獻，將會非常的重要。其次，是近代佛典文本的新發見和陸續公開，帶給佛教研究的衝擊和變化。眾所周知，20世紀初葉，從絲綢之路上的綠洲敦煌出土了大量的寫本，其後又先後在中亞內陸發現了內容豐富的佛教文獻。其中包括在阿富汗巴米揚的佛教遺址中發現後，流傳到挪威的斯奎因收集品（the Schøyen Collection）。另外，近年來對日本各地寺院收藏的寫本大藏經的

調查也在迅速鋪展，奈良平安時代的古寫經的重要性受到了國內外學者的格外矚目。

最後，「大藏經」類的重編與刊行在這樣的形勢下，以《大正新修大藏經》為代表的刊本大藏經在佛教研究中舉足輕重的地位開始受到挑戰。大勢所趨，如今，對於刊本的單方面依賴開始逐漸轉向對寫本的重視，無論刊本抑或寫本，若覺察異本存在之際，盡量全面參照已經成為一種趨勢。此動向並非杞人憂天，畢竟，文本之間的差異有時一字千金，攸關整體的詮釋和理解。與此相關的則是近幾十年來，在東亞各國、各地開展的「大藏經」的影印刊行，其中網羅了各種宋代以後的中日韓等國的佛典叢書。其貢獻在於，佛教研究者們將更為容易接近同一文獻的各類文本，通過比較獲知彼此異同所在，對於該文獻自身的漫長歷史演變的過程一覽無餘。最後，伴隨電腦的發明和普及，各種佛教文本、參考資料等相繼數位化，也為佛典研究乃至佛教研究整體提供了現代化的研究工具。

日本木村清孝學者[48]認為，今後佛教研究的大方向和目的主要有兩個方面：第一是推動學術研究本身的進程，追求研究的精密和深入程度；第二就是將佛教的智慧滲透到現實社會，促進社會的和諧發展。第一，推動佛教研究的深化，首先要明確意識到，優良的佛典是人類知識文化的重要遺產，我們必須努力予其公正的理解。例如，談及鳩摩羅什漢譯經典之際，大部分的注意力集中在其成立時期，該漢譯本和原典以及其他譯本相比差異何在等問題的探討。事實上，羅什的漢譯佛典多屬文學性的名譯，甚至可以被看作一種「佛經新作」，其中蘊含了他獨特的哲學思想，這一點我們完全可

---

[48] 木村清孝.佛教研究的發展趨勢：佛教研究的現狀與課題國際研討會[C].宜蘭：佛光大學，2014.

以從上述的文獻研究中，得出明確的結論。與此相關的，則是東亞佛教文獻的分類問題。木村清孝學者認為，東亞佛教的文獻在整體上，可以分為創作、翻譯、解釋和教化這四大分類。其中，極為特殊的就是最後的「教化」類文獻。此類文獻，是針對立場、知識和教養程度不同的說法對象「方便說法」時的相關記錄。雖然純粹歸屬於此種分類的文獻為數稀少，但是此類文獻所反映的並非撰述者自身的思想，因此增加了理解的難度，處理此類文獻時要非常慎重。最後，對於文獻的正確解讀，其基礎在於敏銳的語感。今後的研究人才，除了古典文獻的解讀能力，還需要具備足夠推動國際學術交流的現代語學能力，以及跨領域和學科合作之際的廣泛學識素養。

　　佛教的教誨當中，包含了眾多有益於現代社會，對於解決當前的迫切社會問題富於啟示的智慧。將這些充滿智慧的教誨和傳播滲透到普通社會的努力，是佛教學者作為人類社會的中堅力量應該發揮的重要功能。所謂「傳播滲透」的方式，在當代社會已經不僅限於單純的以語言為媒介的傳播。必要時刻，甚至需要身體力行的宗教實踐與弘揚。而隨順機緣投入宗教實踐的抉擇，必將深化我們對佛教的理解和研究，兩者之間必然是相輔相成的。作為與教育問題相關的環節，在教育體系中推廣「信」、「智」的德育教育勢在必行。宗教教育備受忽視，隨之衍生的問題不在少數。木村清孝學者衷心希望，今後日本能夠培養出更多內心充滿「感恩」、「惜緣」和「託福」概念的青少年。

　　最後，至今為止的佛教研究，在社會的結構、功能和權利等方面，未能給予充分的考察和驗證，也沒有點明其問題所在，更沒有明確地提出任何解決問題的方案，這點其實呼應宗教研究裡面的〈跨文化〉。憑藉佛教自身的慈悲與智慧，如此的無能為力，其實

是佛教全球化與現代化的事實，正因為宗教與社會關係依存度太高，若僅單純研究歷史或者佛教本質，並沒有辦法讓佛教發揮重要的社會化功能，而這點，洽是目前佛教研究最大弱勢。不過，正因為我們已經深刻的意識到問題的存在，我們可以從當下出發，開創新的佛教歷史進程，為解決當今和未來社會的病痛，注入一劑清新的良藥。

臺灣地區的佛教，自解嚴後迄今，全臺灣的漢傳寺院大約有二千餘座，其實也朝著傳播滲透的方式，在當代社會已經不僅限於單純的以語言為媒介的傳播，甚至透過各種身體力行的宗教實踐與弘揚。「四大山頭」不祇在臺灣南北各地擁有甚多分支道場，而且在全世界各地（美洲、澳洲、歐洲等處）也都有分會或寺院。臺灣漢傳佛教的足跡，伸展到全球各地；由佛教界所辦的大學，在臺灣就有華梵、南華、玄奘、佛光、慈濟、法鼓等六校。在美國與澳洲，也有佛光山所設的大學。佛教界出資興辦這麼多大學，這種成績，舉世之中，除日本佛教界之外，罕見有堪與比肩者。再者，由佛教界所辦的有線電視臺，有大愛、人間衛視、法界衛星、生命、華藏等臺。電視說法的佛教傳播現象，在臺灣甚為普及。

在佛教文化事業方面，佛書及佛教期刊的發行量都有極顯著的提升。在臺灣，大藏經（古代佛教文獻的彙集）就曾刊行十部之多（《大正》、《卍正續》、《中華》、《嘉興》、《磧砂》、《高麗》、《佛教》、《龍藏》、《南傳》及《西藏大藏經》）。而且，其中的《大正》與《卍續》二藏，還有電子光碟版。這是舉世之中，電子版大藏經的首度發行。此外，臺灣所編輯、發行的《佛光大辭典》（七冊）、《中華佛教百科全書》（十冊）、與《廣說佛教語大辭典》（五冊），也是目前中文佛教辭書中罕見的大部頭工具書。在佛教內部的弘法事業方面，印順法師為臺灣信徒提出一

套以人間佛教為主軸的信仰體系，然後星雲大師發揚光大。聖嚴法師則開創「中華禪法鼓宗」、證嚴法師也開創「慈濟宗門」，這些新宗義與新宗派，在臺灣佛教史上，具有里程碑式的歷史意義。

　　百年來臺灣佛教的發展，很像「毛蟲變成蝴蝶」的蛻變過程，前一階段（二戰以前）的進展，就像毛蟲那樣緩慢而踟躕不前，但是，二戰之後，逐漸發展，解嚴之後毛蟲乃蛻變成蝴蝶，可以振翅高飛。新漢傳佛教的形成，其實是相當快速的。這一段歷史也告訴我們，只要政治、經濟與社會環境許可，人的願力與實踐力其實很容易爆發開來[49]。

　　因此，本書從臺灣「國家圖書館」所建構的臺灣博碩士論文知識加值系統查找與佛教研究相關的博碩士 706 篇論文中，若將「佛教、出版」交叉查找，僅有 5 篇論文；若更進一步以「佛教、期刊」進行查找，卻沒有任何論文研究；而以「圖書、佛教」進行查找，則有超過 9 篇論文產出。為確保整個研究綜述是完整，特別也針對香光尼眾佛學院圖書館的研究進行比對，發現「佛教、出版」該類目的研究，在整個佛教研究中，本屬於少數。而這點結果大致上與香光尼眾佛學院圖書館[50]藏主釋自正所寫編著的提要彙編雷同。

---

[49] 藍吉富.新漢傳佛教的形成——百年臺灣佛教的回顧與展望[J].弘誓雙月刊：2012（120）.

[50] 本館屬於伽耶山基金會下面所屬的一專門佛教圖書館，為協助推展僧伽教育，使成為具有宗教性、文化性、教育性和學術性的佛學研究資料中心。自 1982 年起搜藏各種佛教圖書資料，服務佛學院師生。1998 年起為回饋社會，以書香淨化心靈，開放社會大眾入館閱覽使用。而財團法人伽耶山基金會是出家眾釋悟因所成立的佛學院，其宗旨有三，包括：（一）悲願：體認個人生命與他人、社會和世界相互依存，故培養學生能平等慈悲地對待自他生命。（二）力行：透過參與式的實踐課程，將內在洞察的智慧，轉化成慈悲的行動，建構一個陶養悲願與智慧的學習社群。（三）和合：秉承佛陀「中道緣起」精神，掌握不執著兩邊的原則，以平等與尊重的態度，和其他宗教及學術社群進行對話，創建相容互益的共同文化體，以合力促進社會的淨化與和平。

香光尼眾佛學院圖書館自 2006 年開始，針對臺灣地區佛教相關碩博士論文進行內容選錄、分類與資料重新錄入，並且與 2006 年與 2007 年兩年，分別編輯出版《佛教碩博士論文提要彙編（1963～2000）》與《佛教碩博士論文提要彙編（2000～2006）》兩本參考工具書，其中針對佛教碩博士論文的篇目加以分類，對文獻整理來說，是具有相當加值功能。而為讓讀者或者研究者在瞭解且最快方式掌握佛教領域的研究成果，在分類過程中，採用文獻保證原則進行分類，等於說，必須要有文獻才設立類目。

　　這兩本提要彙編的分類表，主要設二十個一級類目、一級類目下如有必要，再細分為若干二級類目，依此類推，至多分到四級類目。[51]其中，與本文研究相關的，僅與該提要彙編的一級類目分類表中的「佛教事業」或、「佛教應用」兩大類目有相關，但細究其二級類目中，並無明顯針對佛教出版進行分類。但若《臺灣國家圖書館碩博士論文知識加值系統》進行查找，發現之所以沒有對佛教出版單設成為一個二級類目的主要原因在於，從 1963 年來到 2015 年間，專門以佛教或者宗教與出版相關的博碩士論文數量，少之又少，無法提供足夠的文獻保證，所以就無法單列成為一個類目。此外，該主題類目中有一佛教人物及其思想部分，是屬於佛教博碩士論文研究相當重要的一個主題，該部分與實際上在《臺灣國家圖書館碩博士論文知識加值系統》所查找的結果是相同的。

　　若深究這 706 篇與「佛教」此關鍵字相關的博碩士論文，發現大部分都是散落在人文（491 篇））與社科（128 篇）兩大主題領域；就畢業學校而言，大部分主要來自臺灣師範大學（116 篇）、臺灣大學（99 篇）與法鼓文理學院（71 篇）等三間學校；雖然，

---

[51] 釋自正.概述佛教相關博碩士論文提要彙編之編制[J].佛教圖書館館刊.2008（47）.

臺灣師範大學與臺灣大學並無專門的宗教系所,臺灣師範大學大都是以〈華語文教學研究所〉、〈臺灣文化及語言文學研究所〉、〈設計研究所〉、〈社會教育系所〉、〈歷史系所〉、〈美術系所〉、〈中文系所〉與〈心理與輔導系所〉為多,而臺灣大學則以〈中國文學所〉、〈歷史所〉、〈藝術史所〉、〈國家發展所〉、〈政治學研究所〉、〈哲學研究所〉、〈音樂學研究所〉等,其中卻以歷史所、藝術史所等居多。

表 1-4:佛教文獻分類主題詞比對

序號	2000 年版彙編	2006 年版彙編
1	佛教文獻學	佛教文獻學
2	佛教思想	佛教思想
3	佛教史	佛教史
4	佛教人物及其思想	佛教人物及其思想
5	佛教地志	佛教地志
6	經典研究	經典研究
7	論書研究	戒律研究
8	僧制與僧制史	論書研究
9	信仰修持儀制	僧制與僧制史
10	佛教事業	信仰修持儀制
11	佛教語言	佛教事業
12	佛教文學	佛教語言
13	佛教藝術	佛教文學
14	佛教應用	佛教藝術

表 1-4：佛教文獻分類主題詞比對（續）

序號	2000 年版彙編	2006 年版彙編
15	佛教各宗	佛教應用
16	西藏研究	佛教各宗
17	敦煌學	西藏研究
18	宗教與信仰	敦煌學
19	宗教藝術	宗教與信仰
20	印度哲學	宗教藝術

資料來源：釋自正.概述佛教相關博碩士論文提要彙編之編制[J].佛教圖書館館刊.2008（47）

而臺灣師範大學所產出博碩士論的研究取向多為佛教小說、佛教圖騰、佛教思想（例如：禪宗、唯識宗）、經典研究（例如：優婆塞戒經、阿含經業論）等；而臺灣大學則偏以佛教中國、雕塑、佛性論、孝經，以及佛教藝術、佛教經典（例如：華嚴經、大般若經等）；而法鼓文理學院，則大部分以經典與佛教思想、派別為主要研究取向，例如：藏傳與漢傳佛教研究、天臺宗研究、佛教思想、華嚴經、楞嚴經與佛性論等為主。

法鼓文理學院的博碩士論文中，釋堅慧（2012）《西藏佛教二種菩薩戒之傳承與其發展之研究》[52]，主要就是研究佛教的戒律。文中提出菩薩戒是世尊特為「發菩提心」的佛子所示的戒法，故與聲聞七眾別解脫戒的性質不同。且其涵蓋層面深廣，除涵攝聲聞律儀的七眾戒之外，還包括勤修一切善法的攝善法戒，與度化眾生的饒益有情戒，而成三聚淨戒。此大乘菩薩所受持的戒律，隨著佛教

---

[52] 釋堅慧.西藏佛教二種菩薩戒之傳承與其發展之研究[D].臺北：法鼓文理學院，2012.

的開展，其於漢、藏佛教系統之不同傳承中，即各有不同的菩薩戒本及其受戒儀軌，且對於守持的戒條數目、內容及修行學處等亦不盡相同。該論文主要探討西藏佛教的二種菩薩戒之傳承與發展。首先，藉由對於印度佛教之大乘菩薩戒與佛教初傳吐蕃的歷史背景的考察，以理解戒律初傳西藏的情況；之後，進一步探討菩薩戒於前、後弘期的發展概況，並整理西藏佛教不同傳承祖師的相關菩薩戒著作，以瞭解菩薩律儀於西藏佛教中之流傳及其演變；最後，以各自所傳之發心儀軌內容，比較二種菩薩戒傳承之間的異同。該論文之研究完成，作為提供不同菩薩戒傳承發展之參照基礎，以進一步對於漢傳佛教的菩薩戒傳承作比較，以利掌握其間的異同，以及不同傳承系統間的實踐特點。

此外，釋見碩（2015）的《初期佛典不淨觀禪法之研究——以《長老偈》、《長老尼偈》為主》[53]，主要研究方向為探討不淨觀禪法究竟具有什麼特色，如此受到印度佛教的的重視？以及為何不淨觀會被納入界差別觀、四念處中之「身念處」中？不淨觀與這些禪法究竟有何關係？該文從佛世時期耆、佛兩教不淨觀法門的經典證據，發現不淨觀法門中，有生命體的不淨觀禪法，並不是佛教特有的，但無生命體的不淨觀禪法，似乎是佛教獨有的。在初期佛教的聖典中，初期佛教不淨觀禪法呈現出身體是可厭的特質，無非是為了對治人性的問題——欲貪，特別是淫欲。尤其從不淨觀與異性的關係，明顯看出佛世時期傾向將女人的肉身，視為情欲的化身。並藉由以女性屍體為所緣，作為觀察自己的身體汁液橫流諸臭穢不淨，作為破解女色的方法。顯然，初期佛教不淨觀的修持實隱藏？將女身視為不潔，且對女性是持反面的態度。

---

[53] 釋見碩.初期佛典不淨觀禪法之研究——以《長老偈》、《長老尼偈》為主[D]，臺北：法鼓文理學院，2015.

就實踐的角度而言，不淨觀解脫的實踐歷程可歸納為：依安止定轉而修觀智（觀三相、或厭離智），觀察內身和外身，體悟無我，由無我至解脫；或者是觀察無生命的屍體，以具足正念、正知的方式，如理作意身為無常、苦、無我、不淨，修習過患隨觀智、厭離智，而獲得心解脫；或者是依安止定轉修無相觀，現觀慢，到達解脫；或者是不淨觀、死隨念乃至隨觀三相等禪法，只要與七覺支俱時而修，皆是通於無漏的解脫道。再者，從不淨觀與界差別觀、身念處的相互關係，我們可以看見佛教禪法的修持並非單一的軌道。因為界差別觀、身念處雖皆以不淨觀為先導，但所開展出入禪的方式則各有不同。

綜合上述兩篇博碩士論文，很可清楚發現臺灣近年來的佛教博碩士論文研究，還是以經典義理、派別思想、修行戒律等為主要研究多數；而關於佛教出版研究，幾乎少之又少，而這點與香光尼眾佛學院圖書館在歸納分類佛教研究時，並沒有把佛教出版這主題凸顯出，其道理是同樣。

至於，佛教與出版相關的五篇論文中，主要有于素雯（2004）《佛教圖書出版服務品質之探討》、鄭玉雯（釋自正）（2010）《臺灣地區佛教印經事業發展歷程之研究（1949-2008）》、徐嘉政（2002）《臺灣區佛教團體圖書行銷通路與效益研究》、黃德賓（2001）《臺灣地區佛教圖書館發展之研究》與上節所提 2002 年李懷民《宗教團體出版問題研究——以佛教慈濟文化為例》等五篇研究論文。于素雯主要透過量化方式找出佛教圖書服務品質如何提升？以參訪寺院的信眾、在家的修士、書店從業人員為抽樣樣本填寫問卷，藉以瞭解讀者對佛教圖書出版服務品質的看法。研究發現，南臺灣的讀者對佛教圖書整體的出版服務品質雖給予肯定，但仍對出版業者充滿期許，希望能再提升；在個人基本變數分析得

知,「性別、年齡、婚姻、學歷、收入、職業、接觸佛學時間」等七項變數,對佛教圖書出版服務品質均有顯著差異性存在[54]。

釋自正研究中顯示,自 1949 年,國民政府播遷臺灣,佛教弘法活動除了講經說法外,最普遍的方式則是翻印佛經,由於當時佛書昂貴取得不易,故成立「印經會」大量印行佛書。這種眾人集資出版,提供贈閱的流通方式,歷經六十年,依然存在,它影響著臺灣佛教的發展與佛教傳播,因此本書將此種以傳播佛法為目的,透過公開募款集資,且不以營利為目的,印製出版佛教圖書文獻,提供眾人流通,泛稱為「佛教印經事業」。瞭解六十年來臺灣佛教印經事業的發展歷程,本書採用「歷史結構分析法」,廣搜印經單位的出版目錄,並輔以「香光尼眾佛學院圖書館」典藏印經事業單位的出版物,解析六十年來臺灣地區佛教印經事業的發展歷程,因此將 1949 年至 2008 年,依歷程變化,劃分為草創期(1949-1971)、萌芽期(1972-1987)、成長期(1988-1998)、轉型期(1999-2008)四個時期。研究發現佛教印經事業的貢獻是加速佛教傳播、為當代佛教發展留下豐富著述及展現佛教的弘化成果。佛教的印經事業發展,隨著臺灣社會環境變遷,母體機構、財務管理、印製內容有明顯的改變。而影響佛教印經事業發展的重要因素,包括內在因素:印經有功德的觀念、佛教文獻資源豐富及佛教弘傳的使命;外在因素是臺灣社會經濟的穩定成長、社會大眾對佛教信仰的需求與實踐及科技載體的變遷[55]。

徐嘉政研究發現,現在臺灣的佛教隨著經濟的發達,顯得非常的活躍。其中,出版物的大量出現,形成新領導趨勢,一片生機蓬

---

[54] 于素雯.佛教圖書出版服務品質之探討[D].嘉義:南華大學,2004.

[55] 釋自正.臺灣地區佛教印經事業發展歷程之研究(1949-2008)[D].嘉義:南華大學,2010.

勃景象。然而表相上出版活動如此的熱絡，是否代表著出版物也相對被廣為流通，而普種菩提道種於眾生心田中？研究目的在於「探究各佛教團體出版之現況」、「進行各佛教團體之通路研究」、「研析不同通路是否效益不同」，和「根據通路效益分析提出改善之道」，藉以瞭解佛教團體圖書行銷通路與效益之詳實，並探討改進空間，以及有效因應策略，使佛陀所說的教法有效益地經由出版物的流通，能以強大的生命力滲透到各個領域，化育四眾，離苦得樂。整體而言，各佛教團體在相互自我局限之前提下，任令十方資源重複浪費，也因之無從建立或不具明確的相關通路效益評量指標[56]。

而黃德賓的研究中，主要是圖書館角度去詮釋佛教圖書近年來的發展。近二十多年來，臺灣民眾對於宗教活動的投入，有明顯熱絡的趨勢。以佛教方面來看，社會上學佛的風氣日益興盛，佛教信仰也一改往昔給人迷信、消極的印象，而呈現出一股關懷社會、慈悲濟世的清流力量。在佛教信仰的活動中，除了弘法傳教的各種法會、講座相當盛行之外，信眾對於閱讀佛書的興趣，學者從事佛學研究的需求，也日漸增多。可是，一般圖書館在佛教典籍方面的收藏，並不是很充足，因此專門典藏佛教書籍的佛教圖書館，在此時更受到佛教徒們的重視與依賴。民國七十九年以後，臺灣地區的佛教圖書館，不管在質或量方面，都有不同凡響的表現[57]。

該研究重點在於第四章，考察臺灣佛教圖書館發展之歷程。首先，簡述明鄭至日據時代的臺灣佛教史。接著，則探討光復後五十多年來臺灣佛教的變遷，除了瞭解在各時期中佛教的轉變與特質

---

[56] 徐嘉政.臺灣區佛教團體圖書行銷通路與效益研究[D].嘉義：南華大學，2004.

[57] 黃德賓.臺灣地區佛教圖書館發展之研究[D].新北：輔仁大學，2001.

外，並特別敘述臺灣佛學教育和佛書出版兩者之發展。再來則依筆者之觀察，整理出促使臺灣佛教圖書館蓬勃發展的主、客觀環境等各項因素。在掌握這些歷史的背景因素後，乃從龐雜的文獻記載中，對臺灣佛教圖書館發展之歷程，做有系統的整理與分期，即：一、醞釀時期：日據時代至民國四十六年止；二、萌芽時期：民國四十七年至六十七年止；三、成長時期：民國六十八年至七十八年止；四、繁榮時期：民國七十九年起；並介紹此四個時期各種發展之實況，呈現出佛教圖書館在臺灣所走過的歷史歲月與痕跡。

1.3.3 臺灣地區人間佛教與出版相關文獻分析

「人間佛教」是當今臺灣佛教發展的主流，而隨著此潮流風起雲湧，諸多關於人間佛教的著述如雨後春筍的發表與出版。近現代中國佛教日益走向衰退之際，到了民初諸多有識之士倡議佛教改革運動，其中最為人所熟知的是太虛法師所主張的《人生佛教》。而在因緣際會下，此佛教改革浪潮，已於臺灣看到初步的成果；即臺灣主張人生或人間佛教的人物或團體，其數量和規模已有一定程度，而在這些「人間佛教」的浪潮或者研究中，到底有哪些共同點及差異處呢？雖然「人間佛教」此一內涵的認知有諸多可能之面向，但基本上可包括下列三個共同點[58]：

（1）改革、反省宋代以來佛教信仰趨勢：人間佛教乃是對傳統以來（特別是宋代以來）的佛教信仰趨勢進行反思，以回應華人佛教的信仰問題。換言之，人間佛教雖承接中國傳統，但也對此傳

---

[58] 林建德.近二十年來臺灣地區〈人間佛教〉研究發展概述.[J]佛教圖書館館刊，2011（52）.

統進行思索，乃至於追求革新。而此反省傳統的走向，未必就是否定傳統，而是認為傳統的信仰模式（如禪、淨、拜懺、法會等修行）面對當代乃是不足、不夠的，而不能只是如此。

（2）以太虛大師為精神領袖：人生佛教的思想，自民初時期太虛大師宣導以來，已有近百年的光景；而今日臺灣提倡人間佛教的團體，皆直接或間接的受到太虛大師的影響，像星雲大師。聖嚴法師亦認為，近代中最值得敬佩的出家人是太虛法師。

（3）菩薩道入世精神的重振和貫徹：雖然現今人間佛教為主的團體，可說是各唱各的調，有著明顯多元發展的傾向，但異中有同的是重視菩薩道入世精神的重振和貫徹。因此，入世的社會關懷工作，例如：慈善、教育、醫療、文化、環保等，皆是這些團體所重視，可說人間佛教入世關懷的心志，乃是共通的。人間佛教精神理念的落實，即是大乘佛教菩薩理想的開展與發揮。

人間佛教路線開展，也會有顯著的差異，這個差異，一直以來皆是如此。例如：同樣是太虛大師學生的慈航和印順兩位法師，兩人的佛教見解就不一樣，甚而險形成對立[59]。同為師生的太虛大師及印順導師，兩位的佛教思想亦有所差別，並曾在文字上彼此交鋒，互不相讓[60]。同樣的，臺灣人間佛教各個團體及領袖間明顯的差別，也可想而知。然而，大乘菩薩精神的可貴，在於開闊的格局及胸襟；意即菩薩道的修學，乃不拘於一格，而廣於接納、容受各種可能的修學形式。

「人間佛教」差別主要在偏重面向的不同，菩薩道的精神理念可說是一致的，例如慈濟功德會推重慈善、醫療等志業；佛光山、

---

[59] 印順法師.平凡的一生（重訂本）[M].新竹：正聞出版，2005：65-67.

[60] 印順法師.敬答「議印度之佛教」——敬答虛大師：無諍之辯[C].臺北：正聞，1994：117.

法鼓山則較重視佛教文教事業。而這些重點的不同，可謂各自模式的人間佛教，例如佛光山星雲法師的弟子滿義法師曾出版《星雲模式的人間佛教》，揭示佛光山志業著眼之人間佛教路線。此外，印順和證嚴兩位法師雖為師徒關係，但印順法師以佛學著述為重，重視佛教思想與文化的論述，而證嚴法師以慈善濟貧起家，重視力行實踐，不著重探究佛典中精深理論。因此，印順法師的佛法論述中，龍樹、提婆、無著、世親等論師，是時常標舉的思想人物，但證嚴法師卻鮮少提及這些佛教思想家。總之，人間佛教的大德們，雖皆以大乘菩薩道的精神為核心，但著重點及開展之風格，卻相當不同，而各自抉擇出自己的一條路。換句話說，雖然彼此間傳承的是「為佛教、為眾生」的信念，也都展現出高尚的宗教家的典範與人格，但由於此「為佛教」、「為眾生」的偏重不同，在菩薩道上開展出不同路數[61]。

近二十年來以「人間佛教」為主題或與此相關的著述可謂蓬勃發展，展現的「形式」有會議論文、期刊論文、學位論文及專書探究（包含把學位論文改寫為專書）等；而論述的「內容」從傳統的佛教歷史、地理、文獻考證到現代化的管理經營、生態環保等，乃是不一而足。

由於近年來人間佛教之論述相當豐富，涵蓋層面非常廣泛，一時難以窮盡收集，更無法深度評論，因此僅就人間佛教大致的論述範疇作概述，主要包括了人物思想之主題論述、思想（宗門）特色和時代意義、理論和實踐、傳統和現代、反思和評論、比較和論辯、開創性論述的嘗試七個面向。必須一提的是，此分類乃是大致的區別，其中有一些論述可能跨含兩種（乃至以上）的範疇。至於

---

[61] 邱敏捷.印順導師的佛教思想[M].臺北：法界出版，2000：133-160.

本書應該是介於理論與實際、開創性論述等兩大面向。

（一）人物思想之主題論述：以當今臺灣人間佛教之人物進行主題研究的碩博士論文或專書乃不在少數，例如：江燦騰《當代臺灣人間佛教思想家——以印順導師為中心的薪火相傳研究論文集》[62]一書即就印順法師的淨土、禪、太虛和印順之異同，以及研究方法等進行討論；此外，邱敏捷出版《印順導師的佛教思想》[63]一書，皆可視為是為特定人間佛教思想的人物之主題論述。也有介於學術性和通俗性的論述作品，例如：何日生所撰《慈濟實踐美學——行入證嚴上人的思想與實踐》[64]，分有「生命美學」及「情境美學」上、下兩冊，介紹證嚴法師的思想理念，即可說是此類型作品的代表；此外，先前所述刊於《普門學報》的〈「星雲模式」的人間佛教〉一系列的文章，也可歸為此類。至於非學術性的一般論述不知凡幾，這些著作類似於人物傳記，而帶有介紹、宣傳和典範呈顯、激勵人心等作用。

（二）思想（宗門）特色和時代意義：臺灣人間佛教繁榮的盛況，或從學問來說、或就團體而言，而有「印順學」、「印順學派」、「後印順時代」、「慈濟人」、「慈濟宗門」、「靜思法脈」、「中華禪法鼓宗」、「佛光人」、「佛光學」等新興字詞；其他如《人間淨土》、「人菩薩行」、「心靈環保」等詞彙，對臺灣佛弟子也並不陌生，各道場紛紛編輯各自的語錄或小文集，如慈濟的《靜思語》、佛光山的《佛光菜根譚》與《星雲禪話》，以及法鼓山的《108自在語》、《智慧掌中書》等，以簡潔明快而又實

---

[62] 江燦騰.當代臺灣人間佛教思想家——以印順導師為中心的薪火相傳研究論文集[M].臺北：新文豐，2001.

[63] 邱敏捷.印順導師的佛教思想[M].臺北：法界出版，2000：133-160.

[64] 何日生.慈濟實踐美學——行入證嚴上人的思想與實踐[M].臺北：立緒出版，2008.

用有效的弘化方式，因應忙碌現代人的閱讀習慣及信仰需求。

人間佛教相關的研討會也多以「思想（宗門）特色和時代意義」作為主題，如 2010 年「第三屆聖嚴思想國際學術研討會」即以學術論文發表的方式，探討聖嚴法師學思與實踐之時代意義，其中主題即訂定為「聖嚴法師的教導與時代意義」，以期落實弘揚聖嚴思想的宗旨，並使影響能擴及海內外。

（三）理論和實踐：在人間佛教論述中，理論暨思想法義的探究乃是其中重要的部分；同樣地，人間佛教入世的實踐及關懷，特別是龐大的團體規模，所呈顯的有效率的組織運作，也是令人印象深刻的，而成為探究的題材之一；因此，人間佛教「理論」和「實踐」這兩部分，也是人間佛教論述的重點。

在臺灣人間佛教發展中，理論論述較為突出的人物裡，佛學泰斗印順法師乃是一枝獨秀，而法鼓山創辦人聖嚴法師具有博士學位，也曾撰述不少佛學性的論文及經論講說，具有明顯的學問性格及歷史意識，在佛教理論的研究和創發上，亦有一定深度。因此，印順、聖嚴兩位法師的佛教思想「論述」及「被論述」，就有不少的研究成果。

相較於印順、聖嚴兩位法師較濃的思想特質，而有重「理論」的傾向，佛光山宗長星雲法師及慈濟功德會創辦人證嚴法師，兩人的學理的涵養及深刻度雖與前面兩者有所不同，但兩人在領導風格、人事的組織運作及經營管理等，卻常被當作是研究的主題，因此可視為人間佛教「實踐」方面被研究的範例。以下分別以印順、聖嚴兩位法師為中心所開展的相關的「理論」探究，以及星雲、證嚴兩位法師所帶領的團體所形成的「實踐」面向的考察，來簡述人間佛教研究發展之概況。

在「印順學」的理論部分，就佛教弘誓學院等團體所舉辦的

「印順導師思想之理論與實踐」學術會議，至今年（2011年）已有十屆之多。其中「印順學」的探究，主要是就印順法師的著述進行探究，包括印順法師人間佛教「人菩薩行」的理論、阿含學、般若學、中觀學、唯識學、如來藏學、大乘三系判攝、判教立場、禪宗及禪史的觀點、淨土思想等的研究，而這些論述可說漸為人所周知，成為二十世紀下半期臺灣佛學界的重要話題。

此外，法鼓山近年來也舉辦了數屆聖嚴法師思想為主的研討會，主題包括聖嚴法師人間淨土之理念，以及他對天臺、華嚴、禪、戒律、淨土等的佛學思想暨經典詮釋的特見，還有聖嚴法師對漢傳佛教發展的觀點；其他主題包括法鼓山對臺灣喪葬禮俗的影響、環保及社會關懷理念、倫理道德及生命教育、心靈環保等課題，都是會議論述之重點。

在「實踐」部分，人間佛教團體組織運作模式之研究，包括領導風格、經營及動員模式、管理及開拓發展等成功的經驗，也受到研究者的關注。例如：從「臺灣國家圖書館」中，搜尋為慈濟、佛光山及法鼓山等人間佛教團體所作研究之碩博士論文，即可見到一定的研究成果，其中主題包括有：非營利組織之營運管理、非政府組織國際人道救援、寺院經濟問題、宗教實踐與認同問題、組織模式及文化問題、宗教福利思想與福利服務、慈善行為、環保理念、志工現象、跨宗教之信仰問題、傳教多元化與現代化、弘法策略、藝術音樂美學之表現手法等之探究。而這些也成為近二十年來臺灣地區人間佛教研究趨勢中，相當重要的研究課題。

（四）傳統和現代：如前所說，人間佛教具一定的改革色彩，因此對於傳統中國佛教的信仰模式有一定的省思。而人間佛教和傳統間關係的論述，即有一些研究成果，例如印順法師對於傳統的淨土信仰，特別是彌陀信仰，有他一定的提煉和抉擇，引起佛教學術

界及信仰圈的關注,例如:江燦騰〈從解嚴前到解嚴後——戰後印順導師的人間淨土思想在臺灣的變革、爭辯與分化發展〉[65],即記述傳統與現代淨土思想間的歧見,而至論辯和分化。此外,對佛教傳統戒律的反省,特別是昭慧法師等人所發起的廢除「八敬法」運動,也是近年來教界及學界會關心的課題[66]。人間佛教在改革傳統信仰模式上,引發學界的討論;然而,在迎向新世紀、現代化的時代性課題,人間佛教積極入世的走向,也絕不會輕忽。因此,關於種種現代性課題,諸如:動物倫理、黑心素食、全球化、地球暖化、生態保護、性別課題等,以人間佛教為觀點所作的研究和論述,可說不在少數;當中昭慧法師、傳法法師、楊惠南、林朝成、遊祥洲等人,即曾對上述的現代性課題做過探討。

(五)反思和評論:人間佛教發展在臺灣形成風潮,一些反思和評論的聲音也不時出現,此中包括批判人間佛教有走向「世俗化」的問題,而不重視修行、修證,欠缺佛教修行追求解脫的「神聖性」內涵。其中,如石法師〈臺灣佛教界學術研究、阿含學風與人間佛教走向之綜合省思〉[67]的文章,內容主要回應印順法師人間佛教思想影響下,所衍生相關的問題和限制,包括世俗化趨向、方便趨下流,該文認為人間佛教落人本狹隘,而強調要回歸重禪悟的佛教傳統。可想而知,此反思和評論也引起教界軒然大波。此外,楊惠南〈從印順的人間佛教探討新雨社與現代禪的宗教發展〉[68]一

---

[65] 江燦騰.從解嚴前到解嚴後——戰後印順導師的人間淨土思想在臺灣的變革、爭辯與分化發展[J].玄奘佛學研究,2009(12):1-28.

[66] 釋昭慧、釋性廣.千載沉吟——新世紀的佛教女性思維[M].臺北:法界出版,2002.

[67] 如石法師.臺灣佛教界學術研究、阿含學風與人間佛教走向之綜合省思[J].香光莊嚴,2000(66/67).

[68] 楊惠南.從印順的人間佛教探討新雨社與現代禪的宗教發展[J].佛學研究中心學報,2000(5):275-312.

文，探討印順法師人間佛教影響下，解嚴後臺灣佛教新興教派成形的議題，其中如新雨社和現代禪兩個居士團體，原先皆受到印順法師人間佛教深遠啟發，但之後有所取捨、抉擇，乃至不甚認同，而有各自的調整和轉向。該研究指出，這兩個臺灣當代新興佛教教派，對人間佛教提出兩點批判，分別為：一、「人間佛教」不曾提供一套具體的修行方法。二、「人間佛教」所強調的「不急求解脫」的思想，被視為不關心究竟的解脫。對此，楊惠南認為此是印順法師提倡「人間佛教」發展過程中的一種「困局」；而此一研究結果，也引起教界、學界的迴響，包括被研究團體「現代禪」的回應。

（六）比較和論辯：在人間佛教論述中，不同人間佛教的思想家或領袖間觀點的比較，也是一大重點。例如太虛和印順兩位法師之間，對人生暨人間佛教思想的同異問題，一些學者如楊惠南、江燦騰、侯坤宏等人都作了比較，包括印順和聖嚴以及太虛和星雲等諸位人間佛教領袖間的同異，皆有些對比式的研究[69]。

在論辯部分，如前所說人間佛教具改革性的理想，因此傳統信仰的認同者，則可能對人間佛教不以為然，如此也展開諸多論辯。例如印順佛學中對中國佛教傳統禪、淨、密的評論，以及真常唯心系方便教法的判攝等，曾引起密教、淨土、禪宗等宗派的認同者的反對。

（七）開創性論述的嘗試：在人間佛教論述中，固然「照著講」是主流，但也有一些「接著講」的嘗試。如前面所述及性廣法師《人間佛教禪法及其當代實踐》[70]一書，乃根據印順法師著作中

---

[69] 楊惠南.從人生佛教到人間佛教：當代佛教思想展望[C].臺北：東大出版，1991：75-125.

[70] 性廣法師.人間佛教禪法及其當代實踐[M].臺北：法界出版，2001.

的禪觀開示及教導，作進一步研究而集結成書，試以回應人間佛教行者不重修證、沒有修行的質疑。另外，昭慧法師除了親身參與護生、反賭、反性別歧視等各種社會運動外，也為人間佛教社會關懷過程中，所可能遇到的倫理問題進行探究，如所出版的《佛教倫理學》[71]、《佛教規範倫理學》[72]、《佛教後設倫理學》[73]等書，已成為華語學界探討佛教倫理學的參考用書，而可視為人間佛教思想發展中開創性論述的嘗試。

在臺灣地區，關乎「人間佛教」研究的期刊篇章或者會議論文，遠多過於博碩士論文。透過臺灣圖書館博碩士論文與華藝線上圖書館可知，以佛教往下查找「人間佛教」的博碩士論文，僅有 87 篇；但若查找期刊相關文章，卻有高達 500 篇文章以上。深究為何期刊文章多於博碩士論文，主要還是跟臺灣幾大佛教教團的推廣與弘揚「人間佛教」該主題有其關係。

「人間佛教」期刊雖有 500 多篇，但若僅限於人文與社科領院，卻僅有不到 230 多篇，不過仍比博碩士研究論文篇數還多。若考究這些期刊研究文章的出處，明顯都是在弘揚人間佛教居多的期刊雜誌，或者研究機構，例如：弘誓雙月刊、中華佛學學報，或者佛光山人間佛教研究院、中華佛學研究院等。而這些文章大多數在談「人間佛教」派系與發展，例如：太虛大師與印順導師等，以及「人間佛教」的實踐等。但若僅針對博碩士論文深究，這 87 篇博碩士論文大多也是著墨於「人間佛教」如何實踐？印順導師、聖嚴法師與星雲大師等人的研究，以及「人間佛教」對臺灣社會的影響

---

[71] 釋昭慧.佛教倫理學[M].臺北：法界出版，1995.

[72] 釋昭慧.佛教規範倫理學[M].臺北：法界出版，2003.

[73] 釋昭慧.佛教後設倫理學[M].臺北：法界出版，2008.

為何等等。而南華大學、佛光大學這兩間學校的博碩士論文，對「人間佛教」的研究更為普遍。

杜佳鴻（2015）《人間佛教淨土思想的開展：以佛光山為研究對象》[74]指出，以「人間佛教」淨土思想開展為研究主題，是為了瞭解傳統佛教淨土思想在現代社會的轉向。傳統的佛教注重自修自證，人間佛教結合團隊的力量，實踐菩薩道自利利他。人間佛教創造人間淨土，實踐者期盼得到此生的利益與安樂；弘教者，以慈悲接引眾生親近佛法，以善巧方便攝受眾生學習正法，開啟行者證悟空性智慧，在生活中離苦得樂。聚焦研究佛光山教團的人間佛教弘法，主要原因是因為目前在臺灣弘揚人間佛教道場中，佛光山的組織與功能最為完備。

佛光山開山宗長——星雲法師，建造一座展現立體的佛法概念的現代佛塔——「佛陀紀念館」。以創新的科技視覺來弘揚佛法，結合佛教藝術與非物質文化來開展人間佛教。藉此，促進國際間文化交流與合作。現代人間佛教跳脫傳統寺廟單一化的超渡趕經懺的佛教，度生與度亡都是人間佛教關注的課題。現代寺院弘教功能多元化，除了建築外觀的改變外，佛法弘教展現本土化與國際交流的趨勢。此篇論文嘗試開採人間佛教淨土思想的精髓，幫助人類得到佛法的智慧與慈悲，提供現代人生活修行的正確方向與法門。

另，陳佳君（2015）的《人間佛教的具體實踐——以基隆極樂寺為例》[75]碩士論文中也點出，「人間佛教」是當今佛教發展的主軸，也是時代的趨勢，是從地方性的區域化到全球性的國際化，由點到線至面的擴張，主要在將佛法落實於人間，從太虛大師提出

---

[74] 杜佳鴻.人間佛教淨土思想的開展：以佛光山為研究對象[D].嘉義：南華大學，2015.
[75] 陳佳君.人間佛教的具體實踐——以基隆極樂寺為例[D].新北：華梵大學，2015.

《人生佛教》，到印順導師的「人間佛教」，再擴展至星雲法師的佛光山僧團、聖嚴法師的法鼓山僧團及證嚴法師的慈濟功德會，此三者均將人間佛教的理念，做更進一步的宣揚，在臺灣極具影響力。該篇論文雖非佛光山教團下的博碩士論文，但所寫的物件是佛光山的道場，其實也是為佛光山的「人間佛教」進行另類見證。

陳玫玲（2016）的《人間佛教修行生活的食、衣、住、行四個面向之研究：以佛光山為例》[76]，以人間佛教的修行生活，有關食、衣、住、行的四個面向，作為研究的主題，有關修行生活的記載，所謂人間佛教的修行生活，無非是要人生活自在及快樂，生活中的生、老、病、苦的現象，以及佛教所記載佛陀時代社會背景，生活上的不平等；都造成了生命當中的痛苦與不安，因此佛陀致力於解決之道，他不僅捨棄了王宮裡優渥的生活，不但出家學道，而且經歷了種種的苦行與磨難，終於證悟了宇宙的真理，人生的實相。

而人間佛教的修行生活，且讓我們從「戒、定、慧」三大方面來探討，現代人脫離苦難得到安樂的種種修行的方便。由於時代的變遷，現代的生活，尤其是食、衣、住、行的種種方便，與佛陀時代的食、衣、住、行的方面，早已不相同了，所以，在現代，我們應該如何去看待一個佛教徒在修行生活上，食、衣、住、行的種種方便施設，帶給了一個佛教的修行者，有著什麼樣的種種的利益與缺失，所以我們有必要將人間佛教的修行生活，在食、衣、住、行上，作一系列的分析和比較，而能讓人們在現代的修行生活中，由於食、衣、住、行的生活所需，不致感到太多的疑惑和牽絆。

---

[76] 陳玫玲.人間佛教修行生活的食、衣、住、行四個面向之研究：以佛光山為例[D].嘉義：南華大學，2016.

最後，胡一鳳（2014）的《以資源整合觀點探討人間佛教於社會實踐之行銷策略研究》[77]中，以資源整合觀點探討人間佛教於社會實踐之策略，人間佛教現象若深究其本質，「社會實踐」是一恰當的觀點。包括資源整合、STP 策略及行銷組合的整合行銷溝通活動，透過個案分析來瞭解實踐人間佛法的實際做法與經驗，深入探究如何制定行銷策略，如何分析市場區隔，選擇目標市場與定位層面，建立其獨特的競爭優勢。最後，依據研究的結果，體悟人間佛教通社會科學，嘗試提出 VISP 理論，以驗證「整個佛法於世間妙用」。

1.3.4 佛光山與星雲大師相關文獻分析

自星雲大師及其人間佛教思想、佛光山教團進入學術界視野以來，來自大陸、臺灣、海外的研究碩果頗豐。其中在二十世紀八十年代學術界探討的熱點集中於星雲大師及佛光山。如盧月玲《臺灣佛寺的現代功能——佛光山田野研究》[78]，張新鷹《星雲大師與臺灣佛光山》[79]、《星雲法師與佛光山佛教事業集團》[80]，寅亮《提倡《人生佛教》的星雲法師》[81]。此時學術界探討的重點限於介紹佛光山的經營管理模式及其所取得的成績，而且著作論文多出自港臺學者之手，大陸研究參與者較少。二十世紀九十年代以來，學者

---

[77] 胡一鳳.以資源整合觀點探討人間佛教於社會實踐之行銷策略研究[D].高雄：高雄第一科技大學，2014.

[78] 盧月玲.臺灣佛寺的現代功能——佛光山田野研究.[D].臺北：臺灣大學，1981.

[79] 張新鷹.星雲大師與臺灣佛光山[J].香港佛教，1989（6）.

[80] 張新鷹.星雲法師與佛光山佛教事業集團[J].世界宗教資料，1989（1）.

[81] 寅亮.提倡「人生佛教」的星雲法師[J].上海佛教，1989（1）.

不僅在對佛光山經營模式的研究上更加深入，而且開始注重星雲大師與人間佛教的關係、星雲大師思想與實踐模式的研究。例如：張華《太虛、星雲的人間佛教與中國佛教的現代化》[82]，王順民《宗教福利服務之初步考察：以「佛光山」、「法鼓山」與「慈濟」為例》[83]等。

進入二十一世紀，關於星雲大師的研究有著突破性的進展。如滿義法師《星雲模式的人間佛教》[84]，李尚全《當代中國漢傳佛教信仰方式的變遷》[85]，滿耕法師《星雲大師的人間佛教思想》[86]，鄧子美、毛勤勇《趙樸初與星雲的人間佛教理念及實踐》[87]，何建明《人間佛教的百年回顧與反思——乙太虛、印順和星雲為中心》[88]。

值得一提的是佛光山主辦的學術刊物《普門學報》自 2001 年問世後，發表了大量高水準、有影響的論文。例如：陳兵《正法重輝的曙光——星雲大師的人間佛教思想》[89]，林明昌《建設人間佛教的宗教家——從太虛大師到星雲大師》[90]，釋慈容《佛教史上的

---

[82] 張華.太虛、星雲的人間佛教與中國佛教的現代化[D].南京大學，1991.

[83] 王順民.宗教福利服務之初步考察：以「佛光山」、「法鼓山」與「慈濟」為例[J].思與言，1994（9）.

[84] 滿義法師.星雲模式的人間佛教[M].臺北：天下文化，2005.

[85] 李尚全.當代中國漢傳佛教信仰方式的變遷[M].甘肅人民出版社，2006.

[86] 滿耕法師.星雲大師的人間佛教思想[D].北京大學，2005.

[87] 鄧子美、毛勤勇.趙樸初與星雲的人間佛教理念及實踐[J].五臺山研究，2005（3）.

[88] 何建明.人間佛教的百年回顧與反思——乙太虛、印順和星雲為中心[J].世界宗教研究，2006（4）.

[89] 陳兵.正法重輝的曙光——星雲大師的人間佛教思想.[J].普門學報，2001（1）.

[90] 林明昌.建設人間佛教的宗教家——從太虛大師到星雲大師[J].普門學報，2001（2）.

改革創見大師（下）》[91]，陸鏗、馬西屏《星雲大師與人間佛教全球化發展之研究》[92]。這些都是近年來重要的研究成果，研究內容更加專業深入，理論性、系統性強，僧人、大陸學者積極參與其中。

另外，2005 年人間佛教研究中心在香港中文大學誕生，推出的《人間佛教叢書》刊登了妙延《星雲大師對「人間佛教」的實踐智慧》[93]，劉泳斯《文化佛教是弘揚人間佛教的有效途徑——佛光山教團模式研究綜述》[94]，都堪稱優秀作品。人間佛教研究中心每年舉辦的年青佛教學者研討會為國內外優秀年青佛學者提供了一個交流合作的平臺。

星雲大師的人間佛教，具有鮮明的「人間性」，即強調人間佛教是以人為本，而非以天地鬼神為本。過去一些法師一直強調出世修行而忽略現實人間，一提到人生就是「空、苦、無常」，談到金錢就以「毒蛇」喻之，彷彿圍繞在人周圍的不是痛苦無常就是毒蛇猛獸，致使出家人不得不以出世的方式尋求解脫。對此星雲大師批判云：「過去關閉的佛教、山林的佛教、自了漢的佛教、個人的佛教，失去了人間性，讓許多有心進入佛門的人，徘徊在門外，望而卻步。」[95]星雲大師的人間佛教指出，以人為本，即人人皆可成佛，佛是已開悟的人，人是尚未開悟的佛，而非天地鬼神之說。「佛陀不是來無影、去無蹤的神仙，也不是玄想出來的上帝。佛陀

---

[91] 釋慈容.佛教史上的改革創見大師（下）[J].普門學報，2002（8）.

[92] 陸鏗、馬西屏.星雲大師與人間佛教全球化發展之研究[J].普門學報，2011（40）.

[93] 釋妙延.星雲大師對「人間佛教」的實踐智慧：人間佛教的理論與實踐[C].香港：中華書局，2007.

[94] 劉泳斯.文化佛教是弘揚人間佛教的有效途徑——佛光山教團模式研究綜述：人間佛教的理論與實踐[C].香港：中華書局，2007.

[95] 星雲大師.星雲大師講演集（四）[M].高雄：佛光出版社，1991：168.

的一切都具有人間的性格。他和我們一樣,有父母,有家庭,有生活,而在人間的生活中,表現他慈悲、戒行、般若等超越人間的智慧,所以他是人間性的佛陀。」[96]

　　星雲大師宣導的人間佛教無疑已成為當今佛教的主流,唐德剛教授說得好:「積數年之深入觀察與普遍訪問,余知肩荷此項天降之大任,為今世佛教開五百年之新運者,『佛光宗』開山之祖星雲大師外,不作第二人想。」[97]今後人間佛教必定能在理論上進一步深化,在內容上進一步融合諸宗,在定慧法門上能不斷推進,在弘傳上更多新的方式,相信其人間佛教將會與時俱進,日益成熟,佛光普照全球。

　　若以星雲大師為關鍵字所查找到的博碩士論文,共有 6 篇,這六篇都圍繞星雲大師的「人間佛教」、「佛光人」的落實與實踐。例如:趙淑真(2005),《星雲大師對「人間佛教」理念的詮釋》[98],透過當代詮釋學主張──單一文本在不同的時代、解釋者中,能得到不同意義的多元觀點為論題基礎,探討當代人間佛教實踐典範──星雲大師對「人間佛教」的理解特質與實踐智慧。該研究以「人間佛教」理念之發展脈絡為背景,輔以當代臺灣人間佛教教團之弘法面向,探討人間佛教實踐家星雲大師,如何理解「人間佛教」此一理念,面對佛教經典文本,星雲大師在理解、解釋過程,產生什麼?而立於理解的本質是應用,星雲大師如何對「人間佛教」進行實踐理解。

　　換言之,該研究主要探討星雲大師對「人間佛教」理念的理解

---

[96] 星雲大師.星雲大師講演集(四)[M].高雄:佛光出版社,1991.
[97] 陳兵.正法重輝的曙光──星雲大師的人間佛教思想[J].普門學報,2001(1).
[98] 趙淑真.星雲大師對《人間佛教》理念的詮釋[D].宜蘭:佛光大學,2005.

特質，及星雲大師對「人間佛教」的實踐理解之二大面向為要旨。該研究共分三部分，第一部分為研究動機、論題基礎及研究方法之闡述；第二部分，針對學界對「人間佛教」思想起因之看法，進行歷史脈絡與思想內容之觀察、辨析，以明人間佛教思想淵源。第三部分則進行星雲大師對人間佛教理念之理解特質與實踐智慧之探討，透過佛教經典文獻與星雲大師相關思想、著作的研讀分析、比對與檢證中，確立綜攝出星雲大師對人間佛教理念之五大理解特質；再者，詮釋學曾指出詮釋具有理念與實踐之雙重任務，因此，透過對星雲大師人間佛教的實踐力與宗教智慧的討論，觀察星雲大師立基於理解特質上的實踐理解。

釋知軒（2016）的《星雲大師的現代戒律新解研究──以〈怎樣做個佛光人〉為主》[99]，指出星雲大師領導的佛光僧團，在佛教歷史上可說大放異彩，入世革新的迅猛發展，對佛教形象的轉型深具推波助瀾之力。尤其星雲大師關注時代脈動，將宗風思想接續傳統佛制精神，又使戒律規範跳脫窠臼限制，讓僧團具有融合新興的積極動力。〈怎樣做個佛光人〉集結星雲大師領導僧團的方針綱要，透過十八講的探討，不僅綜觀星雲大師思想發展大勢，也可瞭解領導者制定宗旨背後，對佛教治病救弊實際目的。透過將〈怎樣做個佛光人〉溯源回太虛大師的思想啟蒙，且聚焦於臺灣佛教歷經弊惡腐敗的危害後，星雲大師如何提出批判建設兼備的理念，詮釋出根本五戒的一股新意，以〈怎樣做個佛光人〉走出人間佛教戒律觀的現代化道路，不僅建立應世合宜的新體制，亦使佛教得以嶄新面貌重盛於世。因此本文欲從〈怎樣做個佛光人〉的探討，證明星

---

[99] 釋知軒.星雲大師的現代戒律新解研究──以〈怎樣做個佛光人〉為主[D]，嘉義：南華大學，2016.

雲大師於理論、行動上,確實深刻有力地改善社會。半世紀以來,星雲大師所領導的佛光僧團,成功地催化了臺灣佛教的轉型,並且擴大了佛教普及入世的層面,故本文依〈怎樣做個佛光人〉的脈絡,分析星雲大師戒律觀新見解,從戒法行事、僧信共修、宗風制度等角度觀察,探討制度領導的佛光僧團,在臺灣佛教史上不可忽視的歷史變革意義,以做為未來研究之參考。

　　研究佛光山為主題的文章約有 58 篇,其中不僅是佛光大學、南華大學等佛教大學研究佛光山該主題,甚至一般大學碩士班研究所的研究主題,也會以企業管理、佛教聖地、觀光旅遊等議題,深入探討佛光山與佛陀紀念館,例如:靜宜大學觀光學系、屏東大學教育行政系與嘉義大學等;另,暨南國際大學公共行政與政策系所等,則會以非營利組織角度研究佛光山;而文化大學新聞研究所,則會以研究佛光山下屬各新聞媒體組織作為研究物件。

　　黃瀞儀(2016),《宗教旅遊體驗與情感依附對幸福感之研究——以佛光山佛陀紀念館為例》[100],主要是瞭解佛陀紀念館的遊客從宗教旅遊體驗與情感依附的角度切入,探討遊客前往宗教旅遊體驗是否與宗教情感依附有著關聯性的存在,進而深入探討以上兩者構面是否會影響遊客產生幸福感的心理感受。並由相關文獻探討裡訂定出宗教旅遊體驗、情感依附、幸福感之相關量表。透過相關敘述性與變異性的分析,交叉檢驗各個構面互相影響之相關顯著程度。最後利用結構方程式模式(Structural equation model, SEM 模型)建構其各構面的關係模型,並透過此模型來詮釋宗教旅遊體驗(感官、情感、思考、行動、關聯)與情感依附(熱愛、熱忱、連

---

[100] 黃瀞儀.宗教旅遊體驗與情感依附對幸福感之研究——以佛光山佛陀紀念館為例[D].嘉義:嘉義大學,2016.

結）對幸福感（人際關係、自我接納、身心健康、生活滿意）彼此間的關聯性。

陳定蔚（2015），《佛教媒體定位策略之研究——以慈濟月刊及佛光山人間福報為例》中[101]，提到解嚴後的臺灣社會，宗教與傳播領域的互動開始頻繁起來，特別是在新科技發展的背景下，媒體成為宗教團體進行宣教與社會服務的新形式之一，這使得宗教組織與媒體的身分產生多層重迭且愈來愈難以分割。如何善用媒體以實踐信仰傳播，一直是各宗教的傳播目標，然而隨著科技的發展，宗教團體與媒體的關係被置入一個全新的形式之中，宗教團體在此之際釐清了永續經營的重要性，也因此自我定位的制訂顯得益加重要。

由上述博碩士論文可知，佛光山與星雲大師在臺灣不僅知名度足夠，也有許多大學研究所的博碩士研究主題，對於佛光山與星雲大師所建立的佛光山教團，包含各處道場與佛陀紀念館等產出的能量，都相當感興趣，包括非營利組織為何可以成為臺灣社會穩定力量之一。但，如何達成這個結果？是否與出版或者文教弘法有直接相關？並沒有太多博碩士論文著墨。

2009 年臺灣南華大學出版與文化事業管理研究所的碩士研究生蔡鳴哲所著的《「佛光山」出版組織與政策之研究》一文，主要是概述目前佛光山教團下有多少的出版組織，並說明在臺灣，宗教出版團體為達其以文化弘法的目的，大都有其本身所屬的出版組織，佛光山亦是如此。並針對這些眾多的出版組織眾進行個案研究，主要研究是以佛光山出版組織為對象，慢慢勾勒出佛光山出版

---

[101] 陳定蔚.佛教媒體定位策略之研究——以慈濟月刊及佛光山人間福報為例[D].臺北：文化大學，2016.

組織之經營模式。並指出帶領佛光山出版組織成長與發展的政策是依來自於大師所擁有卓越的經營策略能力,策動各組織的成立,主導了各組織出版物的類型及發展、出版取向,故在組織佈署方面,使每個組織均能發展出個別的出版特色,而組織、人力、資源、出版物間的互動與合作,更是提高營運綜效的一大動力。

不過,該論文主要是研究佛光山內部的出版組織,知道透過人間佛教的理念與星雲大師的個人魅力,讓出版組織漸形龐大,但是,知其然,不知其所然。沒有去研究,在佛光山星雲大師的「人間佛教」的弘法理念下,其出版物對一般信眾、社會,甚至臺灣地區,產生多大的影響?甚至更不清楚的是,是什麼樣的內容?什麼樣的管道與方式,才能讓「人間佛教」遍佈全世界。此外,該本書是屬於碩士論文,如何在這基礎建設上,更透徹去瞭解臺灣佛光山「人間佛教」的出版模式,方才是學生研究的重點。

2010 年佛光大學社會學系碩士研究生張婉惠《臺灣戰後宗教傳教多元化與現代化之研究:以佛光山為例》一文指出,多元宗教(religious pluralism)現代化與多元文化(multicultural)的社會中,宗教的傳教工作必須現代化的發展,如何舉辦吸引信徒參與的傳教策略,藉此讓他們對宗教產生興趣,是宗教發展的課題。本書主要是針對臺灣戰後,宗教傳教多元化與現代化發展之研究,將以佛光山之弘法模式進行分析,探討一宗教組織在現代化社會中如何轉型與發展。

佛教在社會變遷中,佛教教團多元化發展、現代化弘法布教、佛教福利服務模式創新、新興社會倫理的建構、佛教事業化與國際化發展、各宗教之間融合交流等等中,可瞭解佛教的發展是朝「動起來」、「走出來」方向邁進的。星雲法師有鑑於社會型態的改變,在現代化情境中建設現代的人間佛教,所建設的佛教是擁有和

現代社會相同價值觀和運作方式。因此，佛光山為了順應時代的需要和眾生的根機，隨信眾對佛法的需求不同，採用多元化的方式來弘法，宣教語言和方式順應民情、藝文化、俚語化、大眾化、電影化，在民間社會普及化，契合社會情境與入世作法，進而發揮宗教在社會的現代化功能[102]。

也為了順應社會的發展，星雲法師全方位對佛教進行改革，如：宣教方式、寺廟建築、事業經營、財務管理、組織行政等等，建立一套制度化之模式，讓僧信眾在弘法事業上有所依循。成功地與社會連結，理念上與現代社會相應；相較於傳統佛教重視出世、遠離社會的修行方式，以及社會、組織相對薄弱，佛光山弘法形式在現代化社會呈現多元的轉型與發展。

1.3.5 其他地區相關文獻分析

深究臺灣佛教關係較密切的其他地區，首當以大陸地區為主。為使更全面瞭解本書的目前研究現況，透過大陸萬方資料知識服務平臺（http://www.wanfangdata.com.cn/）的中國學位論文全文資料庫[103]查找，發現以佛教、人間佛教、佛光山與星雲大師等關鍵字為主的博碩士論文數目，並不如預期的多。可見宗教或者佛教，甚至限縮到以佛光山、星雲大師與人間佛教時，有其特殊的區域特性與傾向。詳細結果如下表 1-5。

---

[102] 張婉惠.臺灣戰後宗教傳教多元化與現代化之研究：以佛光山為例[D].宜蘭：佛光大學，2010.

[103] 中國學位論文全文資料庫（China Dissertation Database，CDDB），收錄始於 1980 年，年增 30 萬篇，並逐年回溯，與國內 900 餘所高校、科研院所合作，占研究生學位授予單位 85%以上，涵蓋理、工、農、醫、人文社科、交通運輸、航空航太、環境科學等。

表 1-5：大陸地區佛教等相關博碩士論文統計表

大陸地區論文數		
關鍵字 1	關鍵字 2	篇數（含全文）
佛教		4,176
人間佛教		65
佛光山		10
星雲大師		4

資料來源：本書自行整理

　　其中包括：2012 年雲南大學王婧的《星雲大師的人間佛教思想在大陸傳播狀況分析——以宜興大覺寺的復興為例》，以及 2006 年南京大學黃富秀博士論文《人間佛教的思想與實踐研究》等。其中，黃富秀博士在該論文中，主要指出人間佛教是現、當代中國佛教的一股重要思潮，也是清末至今百餘年間，面對社會現代化中國佛教所呈現的一個歷史型態和發展趨勢，無論作為一種思想觀念、一種處世態度或是一種修行理論，人間佛教都有其深刻的社會根據、思想淵源和理論基礎，不是任何一宗一派的思想所能範圍。就思想淵源而言，人間佛教實遠承佛陀之本懷，無論原始佛教注重人生之解脫，還是大乘佛法之提倡利他濟世，抑或中國禪宗的強調「佛法在世間」，都在強調和凸顯佛法的人間性。

　　從發展趨勢看，人間佛教是佛教歷史發展的一個階段，它遠接原始佛教和大乘佛教的基本精神，更是禪宗思想在現當代條件下一個繼續和發展。本書以此理念為主要思路，把人間佛教放到佛教的整個歷史發展過程和中國的社會歷史條件及文化背景下去進行考察，探討人間佛教之思想淵源、經典依據，及其與中國社會歷史條件和傳統文化之間的相互關係，力求揭示出人間佛教之理論體系和

思想特色[104]。

1.4 研究方法、難點與研究創新、不足

1.4.1 研究方法

　　在開始進行本書研究之時，不禁要問，臺灣佛教為何如此重要？又為何在短短五十年間，就成為穩定臺灣社會的重要力量；佛教四大教團，又是如何利用文教弘法模式，順利在臺灣推廣佛法？另，星雲大師與佛光山教團，又是如何去建立龐大的出版體系，並且讓這些出版體系，可井井有序，把「人間佛教」的道理，深入出版物（物）當中，散播到臺灣，以至於全世界呢？

　　那些人把「人間佛教」的理念撰寫成書？透過何種體例、編排，與行銷方式，讓一般民眾能夠接受，以至瞭解？除星雲大師外，又是那些非星雲大師本人著作？利用那些文字與內容，透過那些管道，進行對外銷售與推廣？其成效又為何？這些出版物對於一般民眾所產生的影響為何？最後，希望若可以透過研究彙整並歸納「人間佛教」模式的各式出版產業模式，或許可以清楚瞭解佛教出版或傳播的流程與效果。不僅可瞭解佛光山星雲大師本身內心對於使用出版弘法的內心想法，更可以為未來其他宗教，或者大陸地區佛教傳播與出版，提供一個參考的模式與模型。

　　為完成本書目標，本書主要採用三種研究方式進行，分別敘述如下：

---

[104] 黃富秀.人間佛教的思想與實踐研究[D].南京大學，2006.

（1）文獻分析：過去相關文獻整理，包括量化資料統計等。
　　（2）內容分析：針對以人間佛教相關主題的各內容歸納與整理。
　　（3）個案研究：針對佛光山體系內與體系外的各出版組織、各發行機構、作者等進行個案研究與深度訪談，以期更深入瞭解佛光山人間佛教的影響與效果。
　　文獻分析法（Document Analysis）是指根據一定的研究目的或課題，透過搜集有關市場訊息、調查報告、產業動態等文獻資料，從而全面而精準地掌握所要研究問題的一種方法。搜集內容儘量要求豐富及廣博，再將四處收集來的資料，經過分析後歸納統整，再分析事件淵源、原因、背景、影響及其意義等。文獻資料可以是政府部門的報告、工商業界的研究、檔記錄資料庫、企業組織資料、圖書館中的書籍、論文與期刊、報章新聞等等。其分析步驟有四，即閱覽與整理（Reading and Organizing）、描述（Description）、分類（Classifying）及詮釋（Interpretation）。
　　佛教與佛光山本身在臺灣發展期間已經超過六十多年，許多文獻與內容因不同派別而有所不一樣。幸好佛光山在撰寫《傳燈》、《雲水日月：星雲大師傳》時，已經開始有系統的整理彙編；但，仍有許多文獻需大量閱覽整理，最後加以分類、詮釋。所以本書第一步就是必須進行文獻分析。
　　而內容分析法（Content analysis、textual analysis），自1930年隨著宣傳分析和傳播研究的發展而興起。此方法最先被用在報紙內容分析研究，隨著研究方法的成熟，和電腦科技與統計軟體的進步，已被廣泛的運用在傳播學和其他社會學科，並成為了重要的研究方法之一。根據內容分析法的定義，不是針對內心是否客觀而且有系統或量化，而是內容分析的價值，即是傳播內容利用系統客觀和量化方式加以歸類統計，並根據這些類別的數位作敘述性的解

釋。透過量化的技巧和質的分析,以客觀和系統的態度對檔內容進行研究和分析,分析傳播內容中各種語言和特性,不僅分析傳播內容的訊息,而且分析傳播內容對於整個傳播過程所發生的影響,藉以推論產生該項內容的環境背景和意義的一種研究。

該研究方法與文獻分析搭配,是本書最重要的研究基礎。大量文獻經過閱讀後,透過筆者自己定義何謂「人間佛教」?然後再進一步依照「人間佛教」定義,去把大量資料重新歸類,並以量化資料去判斷佛光山或者「人間佛教」對一般信眾產生何種效果?所以,這是本書研究方法的第二步驟。

個案研究,是一種科學研究的方法。它是運用技巧對特殊問題能有確切深入的認識,以確定問題所在,進而找出解決方法。針對的是其特殊事體之分析,非同時對眾多個體進行研究。所研究的單位可能是一個人、一家庭、一機關、一團體、一社區、一個地區或一個國家。個案研究一詞來自醫學及心理學的研究,原來的意義是指對個別病例做詳盡的檢查,以認明其病理與發展過程。這種方法的主要假設是對一病例做深入詳盡的分析,將有助於一般病理的瞭解。在圖書館學或資訊科學中的個案研究,是指在某圖書館或資訊中心,對其發生的特殊問題進行研究,並提出解決之道。個案研究的成功與否,大多賴於調查者的虛心,感受力、洞察力和整合力。他所使用的技術包括仔細的搜集各種記錄,無結構的訪問,或參與觀察。

本書經過第一步驟文獻分析與第二步驟內容分析後,應該會產生整理後的資料統計。這三部分的內容,大致可以初步勾勒出整個研究結果的框架與模式,但是,仍須要有佛光山內部人員或者這些出版機構人員的訪談資料,以佐證上述統計資料與推論,是具有公信力。本次的個案研究,主要是針對佛光山內部出版機構的幾位重

要成員，並輔以訪談撰寫星雲大師傳記的作者，曾經擔任過香海文化出版社的編輯，以及外部協助佛光山發行的經銷商等，以求整各個案研究與訪談完整性。目前暫時粗估訪談對象與名單條列包含：人間佛教研究院妙凡法師、人間佛教研究院妙願法師、香海文化妙蘊法師（社長）、佛光文化滿濟法師（社長）、大覺文化符芝瑛執行長、前香海、現人間福報杜晴惠師姐、佛光山文化發行部黃美華師姑與時報文化發行主任、飛鴻圖書代理商等人。

1.4.2 研究創新

本書若以整個大陸地區關注佛教與出版相關議題的博碩士論文數來看，應該是少數專門以研究佛教弘法教義與佛教出版效果的專著；對「人間佛教」該主題而言，雖然已經有大量期刊論文研究，但大多是關注在「人間佛教」的傳承、定義、實踐與現況，但顯少人有人關注實踐「人間佛教」的作法？而更鮮有人以文教弘法角度佐證「佛教」或者「人間佛教」這些理念，是必須透過出版物或者媒體傳播後，才會產生的效果。而這點就是本書一開始最初的創新。

另外，星雲大師與臺灣佛教傳播的背景，雖然已經有許多專家學者撰文研究，但是卻忽略了是什麼因素讓佛光山教團，在這 50 年多來的成長，已經儼然成為「人間佛教」的代言者。只是單純國內外道場的建立？還是「星雲模式」、「星雲學說」呢？其實，誠如本書一開始所表達的，可以透過研究彙整並歸納「人間佛教」模式的各式出版產業模式，或許可以清楚瞭解佛教出版或傳播的流程與效果。不僅可瞭解佛光山星雲大師本身內心對於使用出版弘法的內心想法，更可以為未來其他宗教，或者大陸地區佛教傳播與出

版，提供一個參考的模式與模型。而這個應該是本書最重要，也是最值得關注的創新。

1.4.3 研究難點與不足

本書的最主要難點與不足，有下列幾點：

（1）就研究物件來說，會產生研究難點：佛教團體，本身就是一個非營利組織；加上有許多大量的佛教刊物是屬於內部免費刊物，並非完全營利性質；加上佛教出版物，雖已慢慢走向正軌，但是其中有兩點，仍是在研究上的困難之處。一是整個出版內容與出版目標，並非以市場為導向。佛教出版物，本身就是以弘揚佛法為主要目標，內容比較多經典、戒律與佛教思想。這些書籍在市面上是比較沒有市場的。加上佛教的發行單位與消費者也與一般消費者不同，許多出版物都是經過佛教附隨組織的大量採購，再轉贈其他人。所以，出版物的傳播效果大小，以及對誰產生影響？有時候比較難客觀判斷。

（2）佛教出版社的財務與發行資料，並非完全可逐筆計算審核的。許多佛教出版物多有助印或者捐贈，導致再推估佛教出版市場或者發行產值時，比較難以計算。加上成本、義工的付出等。所以，在推估產值時，根本無法取的或者拿到一個具有科學的數字。

研究方法來說，會產生研究不足：在研究方法上，在內容分析與文獻整理過程中，歸納與分類、分析與解讀，可能會比較主觀；在個案研究上面，挑選誰來進行訪談？訪談內容是否可以貼近研究的目的，所搜集的訪談結果是否有代表性？綜合來說，本書研究方法整體缺點是：是非科學性的研究。因數據兼有直接資料與間接資料，倘研究者忽視研究設計及慎用資料的原則，而過於相信自己結

論，難免會有偏差；研究雖有深度，但搜集資料耗費太多時間。選樣不易，資料不一定具有代表性。如誤以某偶發問題而做概括的結論，則難免以偏概全之弊。這就為本書方法中的不足。

1.5 研究思路與章節架構

1.5.1 研究思路

本書思路，可清楚從研究題目為佛光山佛教出版研究中分成二大方向進行思辨與研究；一條思路主要往臺灣佛教裡的佛教出版沿革；另一條是則是以佛光山教團內發展歷程研究為主。在佛教出版該條路中，又牽涉到兩小部分，一是漢傳佛教入臺，人間佛教漸成主流，太虛大師等中國佛教僧眾所帶來的佛教出版弘法經驗，確實讓中國佛教快速在臺灣紮根。而印順導師大力推廣人間佛教，最後帶來了星雲大師等四大教團的蓬勃發展。不過，這條思路僅為本書的基礎文獻討論，其目的在於證明佛教出版弘法，其來有自；而星雲大師所創辦的佛光山教團，之所以會有大量出版弘法的作為，也跟星雲大師過去歷史背景與個人因素相關，因為大師從出家後，就一直離不開文化弘法。

另外，佛光山結合星雲大師。星雲大師以四大宗旨創辦佛光山之後，在文化弘揚佛法這條路上，前後共成立 17 家出版機構，並以「人間佛教」理念做為推廣弘揚佛法最重要的信念；此外，星雲大師有鑑於佛教教團在經營世俗企業過程中，可能遭遇的困難，透過成立非營利組織，協助弘法；而這些「人間佛教」各式出版物，透過不同媒體管道，例如：人間福報、人間通訊社與人間電視臺

等，因這些文字內容、行銷推廣方式，讓許多信徒認同佛光山「人間佛國」的理念；最後，「佛陀紀念館」的建立，更奠定佛光山人間佛教出版的效果。而這些內容與各種訪談的分析，都是希望可以得到一項結論，那就是佛光山的「人間佛教」出版模式是深具效果的。而這各效果，更是讓佛光山教團影響遍及全世界。詳細研究思路，請參考下圖 1-2。

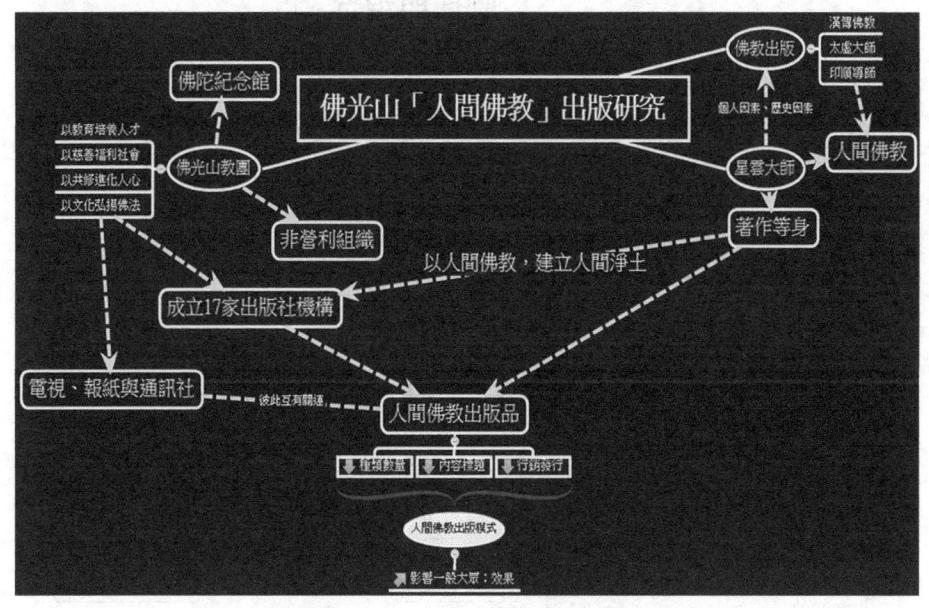

圖 1-2：本書思路架構圖

資料來源：本書自行整理

1.5.2 章節架構

基於上面的研究思路，包括第一章的研究動機與現況之外，第二章的臺灣佛教發展與佛教出版現狀研究，第三章的佛光山與星雲大師「人間佛教」現況分析，第四章針對佛光山出版品內容型態分

析、第五章對「人間佛教」出版的種類、章節、標題、作者、發行、行銷等面向進行分析與解讀；第六章則是分析「雲水日月：星雲大師傳」該本書作者的心態與內容分析；第七章則是陳述宗教與社會傳播間的關係；第八章則是結論。詳細本書各章節架構，見下圖 1-3 說明。

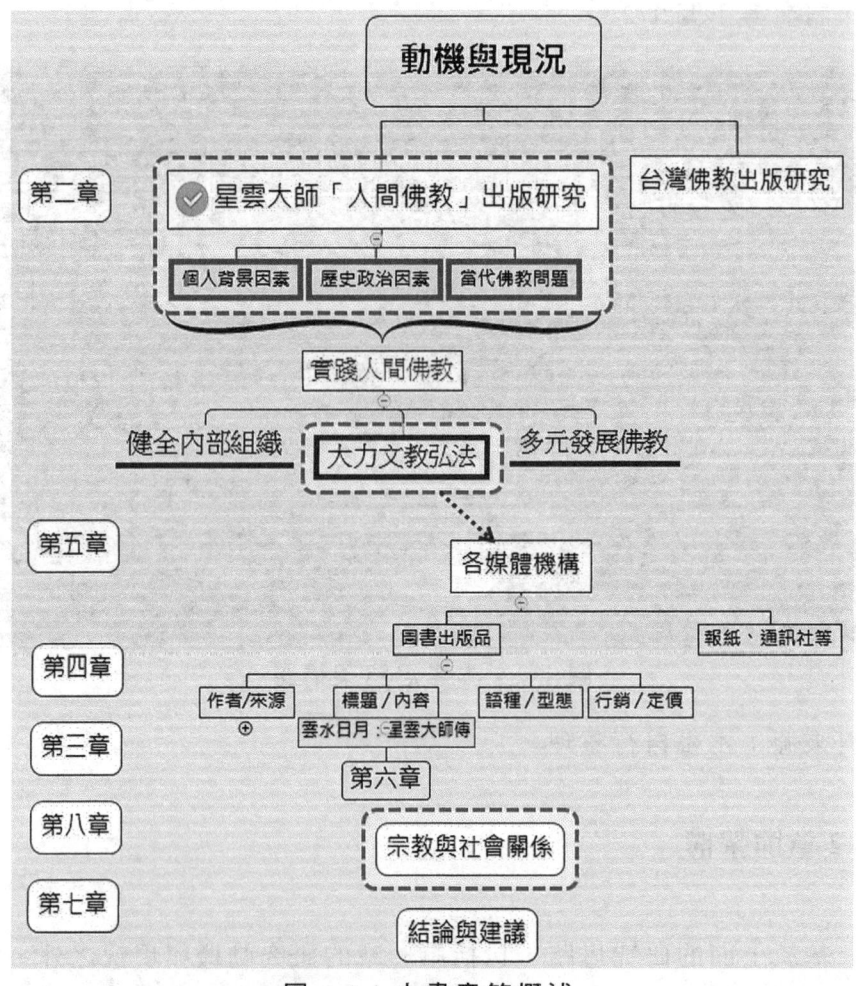

圖 1-3：本書章節概述

資料來源：本書自行整理

第二章　臺灣佛教發展與佛教出版現況分析

在臺灣，雖然從第二次大戰以後，由中國大陸傳來臺灣的佛教，不僅發展迅速，對臺灣整個社會的穩定與調合，也作了相當大貢獻。這種佛教弘法力量，除各個佛教教團大師們的努力外，利用文教弘法，也是促使臺灣佛教在臺灣發展如此順利的原因之一。本章將介紹臺灣佛教發展歷史與現況、臺灣佛教出版起源與現況，以及以「人間佛教」為主題的出版現況分析等。

2.1 臺灣佛教發展歷史與現況分析

由宗教社會學的立場來看，宗教是社會制度之一環，也是社會中文化體系的主要成份。不少研究者甚且認為宗教是因人而設的，當人的需求、生活情境改變時，宗教的形式也將隨之改變；社會學研究宗教的角度，偏重在宗教的世俗面，將其視為一項社會制度，有其組織、功能，也與其他社會制度層面有密切的互動關係。換言之，當其他社會制度產生變化時，宗教制度也多少受到影響；相對地，如果宗教在一個社會中占重要的主導力量，則當該社會的宗教制度發生改變時，其他制度也會有所回應。從宗教影響社會變遷的因素來看，任何宗教不免會隨著該社會經濟的本質、階層體系的型態、政治結構等其他社會制度而改變；尤其是當一個社會有重大的轉變，如工業化、都市化，或當某一宗教傳入一個新社會時，宗教

與社會的相互影響會特別明顯。[105]

　　至於，宗教變遷的過程和型態，最常被提到的概念就是「世俗化」（secularization）；世俗化，也隨著宗教的不同界定而有多種定義和解釋，但無論如何，研究者對世俗化問題有一個共同的看法，即世俗化是一種宗教變遷，特別是屬於近代歷史上的宗教變遷；根據 Shiner（1967:427-480）[106]的分類，世俗化至少被用來指涉下列幾種現象：（一）世俗化是指宗教的沒落，從前所接受的象徵符號、教條與制度已經喪失了他們原先的聲望和影響力。（二）世俗化指順從現世的現象，宗教團體將對超自然或他世的注意力，轉移到對現世以及此時的關懷。此點可表現在宗教團體對現世實用性工作以及社會福利的重視。這點說法與佛教團體所提出的「入世」、「人間佛教」概念相同。（三）世俗化是指宗教與其他社會制度分離的一種過程。現代社會的宗教不再是全面性的權威地位，而是限制在私人生活的領域之中，有些學者如 Arendt 甚至直接界定世俗化為宗教與政治的分隔。（四）世俗化是指神聖性的消失。隨著人與自然關係的改變，神聖性的範圍或超自然現象與神祕之事也逐漸縮小，代之而起的是理性的因果解釋以及實用的態度；人們也較傾向於按照他們的目的選擇最適合的行動，以自己的想法和力量去解決自己及社會所面臨的問題，因而形成思想與行為的多元化。

　　臺灣宗教發展，與臺灣社會整個結構變遷的關聯是相當明顯，尤其是臺灣光復後，因為經濟結構改變突顯，而 60 年代可視為重

---

[105] John Milton Yinger.The scientific study of religion[M].Joronto, Ontario :Collier-Macmillan Ltd.,1970.

[106] Shiner, Larry."The Concept of Secularization in Empirical Research"[J].Journal for the Scientific study of Religion ,1967:6:207-220。

要的轉捩點。自 1961 年至 1983 年間，工業產值與農業產值相對比例的升降，顯示臺灣已由農業經濟社會轉變為工業經濟社會；而與此種經濟結構調整同時發生的是人口結構的改變，以及都市化程度的加深。相對於社會結構的轉變，在這一段時期，宗教發展的變遷也相當明顯。[107]就臺灣宗教的發展，光復後大致上可以區分為二個階段，而 1960 年代仍是主要的轉捩點。光復初期，宗教發展最快的是由外國差會所支持的天主教與基督教主流教會；至於佛教與民間信仰在 1960 年代前的發展，則不若西方宗教來得快速。在 1960 年代以後，衰退現象最為嚴重的，也正是前期成長最快的教派，佛教與民間信仰反而隨著經濟的發展而愈發勃興。

臺灣佛教發展之所以有兩階段分別，還有二大因素，其一是歷史因素，早期在大陸僧人尚未渡海來臺時，不管是明鄭、清領時期，臺灣佛教僧人極少、知識程度不高，沒有大規模的僧團活動[108]；但那時候大量天主教與基督教，透過外國差會有組織的將傳教士大量傳入臺灣，除利用醫療傳道外，更利用室內與露天佈道，並於現場發送書籍與小冊子[109]，這些就是宗教雜誌的前身。日據時期，日本佛教派僧侶軍隊來臺布教，並在佈道外出版日文版教會月刊。[110]臺灣光復初期，因為文盲過多，加上許多宗教媒體局限於宗教範疇，導致宗教性質雜誌或者刊物僅對內發行[111]，文字傳道難以在民間發揮作用。不過，後來的國民黨政權為徹底清除日本宗教殖

---

[107] 姚麗香.臺灣地區光復後佛教出版刊物的內容分析——佛教文化思想變遷初探[J].東方研究，1990（1）．

[108] 闞正宗.臺灣佛教一百年[M].臺北：東大出版社，1999．

[109] 吳學明.臺灣基督教長老教會研究[M].臺北：宇宙光全人關懷，2006．

[110] 林弘宣、許雅琦、陳佩馨譯.素描福爾摩沙：甘為霖臺灣筆記[M].臺北：前衛出版社，2009．

[111] 王天濱.新聞傳播史[M].臺北：亞太圖書，2003．

民臺灣教界，尤其是佛教的影響，改為支持大陸來臺華僧，讓大陸佛教成為漢傳佛教的正統。[112]

這波「去日本化」、「文化中國化」，不僅讓日本佛教刊物消失，讓中文宗教刊物興起，其中第一本由佛教僧侶東初老人集合幾位佛教青年，在 1949 年於臺北北投法藏寺創辦第一份本土佛教刊物《人生雜誌》。當時，原本在大陸發行的中文佛教期刊，也紛紛在臺復刊或者創刊，例如：《臺灣佛教》或者《海潮音》。加上在 1960 年後，經濟改革讓許多人更有興趣瞭解宗教出版物，而在解嚴之前，「佛教雜誌」對佛教的「文字傳道」來說，的確起了相當大的作用。這也與臺灣佛教出版三階段有關。

這種結果，顯示各類宗教在變遷過程中均有不同的發展型態，面對同樣的社會變遷，不同宗教的本質與組織特色，甚至興起背景，將會造成不同的反應模式。不過，在以往的研究中，針對臺灣地區基督教、天主教及民間信仰的研究分析較多，至於佛教則多偏重於義理的探討；但關於臺灣佛教發展的系統研究也相當少，除了《臺灣省通志稿・宗教篇》[113]的介紹外，僅有日本人中村・元所編之「中國佛教發展史」[114]（1976）一書中有較為齊全之資料，其他則多為零星之文章介紹。

若細說臺灣的佛教發展歷史，可從早期荷蘭，西班牙時期的

---

[112] 丁仁傑.社會分化與宗教制度變遷：當代臺灣新興宗教現象的社會學考察[M].臺北：聯經出版，2004.

[113] 民國三十四年（一九四五）八月，日本戰敗，臺灣重回中國統治；民國三十七年（一九四八）六月，臺灣省政府成立「臺灣省通志館」，以林獻堂為館長，委請歷史學家楊雲萍教授擬訂「臺灣省通志假定綱目」刊於《臺灣省通志館刊》創刊號；民國三十八年七月「臺灣省通志館」改組為「臺灣省文獻委員會」，《臺灣省通志稿》，該稿由學者方家六十二名執筆，自民國三十九年至五十四年間先後付梓，實際共十志五十九篇，平裝五十九冊。

[114] 中村元、笠原一男、全岡秀友.中國佛教發展史[M].臺北：天華出版社，1976.

「泛靈信仰」，談不上任何佛教的特色，接著進入所謂「明鄭時期」，由於大量中國南方漢人的遷入臺島，由福建閩南色彩的佛教，被官方及民間移入臺灣，那時期的佛教性格，表現濃厚的三教（儒、釋、道）混合色彩，帶有民俗信仰，十分濃厚，也看不出佛教思想、佛教特色的面貌。明鄭的短暫階段，即進入「清代時期」，滿清經營臺島較久，那時期臺灣佛教，由於閩人僧侶入臺較多，而臺灣僧人亦多少到中國遊學，有清一代，臺灣佛教即表露出受大陸佛教影響的趨勢同時混合著「白衣齋教」、「白衣佛教」[115]的閩南民俗性格[116]。

　　西元 1683 年，滿清消滅了鄭氏王朝，「首度」將「臺灣」納入中國的版圖，直至 1895 年臺灣割給日本，「清領」臺灣的統治，時間長達二百一十二年。這是兩岸首度的「統一」，從荷蘭的據臺三十八年，明鄭治臺的二十三年，到「清領」的二百一十二年，以及隨後「日治」的五十一年，「清領」臺灣的統治、以及移民來自閩粵「原鄉」的血緣關係，「清領」臺灣的統治，影響臺灣之發展最大。從社會上來說，漢人的大量移民，並佔有臺灣西部平原的精華區，取代了「原住民」成為島內人口最多以及經濟力量最優勢的族群，因而，在臺灣建立了鞏固的「漢人社會」。這期間，

---

[115] 齋教，又稱持齋宗，為臺灣民間信仰的流派之一，以羅教教義為主、雜揉儒家與道教和部分佛教思想，源於白蓮教在家弟子修行的方式，由在家修行者傳襲，主持教儀，茹素，不剃髮出家，不穿僧衣，民眾習稱其神職人員為菜姑、菜公，在日治時期被視為佛教一支派，但實際上其教義和根源都與傳統之臺灣佛教信仰有別，故民間有人稱之為「在家佛教」，但與學術定義在家佛教（例：蓮華社、同修會、念佛會）也有極大差異。而齋教舉行法會、儀式的固定建築稱為齋堂，也別於一般佛教的岩、寺。齋教的起源時代是在明，於清代時陸續傳入臺灣各地。

[116] 釋宏印.臺灣佛教的過去現在與未來：臺灣佛教學術研討會論文集[C].桃園：宏誓佛學院，1996.

臺灣在政治上，滿清政府從「臺灣」之「棄」、「留」二派之爭，到消極經營以致於積極經營，以及在經濟上，臺灣迅速的開發，都在在的影響臺灣的宗教信仰。這點說法與上述談到社會變遷會直接影響宗教發展雷同。[117]

不過，臺灣有了政府的統治之後，就吸引大量沿海的福建、廣東二省人民；進一步的說，臺灣既納入了中國版圖，內地的僧伽，也自然的跟著前來。例如：臺北五股之西雲岩寺，相傳就是福建鼓山省源大師於乾隆十七年，也就是1752年渡海來臺，開基結廬。「岩」，是閩南人對於寺院的稱呼，西雲岩寺則是奉祀觀音佛祖。依據漢傳佛教的傳統，一般人想成為真正的僧侶，必須接受佛門的「三壇大戒」之律儀，在清領臺灣的時期，臺灣的寺廟，都不具有這樣傳戒的資格，如果想到內地求戒，必須經歷臺灣海峽的兇險，這固然無法阻擋宗教之熱忱，但以當時經懺佛教的氛圍，實無渡海求法之必要，於是臺灣的「齋教」，雖然源之於閩南，卻是成為臺灣佛教的主要組成「份子」。

清領時期，臺灣開港後，西方宗教又追隨荷據時期的腳步登陸，天主教與基督教的長老教派，陸續來臺。南部地區，是英國長老派（Presbyterian Church）教士馬雅各（Maxwell）所創；北部地方，是加拿大長老派教士馬偕博士所創。這些傳教士熱心傳教，普設教堂，教導教民讀經，有助於掃除文盲。他們又發行臺灣第一份報紙「長老會公報」，並設置醫院與學校，引進西方文化，對臺人文化水準之提升，甚有幫助。在這樣的背景下，臺灣佛教的發展，自然由「省內」的閩人僧侶，入臺較多，而臺灣僧人也都以「閩

---

[117] 楊永慶.臺灣佛教發展略說 1-7[EB/OL] [2016-10-11].http://blog.xuite.net/yanggille/twblog?st=c&p=1&w=4137546

南」僧人的身份到「內地」的「祖庭」，或是停留在福建寺院遊學、受戒。所以，有清一代，臺灣佛教即源之於「福建」，一直到日治時期，仍然深受「福建」佛教之影響。例如：影響臺灣佛教比較大的寺院，都與福建有著相當深的淵源，例如：臺南的開元寺。

這「清領」時期的臺灣佛教，一方面深受福建佛教的影響，融合部分閩南的齋教信仰；另外一方面，眼看著天主教以及基督教，興學校、辦期刊，建醫院，這種熱心公益的情懷，臺灣的佛教界，清領時期，除了扮演起清政府、與民間推動臺灣教育的先河之外，更啟發了光復後臺灣佛教界，走向世界，興辦學校、醫療以及推動文化事業的「動力」。

自 1895 年滿清戰敗割讓臺灣給日本，臺灣佛教除改朝換代更替外，更因為日治時期「在家佛教」於 1915 年發生「西來庵」事件。當時，余清芳在臺南西來庵以齋教為號召，聚眾兩千人，發動武力抗日，遭日軍擊敗。事後，臺灣總督府立即查禁齋教，齋教人員，最後納入日本佛教禪宗臨濟宗一支，對臺灣佛教信仰發展影響極大。歷經五十年的日本統治，使臺灣佛教原本「先天不良」又加上「後先天調」變成大陸佛教、臺灣佛教、日本佛教多重多樣的混合面貌。

1915 年「西來庵」事件（又稱「噍吧年」事件）爆發，由於起義抗日的主事者余清芳（1879-1915）、羅俊等人，以臺南市西來庵為中心，以宗教作號召，出入全臺齋（鸞）堂。1915 年 6 月起義，可惜計畫不周，同年 8 月被殲滅，判死刑 903 人，有期徒刑 467 人，失蹤 859 人，死傷慘烈震驚日本當局，是日治中後期規模最大、影響最鉅的抗日事件。西來庵事件的主事者，藉宣傳神佛的迷信方式吸引鄉村農民勞苦階層，這使得日本殖民當局意識到對臺灣宗教的放任，極可能會危害到政治的穩定，而開始進行了全島的

宗教調查，總督府所委託的社寺課（相當於宗教局）主事者丸井圭治郎，在 1919 年提出了《臺灣宗教調查報告書》，就是此一情況下的產物。

二次大戰後的臺灣，佛教也隨著回歸祖國，同時也因為國民黨政府來臺，跟隨政府來臺的大陸僧侶更多，這群逃難入臺的僧人，不少德學兼優之士，使得臺灣佛教在中央政策配合下，直接或間接改造了臺灣佛教，例如：來臺的星雲大師等。光復以後，臺灣佛教的演變與發展，以「戒嚴前後」形成一明顯的分水嶺；戒嚴時期佛教能發揮的舞臺空間受限，大致說來，以江浙區域色彩的大陸佛教，在北臺灣政治中心領頭下，支配了臺灣佛教的活動性質與範圍；反而，當時本省本土性質的臺省佛教，受到某種程度的壓制。隨著戒嚴解除，佛教在臺灣解嚴後有了「自覺性」，並揮別中國佛教的舊傳統，熱烈思考佛教所面臨的「現代化」問題。加上〈太虛大師〉啟蒙的新方向──「人間佛教」，其傳承者〈印順導師〉又久居臺灣，臺灣佛教在民國 60 年代後，正如百花齊放的開展，光復時期後與解嚴後的的臺灣佛教發展，將詳述如下。

國民政府遷臺，隨即推行國語政策，並透過遷自中國大陸的中國佛教會理事長〈白聖法師〉，以傳戒等方式，迫使上述明清和日據時期以來的臺灣本土佛教傳統，迅速「祖國化」[118]，成為以中國大陸僧侶為主導的臺灣佛教「新正統」。屬於這一「新正統」的

---

[118] 「祖國化」一詞，是當時受中國佛教會委託，至臺灣各地考察的中國大陸來臺僧人──東初法師（1907-1977），在調查報告中的用語。東初〈臺灣佛教光復了〉說：「臺灣光復十年了，政治、教育、建設各方面都祖國化了。唯臺灣佛教受日化影響最深，尚未能完全恢復祖國化，故佛教許多寺廟，不是龍華派（公開娶妻吃肉），就是日化派（妻兒養在廟上），寺廟管理權落在信眾手裡，而大多數僧尼都未受過戒，形同全部俗化。」然而，東初的調查報告並非全然公允；臺灣佛教的「俗化」或在家化，並不全然受到日本佛教的影響，而是源自明清以來的閩南佛教和齋教的傳統。

佛寺，主要的有 32 座[119]，其中還不包括與「新正統」關係密切的教團，例如：慈濟功德會等。戒嚴時期（1949-1986），這一「新正統」的權力中心是由中國大陸遷移到臺灣的中國佛教會。初期的中國佛教會由中國佛教改革派——〈太虛法師〉（1890-1947）的弟子學生輩——〈印順法師〉、李子寬等人所領導。但在一次內部改革中[120]，白聖法師（1904-1989）結合國民黨勢力，取得了中國佛教會的主導權，也決定了其後五十年臺灣佛教的特質。

　　白聖法師對解嚴前的臺灣佛教，有下列三點貢獻[121]，包括：（1）佛教信仰由駁雜不純而漸趨統一；（2）佛教文化事業的蓬勃；（3）傳教活動佛學研究社會慈善事業和教育方面的漸趨復甦。另外，日本日蓮宗和西藏密教的傳入，也大大威脅臺灣本土佛教的發展。藍吉富曾說[122]，當時臺灣佛教有些特質，包括散漫而無作為的教徒組織，很少參與社會、政治、文化等事業，以及傳教弘法方式的落伍。隨著時間演變，開始有許多信徒組織，以社團法人、財團法人（基金會）的形式出現；至於社會參與，仍以醫療等慈善救濟為主，政治參與則幾乎缺如；而文化參與是較有成果的部分，例如：華梵、南華、玄奘、佛光等大學的陸續成立。而傳教弘法的方式，也許是改善最多的一點。慈濟功德會的「大愛」、佛光山的「佛光」，乃至集眾人之資成立的「佛教衛星」、「法界」等有線電視臺的陸續成立，佛光山《人間福報》的出刊，再再顯示這方面的成就。

　　解嚴後，中國佛教會的權力和威望迅速下降，新興的（傳統）

---

[119] 闞正宗.臺灣佛教一百年[M].臺北：三民書局，1999.

[120] 指印順法師《佛法概論》，被誣告含有共產思想的「白色恐怖」事件。

[121] 藍吉富.臺灣佛教發展的回顧與前瞻[J].當代，1987（11）.

[122] 藍吉富.當代臺灣佛教「出世」性的分析[J].東方宗教研究，1980（1）：315-343.

教派和教團紛紛從檯面下浮現。解嚴之後，臺灣佛教粗略分成「四種勢力」，包括：（1）白聖所領導的中國佛教會，稱為「北派」；（2）星雲所領導的佛光山系統，稱為「南派」；（3）分佈於全臺各地的寺院住持，多為臺籍人士；（4）以佛學研究為主的印順系統。[123]其實，戒嚴後的當代臺灣佛教，不只是中國佛教會和以佛光山，法鼓山、中台禪寺，以及由佛光山分化出來的靈鷲山，也是不可忽視的另三股勢力；他們都在解嚴後，由小教團迅速竄升為大山頭。另外，解嚴前即已具有雄厚勢力的慈濟功德會，標榜繼承當代臺灣佛教改革之師──印順法師的精神[124]，也是相當具有實力的佛教教團。

綜觀臺灣信仰人口約 548.6 萬人，占 2,300 萬人口的 23.9%，不過，信仰人數可能與道教、儒教或其他臺灣民間信仰，甚至與其他新興宗教有重疊的情況。據美國國務院民主、人權和勞工事務局發佈的資料顯示，臺灣有多達 80%的人口信奉某種形式，摻雜有佛教信仰因素的傳統臺灣民間信仰或臺灣宗教。因此就廣義而言，在臺灣佛教是最大宗教。臺灣的宗教多元，是不爭事實。根據美國研究機構皮尤研究中心（Pew Research Center）提出的「宗教與公眾生活計畫報告」（Religion and Public Life Project），在全球宗教多樣性指數（Religion Diversity Index）最高的國家中，臺灣名列第二。[125]位居第二的臺灣，最大的宗教族群是民間信仰，比例高達 45%，而佛教則以超過 20%的比例緊接在後，獨立宗教和其他

---

[123] 李桂玲.台港澳宗教概況[M].北京：東方出版社，1996.

[124] 慈濟功德會創辦人──證嚴法師，1963 年皈依印順法師，為印順法師少數出家弟子之一。但印順法師卻向邱敏捷說：證嚴的慈濟事業，「不能說受其影響」。儘管證嚴法師是印順的弟子，但慈濟功德會的創立，不但和印順無關，而且印順還採取反對的立場。

[125] [EB/OL] [2014-12-30].https://www.thenewslens.com/article/3235.

宗教的比例在 13%-15%之間，基督教則大約占 7%。可見當下的臺灣佛教在臺灣的發展，是相當蓬勃的。

臺灣佛教目前陸續發展出「新四大教團」，分別為「高雄佛光山」、「臺北法鼓山」、「南投中台禪寺」與「花蓮慈濟功德會」。在這「新四大法派」中屬於蘇北籍的，分別是創建佛光山的星雲法師與開創法鼓山的聖嚴法師；南投中台禪寺的惟覺法師則是四川籍；花蓮慈濟功德會的創辦人證嚴法師則是臺中清水人。其中「高雄佛光山」、「臺北法鼓山」教團方向，都是努力推廣「人間佛教」，建立《人間淨土》為目標。「人間佛教」的意識與僧人太虛法師（1890-1947）有關。他所提出的人間佛教是「表明並非要離開人類去做神做鬼，或皆出家到寺院山裡去做和尚的佛教，乃是以佛教的道理來改良社會，使人類進步，把世界改善的佛教」，這種宗教態度，影響了當初大陸來臺的大部分僧侶，星雲、聖嚴就是其中之一。因之，他們開山立派的宗旨無不在落實或強化「人間佛教」。

而慈濟功德會的創辦人證嚴法師亦以「人間佛教」為理念。她的師父為當代佛學泰斗「印順導師」（1905-2005）。「印順導師」，浙江人，為「太虛法師」的學生，但在「人間佛教」的理念上，印順與太虛師生二人的理念不盡相同。證嚴皈依印順導師後，時常以其師的「為佛教，為眾生」自勵，所展現的「人間佛教」面貌則偏重在慈善救濟方面。不過，綜合以上所述，臺灣佛教在江浙佛教移植在臺灣後，又融閩、粵南禪宗的傳統，甚或日本佛教重學術研究的理念，經過彼此相互吸收與融合，更在「人間佛教」的催化下，形成了今日臺灣佛教的面貌，是謂「新臺灣佛教」。臺灣四大佛教教團的創辦人，除星雲大師於後面章節介紹外，其餘三位將分述如下：

（1）花蓮「證嚴上人」：釋證嚴，1937 年 5 月 11 日出生，俗名王錦雲，法名證嚴，法號慧璋，出家前自號靜思，慈濟功德會的會眾多尊稱其為證嚴上人，又因駐錫在花蓮，早期被稱為花蓮師父。又被稱為臺灣的德蕾莎。臺灣臺中市清水區人，慈濟基金會創辦人，皈依印順長老為師，秉持師命「為佛教，為眾生」，1966 年於花蓮縣創立慈濟功德會，此即慈濟基金會之前身。2012 年，證嚴法師受馬來西亞檳城州元首封予拿督斯里勳銜。

（2）埔里中台禪寺：惟覺老和尚：釋惟覺，1928 年出生，俗姓劉，法名知安，字惟覺，四川省營山縣人，臺灣佛教禪宗大師，南投縣埔里鎮中台禪寺創建者，惟覺老和尚於民國五十二年（1963 年）二月十九日於基隆大覺寺依止靈源長老出家，乃一代高僧虛雲老和尚嫡傳法脈。1970 年初期惟覺老和尚於臺北縣萬里鄉就地闢建靈泉寺，隨著信徒人數的增加，靈泉寺道場空間早已不敷使用，乃決定於南投縣埔里鎮，興建規模宏偉之新道場──中台禪寺，1993 年成立中台佛教學院，以此接引更多學人，濟度更多眾生。1994 年，中台禪寺動土。2001 年，中台禪寺落成啟用暨佛像升座開光灑淨大法會，及傳授如來三壇大戒暨在家菩薩戒會。

（3）金山法鼓山：聖嚴法師：釋聖嚴，1931 年 1 月 22 日出生，江蘇南通人，俗姓張，乳名保康、私塾學名志德，釋聖嚴十四歲在故居的狼山廣教禪寺出家，1949 年到臺灣，服役十年後，於東初老人座下再度剃度。1969 年赴日本東京立正大學深造，在六年後，他完成了文學碩士及博士的學位。1985 年創辦中華佛學研究所，1989 年創辦法鼓山。聖嚴是臺灣佛教宗派法鼓山之創辦人，也是禪宗曹洞宗的五十代傳人、臨濟宗的五十七代傳人，為一佛學大師、教育家、佛教弘法大師。日本立正大學博士，是臺灣第一位獲得碩、博士學位的比丘，法鼓山的弟子信眾尊稱為「聖嚴師

父」。

　　臺灣除了四大佛教教團外，仍有部分小教團對於佛法弘法利生工作，相當努力認真，包括：釋昭慧法所師領導的弘誓弘法團體（桃園）、釋悟因法師領導的香光尼僧團（嘉義）、釋心道法師領導的靈鷲山無生道場（新北），這三個佛教弘法團體，對臺灣社會及佛教發展，也有不可忽視的影響力。所以，綜合上述各大佛教教團的努力，臺灣當代佛教發展堪稱「盛況」的現象，列舉下面幾點說明。[126]

　　（1）寺院足跡遍佈全球：「四大山頭」不只在臺灣南北各地擁有甚多分支道場，而且在全世界各地（美洲、澳洲、歐洲等處）也都有分會或寺院。新臺灣佛教的足跡，伸展到全球各地。

　　（2）教育事業舉世聞名：由佛教界所辦的大學，在臺灣就有華梵、南華、玄奘、佛光、慈濟、法鼓等六校。在美國與澳洲，也有佛光山所設的大學。佛教界出資興辦這麼多大學，這種成績，舉世之中，除日本佛教界之外，罕見有堪與比肩者。

　　（3）新傳教弘法方式，與媒體結合：由佛教界所辦的有線電視臺，有大愛、人間衛視、法界衛星、生命、華藏等臺。電視說法的佛教傳播現象，在臺灣甚為普及。

　　（4）在佛教文化事業方面，佛書及佛教期刊的發行量都有極顯著的提升。在臺灣，大藏經（古代佛教文獻的彙集）就曾刊行十部之多；臺灣所編輯、發行的《佛光大辭典》（七冊）、《中華佛教百科全書》（十冊）、與《廣說佛教語大辭典》（五冊），也是目前中文佛教辭書中罕見的大部頭工具書。

---

[126] 藍吉富.新漢傳佛教」的形成——建國百年臺灣佛教的回顧與展望[J].弘誓雙月刊，2011（112）.

（5）在社會關懷事業方面，面對災變所作的社會救濟，是各寺院的經常性業務。其中，最為舉世所矚目的，當是慈濟宗門的世界性慈濟事業及環保事業。此外，昭慧法師與傳道法師在生命關懷、環保、反賄選、反賭場等方面，也有醒目的成績。

（6）在佛教內部的弘法事業方面，印順導師為臺灣信徒提出一套以人間佛教為主軸的信仰體系。星雲大師的《星雲模式》、聖嚴法師「中華禪法鼓宗」、證嚴法師所創「慈濟宗門」，這些新宗義與新宗派，在臺灣佛教史上，具有里程碑式的歷史意義。

2.2 臺灣佛教出版起源與現況

佛教信仰與其他宗教不同的地方之一，是必須透過將教理的瞭解才能談到法門的實踐。因此，自古以來，有關佛教教理的書籍，為數極多，不只是信仰佛教必須讀佛書，因佛教擁有一個龐大的知識國度，出書印經也頗可以滿足一般讀者的求知欲。以佛法的象徵——〈大藏經〉的流通為例，就可看出佛書在臺灣是如何的普及。此外，大規模佛教叢書的編印，也是近幾十年佛教界的盛事[127]。

深究臺灣宗教與宗教文化對臺灣社會的影響，除臺灣信仰人口眾多、信仰多元化之外，臺灣宗教之於臺灣社會來說，具有相當教化意義，而其中不難發現，大部分的宗教，均習慣透過媒體力量，例如：電視、雜誌、出版物或者弘法活動，進行教義傳佈與教化人心。沈孟湄[128]指出，如何善用媒體以實踐信仰傳播，一直是

---

[127] 許勝雄.中國佛教在臺灣之發展史[J].中華佛學研究，199（2）.

[128] 沈孟湄.從宗教與媒體互動檢視臺灣宗教傳播之發展[J].新聞學研究，2013（117）.

各宗教致力的傳播目標。以臺灣地區而言，1996 年解嚴，臺灣宗教管制政策與傳播法規鬆綁之後[129]，宗教和媒體的互動關係甚至逐漸由「購買媒體」的買賣關係，轉變由「經營媒體」的代理關係。傳播者從以前的宗教內部神職人員、信徒，漸漸擴大到不具宗教承諾的媒體專業人士，例如：慈濟慈善事業基金會（以下簡稱慈濟功德會）所經營的「大愛電視臺」，除部分屬於神職人員與信徒外，大部分都屬於電視臺營運所需的專業人士。

不過，仍有神學家與學者對於宗教與媒體緊密結合提出質疑。質疑有效而媒體曝光顯著的傳播，是真的宗教傳播，抑或是根本與宗教無關的商品傳播活動與消費文化呢？為突破現有爭辯框架，部分學者力陳宗教傳播並非僅是分送資訊的行動，宗教和大眾媒體或動後衍生媒體仲介的宗教（mediated religion），促使宗教與媒體間的範疇漸趨模糊。這種經過媒體仲介的宗教，不再限於宗教的範疇，而是進入一個製造文化論述象徵的場域，涉及更為廣泛的社會文化整合發展（Hoover & Lundby,1997,pp.298-309）。簡言之，宗教傳播不能局限在宗教實踐的狹隘角度，改由社會實踐多元性，把宗教傳播延伸到「社會的意義」，而這就是種「文化傳播」。

所謂「社會的意義」，就是主張以社會服務或者社會改革為主的，在從事宗教傳播時，少提及信仰問題，主要強調人道關懷與社會參與。而這類觀點在基督教與天主教相關的宗教傳播出版物中，主要是關注教育、醫療、社會改革與政治參與。而佛教在「入世佛教」興起後，傳播內容更強調社會參與，超越明清佛教遁世而超生

---

[129] 臺灣宗教傳播的發展背景，根據沈孟湄，《從宗教與媒體互動檢視臺灣宗教傳播之發展》，2013 年發表在新聞學研究第一一七期提到，臺灣宗教傳播主要是分為三期，分別是「明鄭、清領、日據時期」（宗教伴隨殖民地勢力而生）、「戒嚴時期」（宗教傳播進入廣播電視媒體）與「解嚴後」（宗教投入媒體經營）等三個時期。

死得解脫的自利行為。而這部分的佛教出版物，傳播對象早已由信徒取向，擴大到大眾取向，例如：慈濟功德會下面的的人文志業出版，也部分透過與遠流、皇冠等出版社合作出版「看不出慈濟色彩的書」，這正式慈濟功德會提到：「運用當代發達的科技，就能真正在二十億佛國，現廣長舌相」。

媒體結合宗教究竟有無效果？媒體是社會皮膚（social skin）是無庸置疑的，而大眾透過媒體瞭解世界，更是媒體最大功能；換言之，「媒介真實」往往被大眾視為瞭解這世界的真正真實。所以，閱聽大眾或言受眾、讀者在面對媒體時，往往會從全盤接受到慢慢考慮那些內容是真的？那些內容適合他或她的需求？這正是媒介大效果到有限效果，最後用轉變成使用滿足、效果萬能論等。

若單就佛教與社會大中之間關係而論，張強[130]指出，如何透過宗教力量疏導大眾，以及成為每個人的心理慰藉而言，佛教主張通過心靈的解脫消解現實的苦難，尤其注重對信眾心裡的舒緩和引導，進而進行社會控制或言社會教化；就社會控制而言，佛教具體表現為人本精神、內化理念與包容意識。人本精神，是佛教社會控制的基本立場；而內化理念，是佛教社會控制的實現方式，強調通過心實現轉變，看重對信眾精神世界的改造與重建。佛教本身是開放的、發展的，總是隨著變動的處境不斷成全著自身，順應時代、適應社會，以便更好的發揮社會控制功能。這種例子，明顯就佛教善用媒體，以針對大眾需求進行疏導的最佳方式。

中國佛學院碩士研究生行空法師也指出[131]，對一般居士[132]而

---

[130] 張強.世俗世界的神聖帷幕──從社會控制角度看人間佛教的社會承擔[D].南京大學，2012。

[131] 行空法師.以居士教育實踐《人間佛教》──對北京市佛教文化研究所佛學培訓班的調查分析[D].北京：中國佛學院研究所，2012。

言，學習佛法的作用有包括：「眾生愛護生命」、「促進人類文明與進步」、「理解到人生難得」、「拯救人生」、「知規・明理・解思」、「擁有智慧得到加持，生活順利」、「感覺到生命存價的價值與意義」、「擺脫煩惱」、「懂得念佛的益處」、「理解到人生無常」、「增進信願行」、「樹立人生的方向和歸依」、「懂得做人的道理」、「增進對佛教的瞭解」。這更明確告知，佛教之於信眾或一般大眾，有種類似使用與滿足的傳播效果，或者潛移默化的文化傳播或者涵化理論效果。

　　星雲大師說：「佛教要有前途，必須發展事業」。而《星雲模式的人間佛教實踐》一書中[133]，星雲大師又提起，「文化是宗教的一大命脈，也是佛教前途之所系。」該書更指出，「星雲模式之所以可以成功傳播〈人間佛教〉的過程中，主要是運用四大面向進行，包括：佛教藝術、傳播媒介、學術研究與增加對話。」其中所謂利用「傳播媒介」與資訊科技的發展，以今人熟悉方式弘法於人間，正是佛光山弘法成功之處。其中方法靈活、管道多樣，讓弘法工作更是不斷現代化，例如：成立出版社、圖書館、佛光翻譯中心，出版一系列有關〈人間佛教〉的書籍，流通於世界等。另外，為讓宗教出版物在文化弘法過程中具有其圖書分類，正視宗教出版物的存在地位，佛光山也順利讓美國國會圖書館正式把佛光山及星雲大師作品在國會圖書分類法之佛教分類法，設立單獨的分類號，並將〈人間佛教〉與佛光山教團正式納入《國會圖書館主題標目》之中。

　　佛門常言，「弘法為家務，利生為事業。」「弘法利生」因而

---

[132] 居士是一種提倡在家修行的佛教修行方式與思想的人，中文信徒稱之為在家眾。

[133] 滿義法師.星雲模式的人間佛教實踐[M].臺北：天下文化，2005.

成為佛家的口頭禪。據《眾許摩訶帝經》記載，佛陀菩提樹下悟道，初度五比丘，標誌著佛陀弘法之始；佛陀培訓出六十位大阿羅漢後，對他們說，「我從無量劫來勤行精進，乃於今日得成正覺，正為一切眾生解諸系縛，汝等今日悉於我處得聞正法，漏盡解脫，三明、六通皆已具足，天上、人間離其系縛，可與眾生為最福田，宜行慈潛隨緣利樂。」巴厘《相應部》說明每一位弟子都是沿不同的路線雲遊，以便最大限度弘法利生。佛陀為什麼如此強調遊化？原因之一是，佛陀在雲遊過程中，走入人群，無數苦難眾生才有機會向他請教。佛陀如同世間良醫，針對眾生不同的煩惱，對症下藥，隨機說法，引導人們步入正確的人生之路。「走入人群，隨機施教」，成為歷代佛教所遵循的最重要的教育原則[134]。

六祖惠能大師臨終時囑咐弟子以三十六對法說法度眾生，「若有人問汝義，問有將無對，問無將有對，問凡以聖對，問聖以凡對；二道相因，生中道義。」三十六對法的核心是說無定說，對機而說。惠能的弟子深得其精髓，針對每一個人特有的問題，依據其根基、成長環境、教育水準和具體情境，個別開導，逐漸形成各自的家風：「示言句」、「逗機鋒」、「解公案」、「參話頭」、「德山棒」、「臨濟喝」、「雲門餅」、「趙州茶」、「慈明罵」等。所有這一切都體現了禪宗隨機施教的獨特教育風格。

鑒於以上分析，清楚瞭解佛教的根本問題，不是一個理論的問題，而是一個如何實踐的問題。弘法僅僅是一種手段，其真正的目的是引導人領悟佛法的精髓，了知宇宙人生的真相。這才是弘法的目的，針對當今人的問題，對症下藥，再充分利用媒體與高科技成

---

[134] 健釗法師.健釗法師宣講紀錄[EB/OL].[2012-10-13].http://www.plm.org.cn/pdf/talk_kc_7.pdf

果，運用人們喜聞樂見的方式，隨機施教，或許就是新的弘法模式。而並非僅佛光山單一教團所關注的問題，舉凡所有臺灣各種宗教教團，均致力於如何透過最佳途徑，完成弘法利生的目標。出版，就成為這些宗教教團的首選利器。

當然，現代化出版傳播特性，也讓宗教弘法無遠弗屆，主要是導因於現在出版傳播，不在單只是傳統紙本，更有其他載體形式出現，這種新型態載體形式的出版，容易讓各種內容全球化、影響普及化。若再加上網路傳播特性，例如：互動、即時，讓單一主題的媒介真實，例如：宗教教義的弘法，輕易地到達全球任一處。此外，出版傳播中「故事性」的運用，更容易讓傳播過程產生強大吸引力與傳播效果，不僅讓出版物具強大的可讀性與感染力，更讓傳播效果更具深層，讓傳播效果並不只局限於直接受眾，而更能形成二次傳播或者多次傳播，從而在傳播的廣度與深度方面形成不可比擬的優勢[135]。這點也是為何佛教教團，通常會以傳統出版物方式，初期以大量故事或傳記方式推廣弘揚教義。

在多元宗教（religious pluralism）現代化與多元文化（multicultural）的社會中，宗教傳教工作必須現代化的發展，如何舉辦吸引信徒參與的傳教策略，藉此讓他們對宗教產生興趣，是宗教發展的課題。傳統宗教若想永續發展，宗教必須回歸到宗教自身的獨特性，以新的語意形式來替現代人找出可被接受的生命意義。而佛教在社會變遷中，佛教教團多元化發展、現代化弘法布教、佛教服務模式創新、佛教事業化與國際化發展與各宗教間融合交流等，均可瞭解佛教發展是朝「動起來」、「走出來」方向邁進的。那要達到上述目標，首先透過出版物，是最容易的。因為透過

---

[135] 穆雪.淺析故事性在圖書出版傳播過程中的運用[J].出版發行研究，2011（10）.

圖書出版物，更容易與社會連結，在理念上與現代社會相應，這就是目前佛教出版物蓬勃發展的主要因素。[136]

臺灣在清領與日治時期的整個佛教體系與後來的新臺灣佛教是不一樣的，所以，申論臺灣佛教出版起源與現況時，往往會從國民政府遷臺、光復時期開始劃分界線，若依照出版種類與類型來區分，可以分成三大階段：第一階段：以佛教雜誌為主期（1946～1955年），第二階段：佛教經藏期（1955年～1970年），第三階段：佛教圖書蓬勃期（1970年～1990年）。本文將試著以這三階段的發展，來說明臺灣佛教出版起源與現況。這三階段時間區分，主要與當時政治與經濟環境改變有關，較為關鍵的兩個時間點為光復後政府遷臺前後（約1946年），與1970年臺灣經濟環境結構發生較大變化，佛教出版產業蓬勃發展。

為何會以這兩個時間點當成劃分依據呢？主要有兩個因素，一是多數學者研究臺灣佛教出版物，均以西元1946年至1986年為一研究區間，並依照佛教出版型態（主要分為雜誌、圖書）加以分類進行研究[137]；二是，參考中國佛教會內部傳戒紀錄[138]資料，發現西元1950年至1970年代為臺灣佛教重建階段，許多佛教教團均致力於佛教僧眾與內部制度的建立為主，出版也將隨佛教發展重點而有所不同。不過，臺灣近期佛教出版物是否真的依照上述時間點而畫分成三階段，絕對不盡然，這三階段僅供參考與方便分類使用。

---

[136] 張婉惠.臺灣戰後宗教傳教多元化與現代化之研究——以佛光山為例[D].宜蘭：佛光大學，2009.

[137] 姚麗香.臺灣地區光復後佛教出版刊物的內容分析——佛教文化思想變遷初探[J].東方研究，1990（1）.

[138] 傳戒是一種為出家的僧尼或在家修行的教徒傳授戒法的宗教儀式。我國的傳戒始於晉代，凡是傳戒的僧尼或是教徒，均由傳戒寺院發給戒牒，戒牒相當於僧尼出家僧籍證明書。1987年相關傳戒資料，幾乎保存在中國佛教會；以後就開放給各佛寺教團自行傳戒。

臺灣佛教出版物起源與發展，與政府政治這因素息息相關，因為政府變動代表整個社會變遷；若加上在變動時期，佛教出現幾位大師級法師的推動，以及民間居士與市場的蘊量，從 1946 年到 1990 年這期間的臺灣佛教出版，不可說不精彩，甚至可說是推動下一階段「人間佛教出版期」的各式出版物百花齊放的重要推手。為何第一階段會以佛教雜誌為優先呢？參照與比對中國佛教會出版的「六十年來佛教論文目錄」（1975）內容發現，早期佛教雜誌的種類與發行數量，一開始的確優於圖書出版；藍吉富指出[139]，光復後至 1953 年間並無大量的藏經編纂與翻印，這可能與光復初期教界的經濟狀況有關，而一般的信眾更是無力負擔此一費用。不過，這不代表光復時期僅有佛教雜誌，藍吉富更表示，光復初期佛教文化的另一項成就，應該算是藏經的編輯與翻印，尤其以 1963 年後至 1979 年間，甚至到 1980 年左右，臺灣所流通的藏經種類共有七種之多，可說是前所未有的盛況（藍吉富，1982）。最後，在大部頭叢書中，1980 年前，規模最大的當推已故的張曼濤教授所主編的「現代佛教學術叢刊」。這部書共計一百冊，可謂民國六十餘年來，中文佛教論文之集大成，對於佛教文獻之保存極具貢獻。[140]

　　再從惠空法師《臺灣佛教發展脈絡與展望》（2014）[141]一書中，彙整出自光復遷臺後這六十多年來，佛教界做了哪些事情，對新臺灣佛教的發展深具意義，其中發現，遷臺初期，中國與臺灣佛教會如何先穩定在臺灣發展，比開始進行內部傳戒、僧伽教育來的

---

[139] 藍吉富.近三十年來臺灣的佛書出版概況[J].內明雜誌社，1982（118）.

[140] 釋道安.1950 年代的臺灣佛教：中國佛教史論集（八）臺灣佛教篇[C].臺北：大乘出版社，1978.

[141] 惠空法師.臺灣佛教發展脈絡與展望：臺灣〈佛教面對新世代之挑戰〉研討會[C].臺北：弘誓佛學院，2014.

重要；而傳戒、僧伽教育也比後期透過文化事業的弘法利生來的重要。惠空法師認為，從光復到現今約六十年，佛教界有十件事情，看似沒有時間排序，但每件事情對於臺灣佛教發展都相當有價值，請詳見下表 2-1 說明：

表 2-1：光復後臺灣佛教發展脈絡十事

排序	臺灣佛教發展脈絡十事	意義與價值
1	佛教會遷臺	教團維繫之平臺
2	傳戒	佛教本質內涵
3	僧伽教育	
4	禪法弘傳	
5	弘法活動的多元化與節慶化	人間佛教的應世發展
6	青年運動	
7	文化事業	
8	慈善事業	
9	海外交流	臺灣佛教向外輸出
10	藏傳、南傳的衝擊	外部佛教進入臺灣

資料來源：惠空法師.臺灣佛教發展脈絡與展望：臺灣〈佛教面對新世代之挑戰〉研討會[C].臺北：弘誓佛學院,2014.

中國佛教會遷臺，佛教會是政府與教團間之轉繫點、教團與社會之磨合平臺，而教團內部也需要佛教會來凝聚、連繫、聯絡、協助、調和與國家政治及社會的關係。所以，中國佛教會在臺復會，促成臺灣佛教教團有一維繫之平臺，而這點也間接創造各種大陸與臺籍佛教雜誌的蓬勃發展。雜誌，相較於圖書出版物而言，比較簡單，更容易讓彼此接受；而傳戒、僧伽教育、禪法弘傳，是佛教核

心價值之戒、教、證本質內涵，這部分重要性僅次於如何穩定遷臺後中國佛教會與臺灣佛教之間的關係。所以，當各大教團穩定之後，就開始大量出版經典與藏經等，重新注重佛教核心價值，而這也是第二階段佛教經藏助印期的由來。

　　文化本身就是弘法的媒介，精奧深妙的佛法須透過媒介來彰顯其思想內涵。譬如佛教的音樂、雕刻、繪畫、戲劇、文學都是文化的範疇，只是用不同的形式、工具、層次來彰顯精神內涵。佛教基本上較少用感性、概念性的藝術方式來傳遞思想，因為不容易呈現佛法縝密的邏輯思維。所以，一般性弘法，還是直接講解佛法思想內涵，故現代化媒體工具的運用，就成為最重要的弘法媒介。佛教徒散佈在社會各個角落，除了固定節慶的集會，及星期假日、晚上到附近寺廟共修，平時的弘法力量都要靠媒體傳播。

　　媒體的傳播可以說一直影響臺灣佛教傳播弘法的生態。因為講經、弘法活動有固定的時間、空間跟人員，但媒體傳播沒有固定的時間跟人員，可以一直複製傳播，故能超越時空，超越人群組織系統而產生影響力。所以，媒體傳播是非常重要的利器，乃至改變一個僧團生命的發展。社會傳播媒體隨時代科技而演變，從最早的雜誌，到四、五十年代的電臺廣播收音機，六、七十年代的無線電視、錄音帶、錄影帶，到八十年代的有線電視，到現代的網路弘法。臺灣佛教也因為有這些媒體的運用，使得佛教弘法普及深入，穿透在人群中產生很大的力量。

　　在政府對媒體還沒開放時，臺灣佛教早期都靠雜誌弘法，如道安長老的〈獅子吼〉、善導寺的〈海潮音〉、佛教會的〈中國佛教〉、佛光山的〈覺世〉、〈普門〉、光德寺的〈淨覺〉，及朱居士的〈菩提樹〉等等。佛教文化，只有在政治民主，經濟發達，信仰與言論自由之社會裡，才能自由蓬勃地發展起來，自 1949 年遷

臺到 1953 年間，佛教雜誌之發行，不下一百萬冊。聖嚴法師說：「我們初到臺灣之時，要找一本佛教的出版物，那是很困難的，嗣後由於大陸來臺的法師們，慘澹經營，漸漸地才有了幾本刊物，例如海潮音、覺羣、人生、佛教青年、今日佛教、菩提樹、覺世、中國佛教、獅子吼等陸續出現，以及本省法師主持的臺灣佛教、法音、慈明。使得佛教文化，有了一點生機，利用刊物宣傳教義，也利用刊物宣傳主辦者的事業，並利用刊物以達成連絡信眾而助成主辦者的其他事業。臺灣佛教界能在毫無組織的狀態下，二十年來之所以尚有若干建樹，刊物之功不可沒」[142]。

當時佛教雜誌主要分成五大類：（一）通論，包括教義及學術思想的概論，文學、藝術、修養。（二）經論類，即某部佛經的論述，語譯及編纂，下分經典、教義和宗派。（三）史地類、包括史事考據及歷史記述、人物品、寺院考據、介紹、遊記、地志，以及地區性佛教信仰與文化事例等。（四）組織，包括團體與制度，團體是指各級佛教團體內部運作的討論，及信徒結構特質之分析；而制度則指僧教育的探討，與社會教育及教戒、行儀等。（五）與社會有關之各式活動，包含弘法、社會福利及時事性文章，即以佛教界的立場來談論社會的、政治、經濟的文章，及國外國際性佛教活動。

而圖書的分類分成十大類：如下：（一）總類、佛學概論與通釋。（二）經典，指佛教經書典籍而言，包括單本的經書及佛教大藏經，坊間流通的善書不列入。（三）論疏，如大智度論。（四）規律、儀制。（五）宗派，佛教各宗大意之敘述。（六）史傳，即歷史、地理、名人傳記、寺廟考、通史、遊記等。（七）圖像，包

---

[142] 釋聖嚴.今日臺灣的佛教及其面臨的問題：中國佛教史論集（八）臺灣佛教篇[C].臺北：大乘出版社，1978.

括佛教美術及文藝。（八）辭典、即佛學辭典一類的工具書。（九）教育，包括僧教育、社會教育及教育概論等。（十）社會，包括弘法、社會福利及其他社會性的著述等。

　　光復初期的佛教雜誌，在內容上仍偏重傳統性質的文章，對經典的介紹偏多，而教制及社會性質的文章，則相對地占很少的比例。就個別刊物的內容來看，其中對組織、僧教育內容探討較多的雜誌有「海潮音」、「人生」、「佛教青年」及「今日佛教」等。這幾種雜誌均為大陸來臺僧侶所創，其對臺灣佛教在組織制度及僧教育之改革上顯然較為關切，這點為這些雜誌在內容發展上最大的區別，某個程度上，也反映出大陸來臺僧侶對臺灣佛教的看法與期望；因為一方面外省出家眾無法認同日本式及混合齋教的臺灣佛教，另方面當然也希望藉由文化的重建使臺灣佛教在組織、制度上回歸到內地的佛教形式。不過，整體說來，經典類及通論性質的內容仍是佛教雜誌的主要重點。

　　若分析佛教雜誌的種類及發行數量，發現在 1946-1955 年期間，都有顯著的增加。其中比較常見且發行量較大的前幾名佛教雜誌，包括：「臺灣佛教月刊」、「海潮音月刊」、「人生月刊」、「大乘月刊」、「覺生月刊」、「佛教青年」與「菩提樹月刊」等，大致上都是在 1946 年到 1955 年之前就已經創刊，而且每月的發行量都不低於 5,000 本，以及目前仍然存在，且持續發行；但仍有部分知名的佛教雜誌，例如：「法海」、「中國佛教」、「獅子吼」、「今日佛教」、「慧炬」與「明倫」等佛教雜誌，也都是在 1970 年之前創刊，這跟當時有大量民間人士、書局或者出版社投入有關，間接也造成 1970-1990 年間佛書的蓬勃發展。詳見下表 2-2 說明。

表 2-2：臺灣光復初期佛教雜誌創刊統計表

發行者種類	雜誌名稱	創刊年	停刊年	發行人	發行處	數量	發行地
臺籍人士	臺灣佛教月刊	1949	未	心源	臺北市佛教支會 臺北東和寺	5700	臺北
	法海	1956	未			3000	臺南
	大乘月刊	1951	1958	王兆麟	臺南彌陀寺	3000	臺南
	慈明	1962	未				臺中
	覺生	1950	未				臺中
	新覺生	由覺生所改名	未				臺中
大陸來臺出家者	海潮音月刊	1949遷臺後再復刊	未	李子寬	臺北市善導寺	5500	臺北
	中國佛教	1958	未				臺北
	獅子吼	1963	未				臺北
	人生月刊	1954	未	東初	北投中華佛教文化館	5500	臺北
	今日佛教	1957	未			8000	臺北
	佛教青年	1952	未	林錦東	臺中寶覺寺	5300	臺北
	佛教文化	1966	未				新北

表 2-2：臺灣光復初期佛教雜誌創刊統計表（續）

發行者種類	雜誌名稱	創刊年	停刊年	發行人	發行處	數量	發行地
大陸來臺居士	菩提樹月刊	1952	未	朱斐	臺中菩提樹月刊社	6700	臺中
	慧炬	1961	未	蓮航	新北中和佛教青年雜誌社	3500	新北
	明倫	1969	未		臺北十普寺	6000	臺北

資料來源：姚麗香.臺灣地區光復後佛教出版刊物的內容分析——佛教文化思想變遷初探[J].東方研究,1990（1）

不過，佛教雜誌後來在發行，仍面臨許多問題，而停停辦辦的現象也經常可見，究其原因，可能有下述幾點[143]：

經費問題：佛教刊物幾乎都屬贈閱性質，極少為讀者所訂閱，經費的來源一般是靠信眾的捐助以維持發行，在經費上無法獨立自主，亦無固定來源。因此，雖然多數佛教雜誌所費不多，但經費的運用仍有所限制。而經費問題與其佛教雜誌定位有關，而這個定位也直接影響未來佛教雜誌在弘法利生過程中，無法改變的宣傳角色。

（1）稿源問題：雜誌的流通範圍不廣，並且其讀者群有特定的對象，加上佛教雜誌的稿費不多，甚至多數不發稿費，所以稿源極為有限，當然這與佛教人才的培育也有關聯。我們在佛教雜誌中屢見相同的作者，甚或類似的文章。這點也可能導致在分析上，內

---

[143] 姚麗香.臺灣地區光復後佛教出版刊物的內容分析——佛教文化思想變遷初探[J].東方研究，1990（1）.

容代表性不足的問題。

（2）人力問題：由於雜誌的創辦多屬副業性質，少有以專業的態度和精神來辦刊物的，因此在人力資源上，也儘量精簡，加上很多辦刊物者缺乏專業的訓練，品質的低劣自難避免。

（3）心態和動機問題：臺灣的佛教刊物除了宣傳教義外，另一個主要的作即是作為宣傳主辦者的專屬事業，或者被用來作為聯絡信徒的工具以共同贊助主辦者的其他事業，就這一點來看，佛教刊物的「個別色彩」相當濃厚，這點就是「定位問題」。佛教雜誌被視為主辦方的官方宣傳視窗，其內容對於共同問題的關注則不夠也不深，導致佛教的文宣工具——雜誌一直處於發行數量增加，而內容少有變化的情況。

除上述因素政治因素外，中國佛教高僧大德來臺之後，透過佛教雜誌方式來進行弘法，亦有其歷史因素。從 1910 年代民國肇建、廢除科舉、帝國垮臺起，傳統宗教管制次第鬆綁，在許多新式機構中，開始有僧俗人物在社會或者政治上變得更加活躍；同時，新的經濟中心崛起，例如：天津、上海等國際商埠，宗教事業的結構與視野也為隨之一變，而新一代大亨的資產成為宗教慈善最有力的後盾。其中最有名的「印光法師」，也在新技術與部分大亨居士的支援下，包括像高鶴年、狄楚青與丁福保等人，透過佛教出版方式，讓「印光法師」所著《印光法師文鈔》廣為流傳，進而引發影響中國近二十年的「淨土運動」，影響佛教甚巨；而高鶴年等人就是在近代中國最早的佛教期刊《佛學叢報》中，向大家介紹「印光法師」[144]。從此證明早期佛教雜誌的影響力，不容小覷。

---

[144] 康豹、高萬桑.改變中國宗教的五十年，1898-1948[M].臺北：中央研究院近代史研究所，2015.

另，國民黨政府來臺灣初期，也因為為了與西方交好，對西方宗教較為友好；雖對大陸佛教青睞有加，但渡海來臺佛教人士，為擴大影響與弘法利生，也紛紛向前輩學習，陸續創辦或恢復各種佛教刊物進行發行與跨地域宣傳，希望可以影響民眾開始對佛教皈依。所以，現今臺灣佛教蓬勃發展，主要奠基於臺灣早期工商業發展後的大量資金支援，以及大量使用大眾傳播工具（以佛教雜誌與出版物為主）進行弘法，以產生無遠弗屆的強大影響力。[145]不過，因臺灣於 1987 年宣佈政治解嚴，臺灣公共媒體——主要是電視臺與報紙的全面開放與自由發展，讓平面媒體的「佛教雜誌」，在弘法事務也漸漸退居第二線。

　　「佛教雜誌」與一般出版物的差別在於：取得便利、內容多元；其中就內容而言，「佛教雜誌」除佛教相關事務外，更有一般生活內容、素食養生等，較能融入讀者或者信眾；加上每期出刊時間較短，時效性高、雜誌頁數較少、編排格式多元，容易傳播等特性，對信眾或者一般讀者來說，都比花較長時間閱讀佛教圖書來的更方便。所以，即便資訊傳播科技發達，對許多佛教團體而言，雜誌似乎還是文教弘法的最基本工具。但，誠如上述所言，自解嚴之後，宗教傳播也邁入新的階段。報禁解除，臺灣的佛教日報《福報》、《醒世報》陸續創刊；廣播媒體、衛星電視頻道等申設，讓宗教和媒體的互動關係，逐漸變由「購買媒體」轉為「經營媒體」。[146]近期「佛教雜誌」雖已退居第二線，但出版種類與數量，卻仍高居不下，例如：佛光山〈佛陀紀念館〉的「喬達摩」雜誌，每期發行量不低於三十萬冊。

---

[145] 江燦騰.戰後臺灣佛要發展如何用用大眾傳媒？[J].弘誓月刊，2010（103）.

[146] 邵正宏.非營利電視臺之行銷策略研究：以慈濟大愛與好消息頻道為例[D].臺北：臺灣師範大學，2001.

當然，佛教出版事業，除定期刊物（雜誌），尚有古籍的翻印及時人著述的出版物。光復之初，張少齊[147]居士從大陸帶出了一批佛經，在臺北開辦「建康書局」；朱鏡宙[148]居士的發心，成立「臺灣印經處」，先後翻印了三十餘萬冊，這對佛經在臺灣的流通，功德至巨；東初老人創辦「中華佛教文化館」，影印了日本版的「大正新修大藏經」，正編八百部，續編五百部，計一萬三千餘卷，歷四年的時間，全部費用四百多萬元新臺幣。大藏經的影印流通，鼓勵了許多僧俗佛子的閱藏興趣。對於佛法的深入，這是大功大德[149]。但由於大正藏是日本學者所編修，未能盡合中國人的需求，故有屈映光居士[150]發起編印「修訂中華大藏經」，主要的修訂者乃是蔡念生居士[151]。另，香港的覺光及元果等法師發起影印日本編訂的「卍字續藏」，中華佛教文化館翻印了日本人編訂的

---

[147] 張少齊，江蘇如皋人。早年曾入泰州佛學研究社、金陵佛學院等研究佛學。後曾在泰州光孝佛學院、南京毘盧佛學院等講授佛學，並弘法於各地。民國三十一年在南京毘盧寺創設貧民醫療所，對當地貧民嘉惠甚多。來臺後，除弘法外，並熱心於佛教文化之推動。先後創辦覺世旬刊社、建康書局等機構。於大正藏在臺之影印，亦出力甚多。此外，並曾在華嚴專宗學院執教。著有唯識三十頌簡義、大乘五蘊論講義等書。

[148] 朱鏡宙老居士（1890-1985），字鐸民，晚號雁蕩白衣，又號雁蕩老人，是光復初期振興臺灣佛教的重要人物。

[149] 釋聖嚴.今日臺灣的佛教及其面臨的問題：中國佛教史論集（八）臺灣佛教篇[C].臺北：大乘出版社.1978.

[150] 屈映光（1883年2月6日－1973年9月19日），字文六，浙江省台州府臨海縣人，清末民初政治家、佛教人物。

[151] 蔡念生老居士（1901-1992），名運辰，字貢芝，念生為其號，遼寧省鳳凰城人。二十歲入仕途，為中華民國第一屆國大代表。二十一歲時，因閱丁福保老居士《佛學撮要》等書而開始學佛，然及至來臺之後（約五十歲），才與夫人利用通訊的方式，皈依虛雲老和尚，獲賜法名寬運。在臺灣戰後的佛教振興工程中，扮演著舉足輕重的角色。他不但在早期佛教雜誌（如：《人生》、《覺世》、《菩提樹》）上撰文弘揚大乘佛法，傳播正知正見，還積極投入印藏、修藏的工作。

「禪學大成」，華嚴蓮社的南亭法師翻印了丁福保的佛學大辭典及華嚴大疏鈔。其他寺院或私人翻印的小本佛典，尚有很多。翻印古籍的消極目的，固在保存文物及流通文物，但其積極的目的是在提供資料，刺激時人的研究興趣，而光復時期間的佛教圖書，正因為這些佛教影印或者翻印而逐漸蓬勃。

深究來看，光復初期，臺灣閱藏的人已有不少，但研究的人，卻還是很少；一般人閱藏，是在求功德，不在理解藏經的內容，這也是光復初期（1946-1955 年間）佛教獨立著述的出版物不多，但卻有大量翻印與助印的原因之一。此外，當時臺灣佛教界沒有相當國學基礎及佛學基礎，閱藏理解已不易，藏經的內容極其複雜，不曾受過基礎訓練的人是不得要領的。從研究古典而發為研究報告的著述，當時在臺灣仍是鳳毛麟角。聖嚴法師指出：「在今日的臺灣佛教界，若非自己另有一手弄錢的方法，寫了書要出版，也是一樁難事，出版家總是歎苦，說他們出書，是純粹的服務，因為佛教界的讀書風氣太低，不唯無利可圖，而且賠本。」，另又說：「但是星雲法師對於佛教出版事業的魄力和貢獻，是很可佩的，不論他蝕本或賺錢，他能放下手來出版了幾十種新書，他的佛教文化服務處，也越來規模越大，足以證明萬事不怕開頭難，那就好了。」[152] 這段話對於光復初期圖書出版物的難處，可見一般。

1945 年至 1949 年間，戰後臺灣社會文化十分不振，這一階段的佛教情況至今研究仍不明朗，直到 1970 年代之後，隨著臺灣社會經濟的逐漸起飛，佛教蓬勃發展，其中佛經的刊印蔚為大觀，當時印經事業之興盛，恐怕在中國佛教史上未曾多見，這各情形與聖

---

[152] 釋聖嚴.今日臺灣的佛教及其面臨的問題：中國佛教史論集（八）臺灣佛教篇[C].臺北：大乘出版社，1978.

嚴法師所言雷同。因出版事業若無資金支持，就不會有太多好的著作，只好透過翻印，或者有人助印。助印佛經書籍，在解嚴前達到高峰之後，逐漸走下坡，其原因之一是，各方集資印經的供過於求，加上品質參差不齊，嚴重打擊印經事業。所以 1970 年，在助印佛經同時期，大量的法師論述，加上民間出版社爭取各種佛教圖書出版，讓佛教圖書在 1970-1990 年以後，蓬勃發展。

從 1970 年以後，佛書的出版大量增加，但多數作品均屬翻印而非創作，也就是說這種蓬勃的現象很可能只是臺灣經濟發展的一種投影，不能歸之於學術的發展；大部頭叢書得以陸續出版，也相當程度是受到經濟提升的支持。大體而言，光復後至 80 年代初期，佛教在文化出版內容上仍偏重傳統經典的翻印，對於佛教組織、制度、僧教育、及社會有關事項之探討較少，而專門性、深入的研究著作則更為缺乏。當然，圖書數量上的增加對佛教的普及化會有較大的推動作用，然而「量多而內容貧乏」的現象仍是佛教文化發展上的一大問題。

基本上而言，臺灣社會近四十年來的發展，由於過度強調經濟層面的發展，相對地，忽略了其他社會層面的改革，尤其在文化層面上，可說遠不及經濟或物質的改變速度。這種情況反映在光復後臺灣佛教的發展，也有類似的現象；臺灣佛教的出版刊物四十年來在量上呈現蓬勃的發展，外在形式上也有了新的改變，或配合世俗的發展，但在實質內涵上，似乎沒多大改變，甚至與社會其他層面的發展脫節，充分顯示出臺灣佛教的保守性格仍相當濃厚。因此，若從文化思想的改革性弱這點來看，可以說臺灣佛教的發展本質上世俗化的程度仍是很低的。

資金不足問題，即便是光復初期對佛書出版有相當貢獻的「臺灣印經處」而言，一樣擺脫不了。臺灣印經處以提倡印經為弘法事

業，它的經營方式是集資印經，在確定經書時再臨時募捐；經書印刷出版後，每冊雖有定價，發行銷售，但贈閱的比率仍高。比較值得注意的是，支持此一印經事業的主要是來自大陸的官夫人、商人、居士等，他們對支撐臺灣佛教印經事業的發展，乃至與後來臺灣佛教的蓬勃興盛有不可分割的關係。[153]

　　臺灣光復後到 1980 年的出版發展是否順利，除部分僧眾集資進行影印出版，或者個人著書立作外，例如：印順導師、星雲大師外，佛教出版成功與否最大因素在於民間資金與人力的支援，包括：民間成立的出版社、書局，或先前佛教出版雜誌社轉型出版社，以及願意出錢出力的民間出版人。從當時民間書局發行流通情形來看，繼佛教雜誌流行，緊接是大量佛教藏經義理，與大量佛書的出版流通。這些民間書局包括：臺北建康書局股份有限公司、竟成印務館、菩提書局、基隆自由書店、南一書店、慶芳書局、臺灣佛學印經處、中華佛教文化館、善導寺佛經流通處、臺灣佛學書局與瑞成書局等。另外，支持佛教圖書出版的民間人士，除上述提到張少齊、朱鏡宙外，還有朱斐（朱時英）[154]、陳慧劍[155]、劉國香[156]、

---

[153] 闞正宗.解嚴前（1949-1986）臺灣佛教的印經事業──以「臺灣印經處」與「普門文庫」為中心[J].佛教圖書館館刊，2008（48）.

[154] 朱斐，江蘇吳縣人，一九二一年生。有個外號，叫做「朱時英」。一九四九年，在臺中市立圖書館擔任總務主任，他也接任了《覺群》週報的主編工作。

[155] 陳慧劍，江蘇泗陽人，一九二五年生，一生更名多次，本名陳銳。早年，他曾以筆名「上官慧劍」在佛教的雜誌上發表文章，而「陳慧劍」則是他最常使用的筆名。

[156] 劉國香，一九二六年生，湖南衡山人，和道安法師是同鄉，也是道安法師的得力助手。尤其道安法師創辦的《獅子吼》月刊，發行、編輯等大部分的工作，都是由劉國香來擔任。

朱蔣元[157]與高本釗[158]等[159]。這些都是光復以後影響佛教出版發展的重要因素之一。

　　誠如上述所言，戰後臺灣佛教內部為盡速穩定佛教發展，許多居士與出家眾大量集資「助印」經書，而助印種類首推有較具影響的佛教「總類」、「經典」、「論述」、「規律」與「儀數」等部分。當時出版這些佛書最有影響的出版單位，首推「臺灣印經處」，其影響是在日常課誦經典方面[160]。這些經典，例如：《金剛經、心經、大悲咒、普門品合訂本》、《地藏經》、《淨土經咒品章》八種合訂等，都是日常課誦所用，也是日後許多民眾最常助印的佛書種類。而這些經典被拿來流通之後，勢必影響其他一般佛教圖書的助印或者捐助意願[161]。佛教經典助印從 1955 年起到 1970 之間，可說是最發達的時間，這點亦可以從 1970 年「臺灣印經處」已出版的 55 種經書表列可說明之，請詳見表 2-3。

表 2-3：1970 年前「臺灣印經處」出版經書表列

	經名		
1	八大人覺經	27	梵網經
2	大乘起信論	28	清淨名誨
3	大乘起信論附科判	29	莊嚴菩提心經

---

[157] 朱蔣元，江蘇南京人，一九二三年出生。

[158] 最初來臺的時候叫做「劉修橋」，後來回復本名叫做「高本釗」。江蘇徐州人，一九三三年出生。創辦新文豐書局。

[159] 佛光山.弘法事業簡介[EB/OL][1996-10-20].http://www.fgs.org.tw.

[160] 菩提樹月刊編輯群.臺灣印經處出版經書目錄[J].菩提樹月刊，1954（25/26）.

[161] 釋聖嚴.今日臺灣的佛教及其面臨的問題：中國佛教史論集（八）臺灣佛教篇[C].臺北：大乘出版社，1978.

表 2-3：1970 年前「臺灣印經處」出版經書表列（續）

經名			
4	大唐西域記	30	寒笳集
5	大悲咒	31	普門品
6	大勢至念佛圓通章	32	普賢行願品
7	大薩遮尼幹子受記經	33	無量壽經
8	小止觀	34	紫柏大師選集
9	仁王護國經	35	華嚴淨行品
10	六妙門	36	圓覺經
11	六祖壇經	37	楞伽經
12	心經	38	楞嚴清淨明誨
13	王龍舒居士淨土集	39	楞嚴經
14	四十二章經	40	解深密經
15	弘一大師演講集	41	壽春本金剛經
16	永嘉集	42	說無垢稱經
17	印光大師嘉言錄	43	遠什大乘要義問答
18	地藏經	44	增一阿含經節本
19	佛教研究法	45	蓮池大師選集
20	佛教科學觀	46	憨山大師年譜
21	妙法蓮華經	47	憨山大師選集
22	沙彌律儀	48	蕅益大師選集
23	金剛三昧經	49	遺教經
24	金剛經	50	優婆塞戒經
25	阿彌陀經	51	藥師經
26	皈依三寶品	52	觀無量壽經

資料來源：菩提樹月刊編輯群.臺灣印經處出版經書目錄[J].菩提樹月刊,1954（25/26）

此外，《菩提樹》雜誌社作為一個佛教雜誌社之外，它還經營出版事業，甚至是書局的角色，如它除了代理佛書的銷售外，本身也出版佛書，如 1953 年 12 月當期雜誌廣告，代售《歧路指歸》（戰德克）、《回頭是岸》（大凡法師）、《勸修念佛法門》（圓瑛法師）、《彌陀經義蘊》（李炳南）、《彌陀經摘注》（李炳南）、《初機淨業指南》（黃慶瀾）、《龍舒淨土文》（王日休）、《淨土五經合訂》、《菩提心影人生篇》（慈航法師）；另外，自身出版流通《八識規矩頌筆說》（默如法師）、《無聲息的歌唱》（星雲法師）、《普陀山傳奇異聞錄》（煮雲法師）、《佛學常識課本》。後來，《菩提樹》雜誌社還不斷地出版佛書，成為其經濟來源之一[162]。

在佛教書局方面，臺灣老牌的佛教出版社，包括：臺北建康書局、竟成印務館、菩提書局、基隆自由書店、南一書店、慶芳書局、臺灣佛學印經處、中華佛教文化館、善導寺佛經流通處、臺灣佛學書局與瑞成書局等，特別是瑞成書局出版流通佛門常用經書，如 1953 年 12 月，發行出版《標準課誦本》，由獅頭山會性法師依照江蘇蘇州靈岩山寺念誦儀軌，配合臺灣規制所編印，與此同時，「臺灣佛學書局」亦在臺北市萬華開幕。1955 年 8 月，臺北市萬華菩提書局再版黃慶瀾編的《阿彌陀經白話解釋》，同時流通興慈法師的《二課合解》；1955 年 11 月，基隆自由書局開始預約《印光法師文鈔》、《八指頭陀詩集》、《人生漫談》（蔡念生著）三書。1956 年 2 月，瑞成書局出版了 11 本佛書，分別是英國安羅支博士《博士界之論辯》、溫光熹《觀音菩薩本跡因緣》、慈航法師《怎樣知道有觀音菩薩》、李圓淨《新編觀音靈感錄》、李圓淨

---

[162] 菩提樹月刊編輯群.臺灣印經處出版經書目錄[J].菩提樹月刊，1954（25/26）.

編、王雲軒作畫《人鑒》、尤雪行《法味》、汪道鼎《坐花志果》、《格言聯璧》、《梁皇寶懺》、《皆大歡喜》、《物猶如此》。這個時間（1955-1970 年），佛教出版物慢慢擺脫以翻印經書為主流，漸漸開始有部分法師或者居士的個人著作，或者針對少數聖賢的文錄、文選或者詩集進行出版印刷。這個時期的佛教出版物豐富，以帶來 1970 年以後佛教出版物的蓬勃發展。這點亦可以從 1939-1993 年間部分暢銷書出版物排序可看出，請見附錄 B。

　　從上述表格中可看出，第二階段（1955-1970 年），的確有大量助印經藏的出版物大量出版，但是也因市場需求，部分助印轉成市場需求，民間出版社介入各種佛書出版，而不僅限於佛教經藏儀禮，例如：1955 年的「玉琳國師」、「佛教科學觀」、「佛教與科學」等，或者 1960 年的「菜根譚」、「泰北行腳記」、「論佛教與群治之關係」。這些民間書局大量出版佛教作者撰述相關佛書，讓第二階段後期，佛教出版似乎有點百花齊放。而此時寺院或個別法師也透過佛教雜誌宣傳影印某些古本經書，這就使得佛教的印經與出版事業，在 1970 年代之前為書局、雜誌社及寺院個人所分割。

　　進入 1990 年到 2009 年這時段，則是臺灣佛教圖書出版產量最高的時段，若以臺灣國家圖書館 ISBN 中心申請 CIP 統計資料顯示，該時段總計有 3,561 種圖書取得 CIP 資料，至於這些佛教各類圖書出版詳情，依照賴永祥氏所編訂之《中國圖書分類法》綱目表次序分述如下[163]：

（1） 總論（220）：包括佛教理論、參考工具書、文集、叢書等

---

[163] 曾堃賢.十年來臺灣地區佛教圖書出版資料的觀察研究報告：以 ISBN/CIP 資料庫為例.[EB/OL] .[2000-11-3].http://www.gaya.org.tw/journal/m21-22/21-main2-1.htm

類型之圖書，十年來有 629 種圖書取得 CIP 資料，占佛教類圖書的 17.66%。

（2）經典（221）：為「經藏」原文及其注疏、研究之相關論著，總計有 628 種圖書取得 CIP 資料，占佛教類圖書的 64%。

（3）論疏（222）：有關「論藏」原文及其注疏、研究與雜藏等，總計有 131 種圖書取得 CIP 資料，占佛教類圖書的 3.68%。

（4）規律（223）：有關「律藏」原文及其注疏、研究之相關論著，總計有 32 種圖書取得 CIP 資料，占佛教類圖書的 0.9%。

（5）儀注（224）：包括發願、灌頂、諷誦、法會、佛事等儀式及法器、佛教文藝和藝術圖書為主，計有 129 種圖書取得 CIP 資料，占佛教類圖書的 3.62%。

（6）布教及信仰生活（225）：以有關佛教之布教、學佛、求法、信仰錄、修持等論述，計有 800 種圖書取得 CIP 資料，占佛教類圖書的 22.47%。

（7）宗派（226）：有關佛教各宗派之史傳、宗義、儀注、語錄、布教等，十年來有 959 種圖書取得 CIP 資料，占佛教類圖書的 26.93%，為佛教類圖書出版量最多者。

（8）寺院（227）：探討僧伽、寺院制度及各國寺院志之圖書資料，僅有 19 種圖書取得 CIP 資料，與規律（223）圖書一樣，出版數量相當的少。

（9）教化流行史（228）：有關佛教歷史、異端及宗教迫害等主題之出版物，有 68 種圖書取得 CIP 資料，占佛教類圖書 1.91%。

（10）傳記（229）：為佛教人物（僧尼及居士等）之傳記資料，十年來有 166 種圖書取得 CIP 資料，占佛教類圖書的 4.66%。

在 3,561 種佛教類圖書當中，分佈在 387 家出版機構來出版，且絕大部分為一般出版機構（含個人），計有 379 家，占 97.93%；僅有 8 所政府機關申請此類圖書之出版。各出版機構之出版量也分佈的相當不平均，其中佛教類圖書十年來出版量達 100 種以上者僅有佛光文化、新文豐、圓明、法鼓文化、全佛文化、東初、慈濟文化等 7 家出版社，其出版量高達 1,393 冊，也可以說將近四成左右的佛教類圖書為此 7 家出版社所出版發行，請詳見表 2-4 說明。

表 2-4：臺灣近十年出版佛教圖書出版社排序表

次序	出版機構簡稱	次序	出版機構簡稱	次序	出版機構簡稱
1	佛光文化	11	眾生文化	21	大千
2	新文豐	12	東大	22	大乘精舍印經會
3	圓明	13	正因文化	23	蓮魁
4	法鼓文化	14	時報文化	24	真佛宗
5	全佛文化	15	大日	25	正聞
6	東初	16	人乘佛教書籍	26	香光書鄉
7	慈濟文化	17	圓神	27	臺灣商務印書館
8	天華	18	文津	28	大展
9	和裕	19	原泉	29	西蓮淨苑
10	方廣文化	20	常春樹書坊	30	諦聽文化

資料來源：曾堃賢.十年來臺灣地區佛教圖書出版資料的觀察研究報告：以 ISBN/CIP 資料庫為例. [EB/OL] .[2000-11-3]. http://www.gaya.org.tw/journal/m21-22/21-main2-1.htm

2.3 以人間佛教為主題的出版現況

「人間佛教」必須落實在關懷苦難眾生的實際行動中。《阿含經》中僕僕風塵說法度眾的佛陀身影，《本生談》中捨己助人的釋迦菩薩，大乘經中「嚴淨佛土，成熟有情」的諸佛菩薩，這些都是「人間佛教」行者的人格典範。「嚴淨佛土，成熟有情」是大乘佛教的理想，為了將這樣的理想落實於人間，於是救助苦難有情，建設《人間淨土》，就形成了「人間佛教」各教團在社會參與方面的動力。這也無形中矯正了一般人把佛教等同於「逃塵避世」或「迷信落伍」的偏見，增加了社會對佛教、僧尼的認同與支持。此中事功最顯著者，即為佛光山、法鼓山與慈濟功德會三大教團。[164]新臺灣佛教自 1990 年以後大量推廣「人間佛教」，並且在教育、文化與慈善事業方面有明顯成果，分述如下：

（1）在教育事業方面，臺灣佛教早已有寺院創設中、小學與幼稚園，但最受重視的是 1980 年代以後，臺灣佛教自此邁入高教興學時代。由佛教界所舉辦的私立大學，目前已經成立的，依創立先後順序，計有華梵大學、慈濟大學、慈濟技術學院、玄奘大學、南華大學、佛光大學等六所大學校院，若加上正籌辦中的法鼓大學，則為七所，這也是漢傳佛教前所未有的興學氣象，依佛教徒之經濟力，竟然於短短的十餘二十年間，從無到有地建成六所佛教大學。華梵大學為曉雲法師（1913～2004）創辦、玄奘大學由白聖法師（1904～1989）倡議、了中法師創辦之外，其餘是由慈濟、佛光、法鼓等三大「人間佛教」教團之所催生、主導。其餘兩校雖未

---

[164] 釋昭慧.當代臺灣《人間佛教》發展之回顧與前瞻（上）[J].弘誓雙月刊，2006（81）.

標舉「人間佛教」，但華梵大學提倡「覺之教育」，並以「人文與科技融匯，慈悲與智慧相生」為創校宗旨；玄奘大學，以唐朝高僧玄奘大師作為師生效法的菩薩典範，顯然兩校實質上亦充滿著「人間佛教」菩薩行者積極勇健的氣息。

另外，法鼓山中華佛學研究所、法光研究所、佛光山各級佛學院、以及遍佈全臺的各佛學院，約計二十三所，呈現了佛學教育或僧侶教育的多元風貌。這些佛學院中，除了佛光、法鼓相關系統的佛學院之外，福嚴佛學院、佛教弘誓學院亦屬「人間佛教」教團。因此佛學教育系統，還是以「人間佛教」思想教育為主流。重視教育的結果，僧尼素質明顯提高。在臺灣，比丘僧尼在大學任教而有助理教授以上職位者，已超過十五人，其中比丘尼至少就有十二人。

（2）在文化事業方面，各類報紙、刊物、電臺、電視和大小演講遍佈全社會。慈濟大愛電視臺全球無遠弗屆，收視率甚高；慈濟文化志業之一的《經典雜誌》，於 2003 年以其高品質而榮獲金鼎出版獎。佛光系統辦了華人佛教界第一份每日出報的報紙，名為《人間福報》；結合梵唄與國樂的梵音演唱團，巡迴國際演出，更是佳評如潮。

（3）在慈善事業方面：佛光、法鼓與慈濟三大教團，皆努力從事慈善工作。此中又以慈濟志業體最具代表性。慈濟功德會於 1966 年由證嚴法師創辦於臺灣省花蓮縣，是立足臺灣、宏觀天下的慈善團體，三十多年來，在臺灣致力於社會服務、醫療建設、教育建設、社會文化志業，並投入骨髓捐贈、環境保護、社區志工、國際賑災等事業。

所以，漢傳佛教在邁入 1990 年以後，誠如本書所提，完成進入《人間佛教出版期》。不管是在各種文化、教育與慈善活動，均

標榜以宣揚「人間佛教」、建立《人間淨土》為主。而在實際上的佛教出版上面，也是承襲上面三階段的成果，在 1990 年以後，佛教出版物就教少出版經典、聖賢傳記、宗派儀規等，而多出版闡述人間佛教理念與如何實踐「人間佛教」理念，以及如何建立《人間淨土》的方法。當然，在這個時間也會有部分彙整上述幾階段的典章制度，或者再版部分暢銷經書等。

從最早「六祖慧能」所提出的「人間佛教」，到「太虛大師」的《人生佛教》、《人間淨土》，到輾轉來臺「印順導師」所提倡的「人間佛教」，儘管已經臺灣佛教界逐漸成為主流思想，但卻有不同的詮釋。而臺灣正式提出「人間佛教」這個理念，最早是由《海潮音》[165]雜誌社同仁，包括：慈航法師、法舫法師等人所宣導。然而，真正具有重大影響力的，則是印順導師從 1951 年所開始大力推廣的「人間佛教」。印順導師所推廣的「人間佛教」，在中國大陸並沒有引起什麼注意，但卻隨著他移居臺灣（1953 年 1月），引起臺灣佛教界的極大迴響。直接受到這一理念影響的臺灣佛教教團，包括慈濟功德會、關懷生命協會、佛教青年會、佛教青年基金會、以及佛光山、法鼓山等。足見印順的「人間佛教」理念，在臺灣佛教界，具有重大的影響力。而印順導師所推廣的「人間佛教」目前仍有財團法人印順文教基金會，以及正聞出版社[166]積極出版相關文集推廣。

---

[165] 《海潮音》雜誌，是近代歷時最久、影響最大、學術價值最高的佛教期刊，其前身是《覺社叢書》。1920 年元月，《海潮音》開始創刊。每年一卷，每卷 12 期，第一卷由太虛大師親自在杭州編輯，印刷與發行則在上海。《海潮音》自創刊後，至今已經走過了 86 年的路程，成為中國佛教界歷史最長的一份佛教刊物。作為當代中國佛教史上最長的一份佛教刊物，《海潮音》始終是佛教的一面旗幟。1950 年後，《海潮音》雜誌社移到臺灣，1973 年印順法師接任《海潮音》總編輯。

[166] 正聞出版社應該隸屬於財團法人印順文教基金會。

深究「人間佛教」，及其相關理念，例如：《人間淨土》等，乃由太虛法師（1890～1947）首倡，經印順導師（1906～2005）的深化，而大行於目前臺灣的新佛教。在臺灣，除了印順導師以外，開展「人間佛教」最早的，應該屬於佛光山。佛光山開山長老「星雲法師」，就讀江蘇鎮江焦山佛學院期間，曾受教於太虛大師；二次大戰結束後，星雲大師也參加太虛大師所舉辦的「中國佛教會務人員訓練班」，親臨教席。星雲大師在《佛光山開山三十周年特刊‧序》[167]當中，更明白地說：「明清以來佛教走山林遁世，影響所及，教界一片保守、閉塞、老邁的暮秋氣息，我與同參道友亟思為垂垂老矣的佛教找出一條新的方向，「人間佛教」的理念在我八識田中沛然萌芽。」另外，也在《心甘情願》[168]一書當中，明白說到：「我之所以提倡人間佛教，乃遵照太虛大師『人成即佛成』的理想。」足見「人間佛教」乃是佛光山星雲法師開山的指導理念。

另一位在臺灣發揚「人間佛教」的佛門人物，是創辦花蓮慈濟功德會的證嚴法師。證嚴法師在她為數甚多的出版物當中，並沒有明白表示她是「人間佛教」的追隨者，但她也說：「學佛者切莫以為脫離人間才有佛法，其實離開人間就無佛法可聞可修。無始以來一切的佛菩薩都是在人間成就道業。」另外，證嚴法師也是印順導師少數剃度弟子之一，因此，說她是印順「人間佛教」的嫡傳，似不為過。

而另一教團法鼓山開山長老——聖嚴法師（1930～2009），亦

---

[167] 星雲大師.佛光山開山三十周年特刊序：佛光山開山 30 周年紀念特刊[C].高雄：佛光山宗務委員會.

[168] 星雲大師.往事百語（1）：心甘情願[M].臺北：佛光文化，2006.

是在臺灣提倡「人間佛教」的一位法師。他在《淨土在人間》[169]一書中，曾說：「我們法鼓山推行『提升人的品質，建設人間淨土』旳理念，已有五年……」。接著又說：「慈濟功德會於幾年前，曾推出『預約人間淨土』的運動，佛光山也在闡揚人間佛教，以及其他僧俗大德的佛教人間化，這些均與受到印順導師的思想啟發有關」。從這段話來看，足見聖嚴法師也是受到印順導師的影響，而推動「人間佛教」。

綜合上述而言，在臺灣與「人間佛教」相關的學說或者論述，大致離不開印順導師。如今，印順導師已圓寂，推動印順導師「人間佛教」除了上述所提起的佛光山、法鼓山與慈濟功德會外，位於臺灣新竹縣所成立的【財團法人印順文教基金會】專門以印順導師的「人間佛教」為主要宗旨，大力推動「人間佛教」。該基金會詮釋印順老師的「人間佛教」定義，認為是以人身為基礎行菩薩道，目標是成佛。誠如印順導師曾說：「在無邊佛法中，人間佛教是根本而最精要的，究竟徹底而又最適應現代機宜的。切勿誤解為人乘法！」人間佛教不是人乘行，而是把握現有的人身，積極行菩薩道來自利利他，成就佛道，如此，方是「人間佛教」的本意。

從上述文獻中可以得悉，在臺灣，包括各大佛教教團（例如：佛光山、慈濟功德會與法鼓山）與各種基金會（財團法人印順文教基金會或者佛光山文教基金會）等，都多方推廣「人間佛教」理念，並透過各式弘法活動或者出版各種書籍，落實達到《人間淨土》目標。若深究從印順導師到星雲大師近二十年來，從 1990 到 2016 年之間，整個臺灣地區有多少正式出版物是以「人間佛教」為名，面向廣大一般讀者進行推廣的呢？透過臺灣坊間比較具代表

---

[169] 聖嚴法師.淨土在人間[M].臺北：法鼓文化，2003.

性的網路書店,包括「博客來」、「金石堂」與「誠品書店」等網路書店[170],進行統計調查以「人間佛教」為題目,或者在該本書籍內提到書籍內容是直接為實踐「人間佛教」的各種書籍,發現從 1991 年到 2016 年間,正式出版物共計有 241 種、301 冊,而這些圖書出版物,主要是以「人間佛教」為題目,或該書籍的關鍵字是「人間佛教」,或者內容提到為實踐「人間佛教」、「人間淨土」的各式書籍[171]。

若仔細分析上述結果,若以各大佛教教團加以區分,以佛光山教團旗下的「佛光文化出版社」、「香海文化出版社」、「佛光山文化基金會」與「佛光山本身」出版,以及長期出版與佛光山教團合作出版「人間佛教」或「星雲大師」主題相關的「天下文化」、「有鹿文化」、「悅讀名品」或者「大旗文化」等出版社,共計 182 種 240 冊書籍最多;位居第二多的竟是「聖嚴法師」與其法鼓山教團下的「法鼓文化」出版社,共計有 27 種 27 冊;第三則是以推廣「印順導師」的財團法人印順文教基金會旗下的「正聞出版社」,共計有 12 種 12 冊;第四則是以「證嚴法師」與慈濟功德會在外出版與「人間佛教」相關主題的書籍,共計 6 種 8 冊;其餘則是與佛教較為相關的出版社,例如:法界文化(2 種 2 冊)、蘭台出版社(2 種 2 冊)與正智出版社(1 種 1 冊)等,詳見下表 2-5 說明。

---

[170] 臺灣圖書發行網路的三大通路,指的就是博客來網路書店(虛擬)、金石堂網路書店(虛擬+實體)與誠品網路書店(虛擬+實體)三大通路,占全臺灣發行點的 1/2 以上。

[171] 這邊指的正式出版品涵蓋有聲書,例如:CD 或者 DVD 等。而這些往往是書籍+DVD 或者 CD。有正式的 ISBN 號碼。

表 2-5：臺灣各教團出版人間佛教相關書籍統計表

教團	種類	冊數
佛光山	182	240
法鼓山	27	27
慈濟功德會	6	8
印順文教基金會	12	12
其他	14	14
總計	241	301

資料來源：本書自行整理

　　若再以出版社進行分析，已出版正式出版物進行推動「人間佛教」的出版社，則以佛教背景為主的較深「香海文化」（92 種、107 冊）、「佛光文化」（38 種、81 冊）居第一、第二位，而這兩個出版社是隸屬佛光山教團的；至於，第三名的「法鼓文化」（23 種、23 冊）、第五名的「正聞出版」（8 種、8 冊），也都是分別隸屬法鼓山教團與財團法人印順文教基金會。而前五名裡面有四家出版社隸屬佛教團體，更證明佛教團體與各佛教相關基金會推動「人間佛教」是不遺餘力。此外，佛光山文教基金會（7 種、7 冊）、法界文化（隸屬佛教弘誓學院，2 種、2 冊）、正智出版社（隸屬正覺同修會，1 種、1 冊）與靈鷲山（隸屬靈鷲山無生道場，1 種 1 冊）等，也都是屬於佛教團體推動「人間佛教」的各種組織與團體。

　　再者，從這些出版物的資料中不難發現，「人間佛教」也已經隨著許多大師腳步，落實在一般出版社當中，例如：第四名的天下文化出版社，屬於臺灣少數暢銷出版社之一，而該出版社也配合各大佛教教團出版與「人間佛教」相關主題，共計 20 種、20 冊，平

均來說,是每年出版一本與「人間佛教」系列相關書籍;另外,有鹿文化(6 種、6 冊)、香港中華書局(5 種、5 冊)、聯經公司(5 種、7 冊)與圓神出版(4 種、4 冊),不僅是出版「人間佛教」主題的第七、第八、第九與第十名,更是臺灣與香港地區(以繁體出版為主區域)相當重要與知名的出版社,詳見下表 2-6 說明。

表 2-6:臺灣各出版社出版與人間佛教相關書籍統計

序號	出版社	種類	冊數
1	香海文化	92	107
2	佛光文化	38	81
3	法鼓文化	23	23
4	天下文化	20	20
5	正聞出版	8	8
6	佛光山文教基金會	7	7
7	有鹿文化	6	6
8	中華書局	5	5
9	聯經出版	5	7
10	圓神出版	4	4
11	大旗文化	2	2
12	佛光山本山	2	2
13	法界	2	2
14	悅讀名品	2	2
15	蘭台	2	2
16	九歌	1	1
17	三民書局	1	1

表 2-6：臺灣各出版社出版與人間佛教相關書籍統計（續）

序號	出版社	種類	冊數
18	正智	1	1
19	生智	1	1
20	如是我聞	1	1
21	秀威	1	1
22	東大	1	1
23	香港中文大學	1	1
24	唐山	1	1
25	格林文化	1	1
26	國史館	1	1
27	麥田	1	1
28	智庫	1	1
29	智海	1	1
30	雲龍	1	1
31	新文豐	1	1
32	葡萄樹文化	1	1
33	遠流	1	1
34	慧明	1	1
35	學生	1	1
36	歷史博物館	1	1
37	聯合文學	1	1
38	靈鷲山	1	1
	總計	241	301

資料來源：本書自行整理

若以「人間佛教」該主題出版現況，相較於臺灣整體出版產業近年來發展，發現臺灣整體出版產業自 2013 年以後整體出版總數量，若只統計一般出版社的出版數量，是從每年 36,000 多種，持續下降到 34,000 多種，整個下降幅度約 10%左右；相對地，出版大環境的不佳，也的確影響到「人間佛教」出版的種類與冊數，例如：在臺灣出版整體大環境比較好 2006～2010 期間，也是佛教「人間佛教」出版物較多的那幾年，包括：2009 年（32 種）、2006 年（18 種）、2007 年（16 種）、2010 年（15 種）與 2008 年（13 種），分別屬於第 1、第 4、第 5、第 7 與第 8 名；自 2011 年開始，更因臺灣出版產業大環境持續委靡，而「人間佛教」出版物也是如此，包括：2011 年（24 種）、2012 年（11 種）、2013 年（15 種）、2014 年（4 種）、2015 年（8 種），每年持續往下，僅 2016 年異軍突起，有超過 31 種出版物出版。從上面各種現況可推估，目前臺灣以「人間佛教」為主的出版現況，可說是受到出版大環境影響，並且大都多是佛教教團為弘揚佛法所出版的書籍居多，所以經藏類的書籍還是高居第一，詳細見表 2-7。

表 2-7：以「年代」統計出版人間佛教書籍數量表

排序	時間	種類	冊數	當年特殊出版物
1	2009	32	33	人間萬事、星雲法語
2	2016	31	31	
3	2011	24	24	往事百語
4	2006	18	29	書香味與人間佛教系列
5	2007	16	16	
6	2013	15	15	

表 2-7：以「年代」統計出版人間佛教書籍數量表（續）

排序	時間	種類	冊數	當年特殊出版物
7	2010	15	14	
8	2008	13	13	
9	2002	12	12	佛光菜根譚
10	2012	11	11	
11	1993	8	8	
12	1999	8	8	
13	2015	8	8	
14	2005	5	11	
15	2001	5	5	
16	2003	4	4	
17	2004	4	4	
18	2014	4	4	
19	1995	3	3	
20	1996	1	44	星雲日記
21	1991	1	1	
22	1997	1	1	
23	1998	1	1	
24	2000	1	1	
25	1992	0	0	
26	1994	0	0	

資料來源：本書自行整理

　　若再分析上述「人間佛教」主題的各式作者，在 241 種 301 冊書籍中，共計有 56 位作者，其中有 24 位屬於一般作者，並未專屬

於哪個佛教教團,或者任一佛教教團的內容,他(她)都有所涉獵;同樣有 25 位屬於佛教教團、或者本身是法師,或者教團內的工作人員;剩下 7 位比較偏向以學術角度研究「人間佛教」的相關作者;另外,就出版「人間佛教」該主題的數量加以分析,出版數量前十名裡,有 8 位是屬於法師或者寺院機構,另 2 位分別是學術與一般出版人;其中星雲大師以 124 種 177 冊居冠,相較於第 2、第 3 名的聖嚴法師(16 種／16 冊)、印順文教基金會(8 種／8 冊)的出版數量超出很多;潘煊先生則是曾經為聖嚴法師與證嚴法師等人寫過「人間佛教」該主題的重點作家;釋學愚教授(後來已經還俗)則是以學術為主,大量出版與研究「人間佛教」的法師。詳細請見下表 2-8。

表 2-8:以「作者身分」統計出版人間佛教書籍數量表

排序	作者	出版種數	出版冊數	教團隸屬	屬性
1	星雲大師	124	177	佛光山	法師
2	聖嚴法師	16	16	法鼓山	法師
3	印順法師	8	8	印順文教	法師
4	聖嚴教育基金會	8	8	法鼓山	寺院機構
5	心培法師	7	7	佛光山	法師
6	佛光山文教基金會	7	7	佛光山	寺院機構
7	潘煊	5	5	一般	
8	釋學愚	5	5	學術	法師
9	人間佛教研究院	4	4	佛光山	寺院機構
10	證嚴法師	4	6	慈濟	法師

表 2-8：以「作者身分」統計出版人間佛教書籍數量表（續）

排序	作者	出版種數	出版冊數	教團隸屬	屬性
11	心定法師	3	3	佛光山	法師
12	林清玄	2	2	一般	
13	高希均	2	2	一般	
14	佛光山（宗務委員會）	2	2	佛光山	寺院機構
15	宋芳綺	2	2	佛光山	一般
16	符芝瑛	2	2	佛光山	一般
17	慈惠法師	2	7	佛光山	法師
18	滿義法師	2	2	佛光山	法師
19	釋性廣	2	2	法界文化	法師
20	釋永東	2	2	學術	法師
21	李倩	1	1	一般	
22	周成功	1	1	一般	
23	周煌華	1	1	一般	
24	林明昌	1	1	一般	
25	林煌洲	1	1	一般	
26	林巨晴	1	1	一般	
27	林鴻堯	1	1	一般	
28	胡可愉	1	1	一般	
29	許鶴齡	1	1	一般	
30	單德興	1	1	一般	
31	游智光	1	1	一般	
32	黃兆強	1	1	一般	
33	黃昱蒼	1	1	一般	

表 2-8：以「作者身分」統計出版人間佛教書籍數量表（續）

排序	作者	出版種數	出版冊數	教團隸屬	屬性
34	黃連忠	1	1	一般	
35	楊棟樑	1	1	一般	
36	劉常樂	1	1	一般	
37	蔡介誠	1	1	一般	
38	蔡孟樺	1	1	一般	
39	鄧子美	1	1	一般	
40	鄭石岩	1	1	一般	
41	鄭昀	1	1	一般	
42	釋昭慧	1	1	弘誓學院	法師
43	平實導師	1	1	正覺同修會	法師
44	釋心學	1	1	佛光山	法師
45	釋永芸	1	1	佛光山	法師
46	釋妙凡	1	1	佛光山	法師
47	釋妙熙	1	1	佛光山	法師
48	釋覺繼	1	1	其他	法師
49	江燦騰	1	1	學術	
50	卓遵宏	1	1	學術	
51	周慶華	1	1	學術	
52	候坤宏	1	1	學術	
53	張亞中	1	1	學術	
54	程恭讓	1	1	學術	
55	楊惠南	1	1	學術	
56	靈鷲山教育院編	1	1	靈鷲山	寺院機構

資料來源：本書自行整理

第三章　佛光山與星雲大師的「人間佛教」現況分析

3.1 佛光山在臺灣地區現況分析

　　佛光山寺位於臺灣地區高雄市大樹區，是一座信仰大乘佛教的寺廟，寺廟本身占地近十多公頃，若加上於 2011 年剛落成的「佛陀紀念館」，廣義佛光山寺占地，應該超過一百多公頃。佛光山，是由開山宗長星雲大師於 1967 年所創辦，不僅是南臺灣著名觀光勝地、全臺第一大佛寺，更是世界公認佛教聖地。開山迄今一直致力於人間佛教的推動，主張佛光人要先入世後出世，先度生後度死，先生活後生死，先縮小後擴大，以常住大眾及佛教事業為優先，舉凡教育、文化、慈善、醫療等各種利生的事業，都積極參與。

　　佛光山的出家眾與佛光人均秉持「給人信心、給人歡喜、給人希望、給人方便」的理念，實踐以「以文化弘揚佛法、以教育培養人才、以慈善福利社會、以共修淨化人心」的四大宗旨，建立歡喜融合的人間淨土，請詳見下圖說明。佛光山教團提倡人間佛教，致力宣揚佛法與生活的融和，目前的佛光教團，是由許多默默耕耘的佛光人所凝聚而成，以悲智願行的菩薩精神，為佛光人組織的架構努力；以慈悲濟世的願心從事文化教育，為佛光人實踐的內容努力；以群我關係的調和，為佛光人思想的基礎努力；以散播人間歡喜，為佛光人修持的法門，而佛光人均矢志發揚此佛光精神，俾能

達到光大佛教，普利群倫的目的努力。而目前佛光山教團四大宗旨所衍生出的各項志業，請詳見下面圖 3-1。

```
                           佛光山
        ┌──────────┬──────────┼──────────┬──────────┐
       共 修      教 育       文 化      慈 善
```

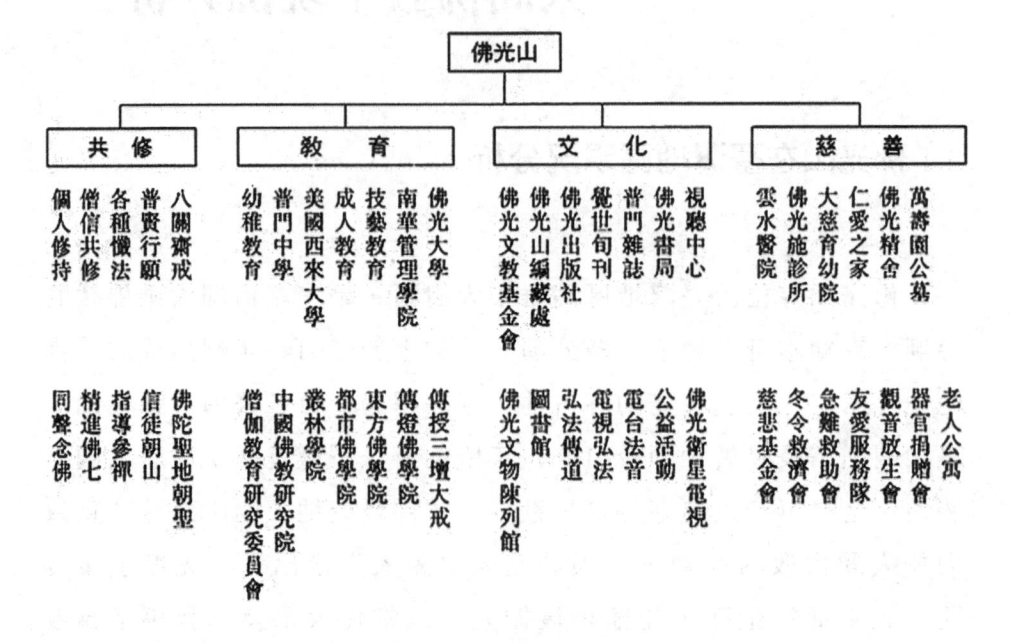

共修：個人修持、僧信共修、各種懺法、普賢行願、八關齋戒

教育：幼稚教育、普門中學、美國西來大學、成人教育、技藝教育、南華管理學院、佛光大學

文化：佛光文教基金會、佛光山編藏處、佛光出版社、覺世旬刊、普門雜誌、電台法音、佛光書局、視聽中心

慈善：雲水醫院、佛光施診所、大慈育幼院、仁愛之家、佛光精舍、萬壽園公墓

共修：同聲念佛、精進佛七、指導參禪、信徒朝山、佛陀聖地朝聖

教育：中國佛教研究院、僧伽教育研究委員會、叢林學院、東方佛學院、都市佛學院、傳燈佛學院、傳授三壇大戒

文化：佛光文物陳列館、圖書館、弘法傳道、電視弘法、電台法音、公益活動、佛光衛星電視

慈善：慈悲基金會、冬令救濟會、急難救助會、友愛服務隊、大愛放生會、觀音放生會、器官捐贈會、老人公寓

圖 3-1：佛光山四大宗旨衍生志業表

資料來源：佛光山全球資訊網站（www.fgs.org.tw）

  以文化弘揚佛法部分，佛光山的文化事業有編藏處（大藏經）、佛光文化事業公司、佛光書局、佛教文物流通處、佛光緣美術館、香海文化事業公司、如是我聞文化公司、人間福報、人間衛視、普門學報等，透過編印藏經，出版各類圖書、發行報紙雜誌、提供書畫、錄影（音）帶、唱片、影（音）光碟等，肩負起為大眾傳播法音的責任。

  以教育培養人才部分，主要是為實踐大師提倡「人間佛教」的理念，佛光山於海內外創辦了十多所佛教學院，延聘優良師資授以

優質教育,培育出無數僧俗二眾弘法人才。除僧伽教育外,本山亦致力於各項社會教育,如兒童、中學、大學、信眾教育等,以及定期為社會各階層人士舉辦之種種活動,藉此讓佛法普及社會並提升佛教徒的生活品質。目前在臺灣,佛光山的教育已經遍佈全世界,包括以僧眾為主的僧伽教育(例如:佛光山叢林學院)、學校教育(例如:臺灣較具知名的嘉義南華大學、宜蘭佛光大學等)、社會教育下的信眾教育(例如:臺灣各地的佛光人間大學),請詳見下圖 3-2 說明。

　　佛光山開山宗長星雲大師在歷經動亂紛擾的年代,來到臺灣,目睹正信佛教的衰微,心中深刻感受到教育的重要性,了知需要人才才能講經說法、辦活動、興事業,讓正法久住。大師率眾開辦佛學院達四十餘載,不但建立制度規矩、積極辦學、育僧才,樹立出家僧伽的形象;同時在社會教育弘法利生的事業上,建設各項的社會福利,攝受廣大的信眾共同來擁護常住、護持佛教。未來,這些教育工作,佛光山將於全世界十六所佛學院、四所社會大學、多所中小學、幼稚園及海內外道場等,積極實踐與落實。

圖 3-2：佛光山教育院組織結構

資料來源：佛光山全球資訊網站（www.fgs.org.tw）

　　以慈善福利社會部分，佛光山本著佛陀「無緣大慈，同體大悲」慈悲濟世的本懷，創設「佛光山慈悲基金會」，提供各項免費服務，包括佛光診所、雲水醫院、老人福利、兒童福利、殘障福利、貧困病患醫療補助及舉辦義診、低收入戶之照顧、急難救助、僧伽病患醫療救助、貧困喪葬補助、志願服務之辦理及推廣、器官移植之補助，乃至大慈育幼院、佛光精舍、萬壽園公墓、宜蘭仁愛之家、崧鶴樓等慈善事業。在在都顯示佛光山以佛法救助社會的重要表現。二千五百年前，佛陀於菩提樹下開悟，並於世間行化宣說種種離苦得樂、拯慰賑濟的法門。自古以來，佛教徒為實踐佛陀「應病予藥」、「拔苦予樂」的慈悲教法，凡對大眾身心生活有所幫助的事業均視為己任，積極興辦慈善事業，實現人間淨土。

以共修淨化人心部分，佛光山暨各別分院的僧俗二眾，每日五時三十分聞板聲晨起上殿後，即開始一日的行持。本山弟子或誦經持咒，或禪堂打坐、佛堂念佛。早課、早齋後，學院同學進入教室上課；職事則於個人的靜室修持、出坡作務，然後服勤公務。無論是殿堂知客、寺務行政、文化編輯或弘法教化等工作，直到晚上的課誦修持到開大靜養息，佛光山弟子與所有佛光山寺各種僧眾信徒，都一一遵守。詳見圖 3-3。

佛光山序級

一、僧眾
1. 清淨士：共六級，每級1年。
2. 學士：共六級，每級2至3年。
3. 修士：共三級，每級3至6年。
4. 開士：共三級，每級5至10年。
5. 大師、長老。

二、教士、師姑
1. 清淨士：共六級，每級1年。
2. 學士：共六級，每級2至3年。
3. 修士：共三級，每級3至6年。

三、佛光山徒眾升級核定依據
1. 學業：社會學歷、佛學教育程度及經藏研究等。
2. 事業：對寺院的貢獻、服務時間長短等。
3. 道業：個人品格、操守、修行等。

圖 3-3：佛光山各級人員序級表

資料來源：佛光山全球資訊網站（www.fgs.org.tw）

近五十年來，佛光山不斷在硬體建設擴大增建、在軟體弘法上渡化接引，目前佛光山寺僧眾超過一千五百位、海內外約有兩百餘所別分院，遍及全球五大洲分佈於 33 個國家，例如：佛光山美國西來寺、澳洲南天寺等。目前佛光山統計信徒超過百萬以上[172]，就連世界佛光總會臺灣國際佛光會的分會數目，都將近有 450 個以上分會[173]遍佈全臺灣。此外，佛光山寺尚有舉辦信徒朝山、精進佛七、禪七、寺院巡禮；別分院辦理法會共修、八關齋戒、各種懺法、聖地參訪等，皆為佛光山弘法工作、淨化人心的重要一環。

佛光山各地有這麼多修持中心之興建，乃星雲大師鑒於佛光山弘法四十年來，僧俗二眾，卻苦無一處具有多功能修持的殿宇可供使用，並今日社會奢彌風氣熾盛，道德人心空虛苦悶、迷失敗壞，故特建修持中心，擬以長年舉辦禪修、念佛、抄經等行門修持，來增進僧俗二眾的心地功夫，端正社會風氣，淨化人心，為世界、國家、社會等，略盡佛教棉薄之力。「建寺安僧，廣度有緣無量眾；弘法利生，菩提道路萬古長。」為佛光山開山宗長星雲大師在全球各地創建道場時所作的最佳詮釋。如今佛光山海內外二百多所道場，突破以往佛教寺院的窠臼，超越國界、種族、性別的界線，融合文化、教育、慈善、弘法功能於一體，為人間佛教的實踐，留下最好的歷史見證。

關於全世界各道場分佈與世界佛光總會組織架圖，請詳見下圖 3-4、圖 3-5。

---

[172] 佛光山宗務委員會.佛光山四十周年紀念特刊[M].高雄.佛光山文教基金會.2003.

[173] 國際佛光會.國際佛光會組織架構[EB/OL] .[1998-12].http://www.blia.org.tw/main/chap_site.aspx?mnuid=1219

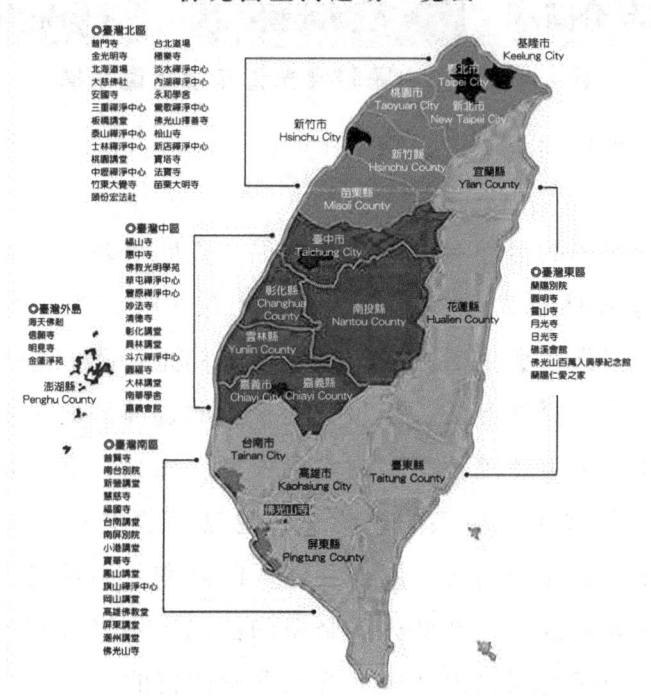

第三章　佛光山與星雲大師的「人間佛教」現況分析　▶ 149

圖 3-4：佛光山臺灣與全球道場分佈圖

資料來源：佛光山全球資訊網站（www.fgs.org.tw）

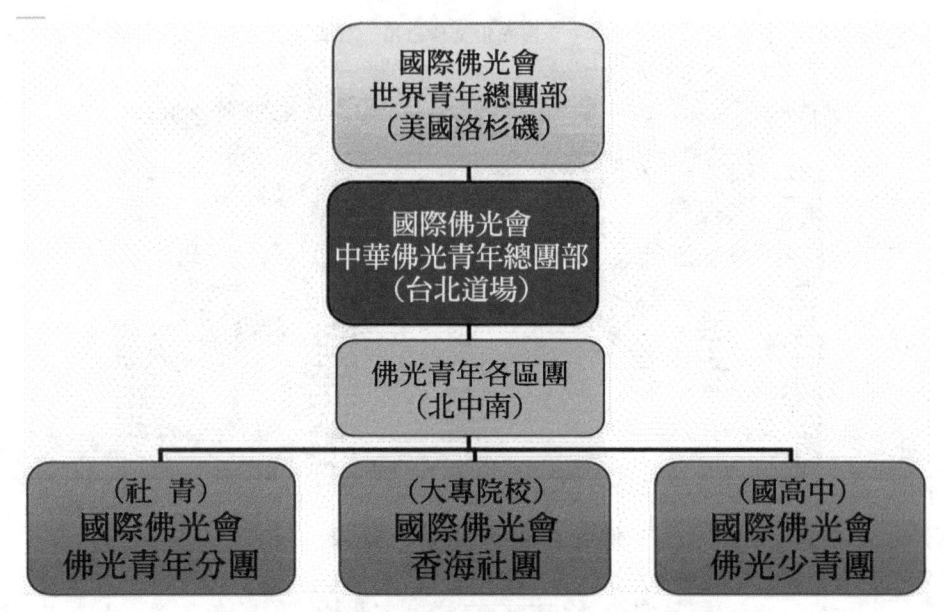

```
                    ┌─────────────────┐
                    │   國際佛光會      │
                    │  世界青年總團部   │
                    │  （美國洛杉磯）   │
                    └────────┬────────┘
                             │
                    ┌────────┴────────┐
                    │   國際佛光會      │
                    │ 中華佛光青年總團部 │
                    │   （台北道場）    │
                    └────────┬────────┘
                             │
                    ┌────────┴────────┐
                    │  佛光青年各區團   │
                    │    （北中南）    │
                    └────────┬────────┘
            ┌────────────────┼────────────────┐
    ┌───────┴──────┐ ┌──────┴──────┐ ┌───────┴──────┐
    │   （社 青）   │ │  （大專院校） │ │   （國高中）  │
    │  國際佛光會   │ │  國際佛光會   │ │  國際佛光會   │
    │ 佛光青年分團  │ │  香海社團    │ │ 佛光少青團    │
    └──────────────┘ └─────────────┘ └──────────────┘
```

圖 3-5：佛光山國際佛光青年會組織結構

資料來源：佛光山全球資訊網站（www.fgs.org.tw）

　　整個佛光山的目標有二，一是提倡〈人間佛教〉，建設佛光淨土，另一是建設四眾教團，促進普世和慈。佛光教團提倡人間佛教，致力宣揚佛法與生活的融和，今日的佛光教團，是由許多默默耕耘的佛光人所凝聚而成，上承教主佛陀的真理妙諦，中循歷代祖師的遺風德範，下啟萬代子孫的幸福安樂。佛光教團以悲智願行的菩薩精神，為佛光人組織的架構；以慈悲濟世的願心從事文化教育，為佛光人實踐的內容；以群我關係的調和，為佛光人思想的基礎；以散播人間歡喜，為佛光人修持的法門。佛光人均矢志發揚此佛光精神，俾能達到光大佛教，普利群倫的目的。

　　不過，佛光山也有無法順利弘法的時候。1997 年，佛光山開山宗長星雲大師在媒體面前宣佈，佛光山即將封山，當時這項消息

震撼全臺灣。佛光山封山原因主要是為了提供佛光山常住僧眾一個寧靜的修行環境。不過，到了 2000 年，時任臺灣總統陳水扁及其他政府官員從高雄拜訪佛光山，並且期許佛光山能夠重啟山門。經過層層考慮，佛光山終於決定重啟山門，並且提供大眾一個清靜的環境來修行。而 2000 年正式佛光山許多內部組織進行變革的時候，而文化弘法中的出版組織大幅變革，也正是從 2000 年開始。

2000 年重啟山門之後，由當時住持心定和尚主持，心定和尚表示二十一世紀的第一天，佛光山重啟山門，願諸佛開顏，龍天歡喜，庇佑國泰民安，風調雨順，從此不分國籍、種族與宗教，只要是有緣人士均表歡迎。佛光山重啟山門後，心定和尚表示，未來有四項重要工作要做，首先將做更多的社教活動以淨化人心、安定社會；其次，做更好的敦親睦鄰以促進和諧、尊重包容。第三，為了讓大眾對佛光山能夠更進一步認識與瞭解，心定強調，將編制導覽手冊，讓社會大眾來此尋求真正心靈淨土，而不要把佛光山僅當成觀光地區。這點與佛光山過去透過出版弘法的宗旨與目的不變；最後，做更廣的服務範圍，國內外不分種族、不分宗教，大陸學者或各界人士均表歡迎。

若仔細討論佛光山教團興起的背景，可以發現佛光山成功興起的原因可以從背景與提供給信眾的產品兩大面向去分析。就背景而言，在臺灣本土發展過程中，佛光山崛起與臺灣勞動力轉型與經濟的起飛是同步的，再加上儒教等衰落，臺灣本土信仰又被佛教逐漸兼併，所以，屬於臺灣本土的佛教就趁勢興起。另外本身佛光山提供給信眾的產品策略正確，其中第一項策略是佛教產品現代化，並且因時制宜，其中尤其以星雲大師來臺之初，就注重利用各種現代化手段傳教，例如：出版、夏令營與花車等；再加上佛教的本土化、以及國際化，讓佛教在臺灣不僅僅落地生根，更是可以傳法五

大洲；第二項策略則是重視各種日常佛教禮儀、建設各級寺廟、道場、興辦各種佛教文化教育機構，以及擴大慈善事業，讓佛教走入人間，讓佛光山教團的影響，無遠弗屆。[174]

3.2 星雲大師「人間佛教」模式分析

3.2.1 星雲大師介紹

「我把自己一生走過的路，以每十年為一個時期：成長時期、學習時期、參學時期、文學時期、歷史時期、哲學時期、倫理時期、佛學時期，81歲以後便是『隨緣人生』！」星雲大師曾在自己的臉書粉絲頁上表述。[175]

針對上述幾個階段，星雲大師也將自己的加以詮釋，「1至10歲成長的人生，生長於平凡窮苦的農村，源自天性及承自血緣，一位勤勞、慈悲、喜捨，自小展露慧心的小孩，未來將走出不同於多數人的道路。」、「11至20歲學習的人生，十二歲出家，儀軌、紀律、逆境，以及不斷地學習，激發出智慧，陶冶良好性格。養成的「人生三百歲」的觀念，加成之後數十載的弘法利生生涯。」、「21至30歲參學的人生，承擔起教育責任，親炙佛教大德，二十三歲來臺，從一無所有到駐錫宜蘭，繼而行遍臺灣，奠基高雄，播撒「人間佛教」種子，描繪出佛教的發展藍圖。」、「31至40歲

---

[174] 劉泳斯.文化佛教是弘揚人間佛教的有效途徑——佛光山教團模式研究綜述：人間佛學的理念與實踐[C].香港：中華書局，2007.

[175] 星雲大師.星雲大師生平介紹[EB/OL].[2014-11-1].https://www.facebook.com/HsingyunDashi/

文學的人生,從事寫作弘法,以文會友帶動佛教文化,創辦壽山佛學院使佛教走入青年,培養專業化、現代化的佛門龍象,為佛教帶來新氣象。」、「41 至 50 歲哲學的人生,從佛法義理開拓及昇華哲思,作為僧信們精進的榜樣。開創佛光山,建立僧團,訂定組織制度及確立宗旨,逐步具體實踐『人間佛教』的理想。」、「51 至 60 歲歷史的人生,正信佛教進入校園、監獄、軍隊,成立國際佛光會,確立佛教七眾共有、僧信平等。成立『大藏經編修委員會』,為佛教經典注入新生命力。」、「61 至 70 歲倫理的人生,人間佛教具有人間性格、人間倫理、人間秩序的特性。舉辦佛光親屬會以及成立功德主會等等,期勉眾生親近佛光淨土,厚植同體共生的觀念,廣結善緣,淨化社會。」、「71 至 80 歲佛學的人生,歷經信佛、拜佛、學佛、行佛的體證,『人間佛教』思想體系逐漸完備。領悟人生的真實意義──有佛法就有辦法,人間佛教就是佛法。人間佛教,將持續拓展人間淨土。」、「81 歲以後佛緣的人生,近百年佛緣,重重波折裡秉持信念、隨緣自在,逐步實現「為了佛教」的願心,完成的事功,是佛光山僧信的光榮,是佛陀的眷顧,是人間因緣的成就。」

　　星雲大師,童年出家。俗名李國深,法名今覺,法號悟徹,自號星雲,筆名趙無任。生於中華民國江蘇省江都縣(今揚州市),漢傳佛教比丘及學者,為臨濟宗第四十八代傳人,同時也是佛光山開山宗長、國際佛光會的創辦人,被尊稱星雲大師。現任國際佛光會世界總會長、世界佛教徒友誼會榮譽會長。1927 年生,1938 年於南京棲霞山禮宜興大覺寺志開上人出家。1947 年焦山佛學院畢業,先後應聘為白塔國民小學校長、《怒濤》月刊主編、南京華藏寺住持等。

　　1949 年初遷居臺灣。提倡「人間佛教」,為中國佛教臨濟宗

法脈傳承。1967 年創辦佛光山，致力推廣文化、教育、慈善等事業，先後在世界各地創設的寺院道場達 200 所以上、佛教學院設立 16 所，並創辦普門中學、南華大學、佛光大學、美國西來大學推廣社會教育，及創辦人間福報、人間衛視。1985 年卸下佛光山宗長一職，之後 1992 年創辦國際佛光會，國際佛光會於 2003 年起被聯合國非政府組織列為正式成員。

1949 年至臺，星雲大師先後擔任「臺灣佛教講習會」教務主任及主編《人生》雜誌。1953 年任宜蘭念佛會導師；1957 年於臺北創辦佛教文化服務處；1962 年建設高雄壽山寺，創辦壽山佛學院；1967 年於高雄開創佛光山，樹立「以文化弘揚佛法，以教育培養人才，以慈善福利社會，以共修淨化人心」之宗旨，致力推動「人間佛教」，並融古匯今，手訂規章制度，印行《佛光山清規手冊》，將佛教帶往現代化的新里程碑。

星雲大師最初到臺灣修行，可說波折不斷，但最後都一一克服[176]。1949 年最初在桃園縣的中壢圓光寺修行，加入慈航法師創辦的臺灣佛學院為學僧。七月，因為不同派系佛教人士的攻擊，慈航法師與臺灣佛學院學僧遭到逮捕，被指稱為匪諜，下獄 23 天，獲得時任中國佛教會常務理事的國民黨國大代表李子寬和孫立人夫人孫張清揚等人擔保才出獄。在李子寬的勸說下，加入中國國民黨。後至臺中主編《覺群週報》。1951 年，主編《人生月刊》[177]。1956 年，創辦佛教第一所幼稚園——慈愛幼稚園。

1957 年，主編《覺世旬刊》。1959 年，支援西藏佛教抗暴及

---

[176] 維基百科.釋星雲介紹[EB/OL].[2016-12-10].https://zh.wikipedia.org/wiki/%E9%87%8B%E6%98%9F%E9%9B%B2

[177] 另一說指出，星雲大師來臺之初，1949 年就已經接任《人生月刊》主編。不過，本文採用 1951 年擔任主編一說。

佛誕節，首創花車遊行。並任宜蘭縣佛教支會理事長。1961 年，擔任《今日佛教》發行人。並領導宜蘭青年歌詠隊灌製全臺灣第一組佛教唱片六張。1962 年，接辦《覺世旬刊》，任發行人，並發起組織編輯中英對照佛學叢書委員會。1963 年，與白聖法師等人組成「中華民國佛教訪問團」，訪問東南亞各國。會見泰國國王蒲美蓬、印度總理尼赫魯及菲律賓總統馬嘉柏呆等人。在印度要求釋放七百名被捕華人，並救出高雄漁船兩艘。

1964 年，與悟一、南亭法師共同創辦佛教智光商工職業學校。1967 年，變賣高雄佛教文化服務處房屋，購得高雄縣大樹鄉麻竹園二十餘甲山坡地作為建寺用地，於 5 月 16 日動土，定名為佛光山。壽山佛學院移址佛光山，更名為「東方佛教學院」。

大師出家七十餘年，陸續於全球創建 200 餘所道場如美國西來寺、澳洲南天寺、非洲南華寺等；並創辦 16 所佛教學院，21 所美術館、26 所圖書館、出版社、12 所書局、50 餘所中華學校暨智光商工、普門中學、均頭、均一中小學、幼稚園等。此外，先後在美國、臺灣、澳洲創辦西來、佛光、南華及南天大學等。2006 年，西來大學正式成為美國大學西區聯盟（WASC）會員，為美國首座由華人創辦並獲得該項榮譽之大學。

1970 年起，相繼成立育幼院、佛光精舍、慈悲基金會，設立雲水醫院、佛光診所，協助高雄縣政府開辦老人公寓，並與福慧基金會於大陸捐獻佛光中、小學和佛光醫院數十所，並於全球捐贈輪椅、組合屋，從事急難救助，育幼養老，扶弱濟貧。

1976 年《佛光學報》創刊，翌年成立「佛光大藏經編修委員會」，編纂《佛光大藏經》近千冊暨編印《佛光大辭典》。1997 年出版《中國佛教白話經典寶藏》132 冊、佛光大辭典光碟版，設立人間衛視，協辦廣播電臺。2000 年《人間福報》創刊，2001 年

發行二十餘年的《普門》雜誌轉型為《普門學報》論文雙月刊；同時成立「法藏文庫」，收錄海峽兩岸有關佛學的碩、博士論文及世界各地漢文論文，輯成《中國佛教學術論典》一百冊等。

此外，星雲大師不只擔任各種佛教雜誌的主編與發行人，本身著作等身，撰有《釋迦牟尼佛傳》、《佛教叢書》、《佛光教科書》、《往事百語》、《佛光祈願文》、《迷悟之間》、《人間萬事》、《當代人心思潮》、《人間佛教當代問題座談會》、《人間佛教系列》、《人間佛教語錄》、《人間佛教論文集》等，總計近二千萬言，並譯成英、德、日、韓、西、葡等十餘種語言，流通世界各地。

從1951年主編《人生月刊》、1957年於臺北創辦佛教文化服務處，負責主編《覺世旬刊》、1961年擔任《今日佛教》發行人、1962年，接辦《覺世旬刊》任發行人，並組織編輯中英對照佛學叢書委員會、1976年《佛光學報》創刊、1977年成立「佛光大藏經編修委員會」、1997年出版《中國佛教白話經典寶藏》132冊、佛光大辭典光碟版，設立人間衛視，協辦廣播電臺、2000年《人間福報》創刊、2001年發行二十餘年的《普門》雜誌轉型為《普門學報》論文雙月刊等；再加上星雲大師本身的著作等身，例如：《釋迦牟尼佛傳》、《佛光教科書》、《迷悟之間》、《人間佛教系列》等，在在都凸顯佛光山在文教弘法上，為何會在出版事業上致力甚深，與星雲大師本身過去所學與背景，以及星雲大師自己身體力行，致力著書弘法相關。

星雲大師透過各種管道與途徑宣揚人間佛教，教化宏廣，共計有來自世界各地之出家弟子千餘人，全球信眾達數百萬。1991年成立國際佛光會，被推為世界總會總會長；至今於五大洲成立一百七十餘個國家地區協會，成為全球華人最大的社團，實踐「佛光普

照三千界，法水長流五大洲」的理想。先後在世界各大名都如洛杉磯、多倫多、雪梨、巴黎、東京等地召開世界會員大會，與會代表五千人以上；2003 年通過聯合國審查肯定正式成為「聯合國非政府組織」（NGO）會員。歷年一直提出「歡喜與融和、同體與共生、尊重與包容、平等與和平、自然與生命、圓滿與自在、公是與公非、發心與發展、自覺與行佛、化世與益人、菩薩與義工、環保與心保」等主題演說，宣導「地球人」思想，成為當代人心思潮所向及普世共同追求的價值。

由於星雲大師在文化、教育及關懷全人類之具體事蹟，1978 年起先後榮膺世界各大學頒贈榮譽博士學位，計有美國東方大學、西來大學、泰國朱拉隆功大學、智利聖多瑪斯大學、韓國東國大學、泰國瑪古德大學、澳洲格里菲斯大學、臺灣輔仁大學、美國惠提爾大學、高雄中山大學、香港大學、韓國金剛大學等；本身並多次獲得臺灣內政部、外交部、教育部頒贈壹等獎章；2000 年獲頒臺灣「國家公益獎」，2002 年獲頒「十大傑出教育事業家獎」，2005 年獲「總統文化獎菩提獎」等，肯定大師對國家、社會及佛教的貢獻。

除此，大師在國際間亦獲獎無數，如：1995 年獲全印度佛教大會頒發「佛寶獎」；2000 年在第 21 屆世界佛教徒友誼會上，泰國總理乃川先生親自頒發「佛教最佳貢獻獎」，表彰大師對世界佛教的成就。2006 年獲香港鳳凰衛視頒贈「安定身心獎」，以及世界華文作家協會頒予「終身成就獎」、美國共和黨亞裔總部代表布希總統頒贈「傑出成就獎」；2007 年獲西澳 Bay-swater 市政府頒贈「貢獻獎」；2010 年獲得首屆「中華文化人物」終身成就獎。

此外，星雲大師悲願宏深，締造無數佛教盛事。1988 年 11 月，被譽為北美洲第一大寺的西來寺落成，並傳授「萬佛三壇大

戒」，為西方國家首度傳授三壇大戒。同時主辦「世界佛教徒友誼會第十六屆大會」，海峽兩岸代表同時參加，為兩岸佛教首開交流創舉。1998 年 2 月遠至印度菩提伽耶傳授國際三壇大戒及多次在家五戒、菩薩戒，恢復南傳佛教失傳千餘年的比丘尼戒法。2004 年 11 月至澳洲南天寺傳授國際三壇大戒，亦為澳洲佛教史上首度傳授三壇大戒。1998 年 4 月 8 日，大師率團從印度恭迎佛牙舍利蒞臺安奉；2001 年 10 月親赴紐約「911 事件」地點，為罹難者祝禱；同年 12 月，受邀至總統府以「我們未來努力的方向」發表演說。2002 年元月與大陸達成佛指舍利來臺協定，以「星雲簽頭，聯合迎請，共同供奉，絕對安全」為原則，組成「臺灣佛教界恭迎佛指舍利委員會」，至西安法門寺迎請舍利蒞臺供奉三十七日，計五百萬人瞻禮。

　　2003 年 7 月，大師應邀至廈門南普陀寺參加「海峽兩岸暨港澳佛教界為降伏『非典』國泰民安世界和平祈福大法會」；同年 11 月，應邀參加「鑑真大師東渡成功 1250 年紀念大會」；隨後應中國藝術研究院宗教藝術研究中心之邀，率領佛光山梵唄讚頌團首度應邀至北京、上海演出；2004 年 2 月，兩岸佛教共同組成「中華佛教音樂展演團」，至臺、港、澳、美、加等地巡迴弘法。

　　2006 年 3 月，至享有「千年學府」之譽的湖南長沙嶽麓書院講說「中國文化與五乘佛法」，同年 4 月應邀出席於杭州舉辦之首屆「世界佛教論壇」，並發表主題演說「如何建設和諧社會」。2009 年 3 月，國際佛光會與中國佛教協會、中華文化交流協會、香港佛教聯合會主辦「第二屆世界佛教論壇」，並於無錫開幕，臺北閉幕，寫下宗教對等交流新頁。2010 年 5 月，應邀於北京中國美術館舉行「星雲大師一筆字書法展」，為數十年來首位在該館展出書法作品的出家僧人。

為促進世界和平，大師曾與南傳佛教、藏傳佛教等各宗教領袖交換意見，先後與天主教教宗若望保祿二世、本篤十六世晤談。2004 年應聘擔任「中華文化復興運動總會」宗教委員會主任委員，與基督教、天主教、一貫道、道教、回教等領袖，共同出席「和平音樂祈福大會」，促進宗教交流，實際發揮宗教淨化社會人心之功用；11 月，與瑞典諾貝爾文學獎審查人馬悅然教授及漢學家羅多弼教授進行交流座談。

　　此外，因星雲大師人間佛教理念的徹底落實，就是希望打造臺灣人間等於佛國，所以大師對臺灣社會所做的貢獻更多。2008 年星雲大師將寫書所得版稅等，成立了「公益信託星雲大師教育基金」。2010 年共計舉辦了三屆「Power 卓越教師獎」，以鼓勵傑出、具創意、愛心的教師。2009 年起舉辦第一屆「星雲真善美新聞傳播獎」，鼓勵優質的新聞從業人員揭示人間真善美的事蹟，讓人見賢思齊。所謂「三好」，「說好話」就是「真」；「做好事」就是「善」；「存好心」就是「美」，希望藉由真善美的三好精神，對於當今媒體喜於報導負面、腥羶色，能起化導清淨之功。

　　2011 年 3 月成立「全球華文文學星雲獎」，為提倡現代文學閱讀與寫作風氣、發掘優秀作家及作品、獎勵在文學方面有卓越貢獻者，並期使文學之美善能有效發揮其淨化社會人心之功能。2011 年 5 月相繼成立「三好校園實踐學校」選拔與獎勵，星雲大師有鑒於教育乃百年大事、國之根本，希冀以「做好事・說好話・存好心」三好運動，深入校園，再造和諧良善之德風。依此「三好」為校園的品德教育注入活水，以期增進友善的師生關係，型塑優質的校園倫理文化；進而由學校向社區擴展，以促進社會祥和。2012 年 6 月成立「星雲教育獎」，發掘人師典範，弘揚師道，肯定教師對國家及社會的貢獻，提升教育品質及對教育永久的熱忱。甚至體

育、戲劇，具有特殊成就，只要是有益於推動社會「真善美」的各種文教活動，星雲大師都樂於支持，以茲鼓勵。

2014年7月31日，高雄市發生史上最嚴重的石化氣爆事件，造成重大傷亡。對此，佛光山開山宗長星雲大師第一時間說：「高雄是佛光人的第二故鄉，她發生災難了，佛光山在高雄的道場南屏別院、寶華寺、鳳山講堂、普賢寺及佛光山慈善院等法師、佛光會員，在第一時間啟動全方位的救助機制，都監院也周知全球各道場、殿堂為此事件祈福祝禱。我請他們救災第一，不要分心，去做就對了。祈願一切平安！南無本師釋迦牟尼佛。」

星雲大師曾經評價自己，提出四句話：「光榮歸於佛陀，所有的光榮不是我的，是佛祖的；成就歸於大眾，所有的成就也不是我的，是大家的；利益歸於常住，假如有人要給什麼利益，不是給我的，是給常住機構寺廟的；功德歸於信徒，我自己很平凡，也很快樂。」有些學者對星雲大師繼承太虛事業的貢獻，也作出了高度評價，認為「星雲大師正是太虛大師當年所期望的那種既長於理論和啟導」，又「實行和統率力充足」，堪以擔當「建立適應現代中國之佛教的學理與制度」之重任的法門龍象。[178]唐德剛表示，「為今世佛教開五百年之大運者，佛光宗開山之祖星雲大師之外，不做第二人想。」這就是星雲大師。

星雲大師還有一項值得眾人學習的事情，那就是星雲大師本身就是一個喜和圖書出版與文教弘法的大師。根據佛光出版所編撰出版的《星雲大師全集：初編目錄》中指出，星雲大師本身著作等身，他所撰寫、出版或者編撰的書籍共分為十二類，共計12類、

---

[178] 學愚、賴品超、譚偉倫等編（2012），《人間佛教與當代倫理》，香港：中華書局，p185。

320 冊，超過 3,000 多萬字以上，詳細分類與說明如下表所示。這樣的成績，或許也間接讓星雲大師在推廣「人間佛教」時，有了自己親身實踐所完成的《星雲模式》。關於星雲大師的所有著作明細，請詳見表 3-1。

表 3-1：星雲大師著作明細統計表

序號	種類	冊數	說明
第一類	經典類	18	包括經典、佛法真義、佛經表解等三大部分，共 157 萬字。
第二類	人家佛教論叢	17	包括人間佛教佛陀本懷、人間佛教戒定慧、人間佛教論文集、人間佛教語錄、人間佛教當代問題座談會、人間系列等 120 篇，共 167 萬字。
第三類	教科書	56	包括佛光教科書、佛教叢書、往事百話、僧事百講、金玉滿堂、獻給旅行者 365 日等 2,189 篇，共 600 多萬字。
第四類	講演集	21	包括星雲大師講演集、人間佛教法要、隨堂開示錄等 482 篇，231 萬字。
第五類	文叢	67	收錄大師自 2000 年《人間福報》創報後，十五年來每天供應給頭版集結成書的《迷悟之間》《人間萬事》等作品，共一萬一千餘篇，650 萬字。
第六類	傳記	32	本類分成大師著作、附錄二大類等 534 篇，350 萬字。
第七類	書信	5	包含佛光山新春告白、大師手書、各界來函等 604 封、48 萬字。
第八類	日記	32	包含海天遊蹤、星雲日記等 335 篇，共 331 萬字。

表 3-1：星雲大師著作明細統計表（續）

序號	種類	冊數	說明
第九類	佛光山系列	8	包含話說佛光山、《開山篇、人事篇、寺院篇》、各界人士看佛光山與佛光山徒眾清規，四百餘篇，80餘萬字。
第十類	佛光山行事	10	以圖集為特色，內容包括行腳、教育、文化、慈善、弘法、人物、修持、佛光會、道場與開山故事等，共計一萬餘張照片。
第十一類	書法	30	收錄一筆字書法，分為八大類，包括古德悟道詩、佛光菜根譚、詩歌偈誦、經典文學、對聯、佛教成語、佛教名相與一筆字等。
第十二類	附錄	24	收錄專家學者研究大師的專著、及歷年來各界人士與大師往來之間、聽聞開示演講及閱讀大師著作，乃至佛光人參與佛光山人間佛教的各項行事所獲得的啟發與迴響，共計 300 多萬字。
共計 12 類、320 冊，超過 3,000 多萬字以上			

資料來源：本書自行整理

3.2.2 星雲大師的「人間佛教」模式

　　臺灣早期的本土佛教是結合中國文化，成為臺灣民眾的主要宗教信仰，但其崇拜的對象和宗教形式被信徒納入集體祭祀的範圍，成為混合式宗教的一種形式，產生佛道混雜的特殊現象。戰後臺灣於 1949 年實施的戒嚴體制，對臺灣佛教的發展走向，產生了一個巨大的影響。當時的佛教必須是配合政治戒嚴統制，在一個高壓獨

裁的框架中運作才得以維持。國民黨政府遷移到臺灣，當時有不少來自大陸各地的僧侶隨行而來，主要從事佛學思想研究、傳教、及寺院的經營，後來以這批僧侶為主成立了「中國佛教會」，領導著當時的臺灣佛教界，佛教僧團與寺院組織也開始由戰前日本佔據臺灣時的日本化開始轉向中國化的發展。當時有一些僧團以配合政府破除迷信的政策的名義，也開始推動「神佛分離」的觀念，要求重建正信佛教的制度。隨著中國佛教會的穩定成長，從此確立了漢傳佛教現今在臺灣的主流地位。

　　1987 年戒嚴體制解除，臺灣佛教逐漸脫離政治的框架，開始在組織、慈善事業、及文化上展開多元化的發展，新興的佛教組織紛紛設置，同時地區性的小團體也逐漸轉型成大組織，例如法鼓山、中台禪寺等都是在 90 年代解嚴後開始壯大。沒有外在政治禁忌的限制和干涉，佛教的學術開始活絡開展，研究的學術內涵與實踐的內容範疇更顯博大深入而創新；在加上臺灣經濟日趨繁榮，也為佛教團體的發展的需要提供無虞的經濟支援。除了政治戒嚴鬆綁及經濟繁榮的因素外，利用非營利組織的運作模式來推動佛教事業的發展也是造就今日榮景重要原因。非營利組織在 90 年代進入快速發展期，根據 2004 年的一項調查顯示，64.4%的受訪社會團體和 68.4%的基金會成立於 90 年代這個時期。[179]在這時期佛教事業與非營利組織的結合，使佛教團體由過去寺院的個體變成一個具有行使權利義務的法人，其行為發展的自由空間也因此而擴展。為發展非營利組織承接政府移轉的職能及協助政府公共治理的功能，政府提供符合規定的非營利組織所得稅負的優惠，這項措施更是引導

---

[179] 官有垣、杜承嶸.臺灣民間社會團體的組織特質、自主性、創導與影響力之研究[J].行政暨政策學報，2009（49）.

民間資金大量地流向非營利組織，對佛教事業的發展更是幫助良多。經過二十年的努力，臺灣佛教事業創造出可觀的成就，造就了現今臺灣四大佛教團體：慈濟功德會、佛光山、法鼓山及中台禪寺，佛教也因此成為了臺灣社會最具活力的宗教。

無論太虛法師的《人生佛教》的主張，或是印順法師基於《人生佛教》而進一步提倡的「人間佛教」，都是嘗試在現實的環境下提出改革的佛教理論，以期為佛教的發展打開新的契機與局面，《人生佛教》與「人間佛教」的理念對1990年後的臺灣佛教團體的發展，產生了重大的影響。楊惠南將太虛法師《人生佛教》的內容歸納為四個特點[180]：「由做一個好人開始，進而學習菩薩的善行，然後成佛；出家僧團必須是一個適應現實中國社會環境的團體；在家信眾必須組織起來，成為一個適應現實中國社會環境的團體；以及教化一般民眾成為修習十善的國民，並擴及全世界之人類之社會意義」。換言之，《人生佛教》主要是指導個人做一個好人並藉由實踐大乘菩薩的修行方式進而成佛，同時期許佛教團體轉型成為適合現實社會環境的組織進而推展佛教至全世界。

印順法師延續《人生佛教》的基本論點[181]，進一步點出人間佛教的核心論點，要以「信願、智慧、慈悲」的修持心走「人，菩薩，佛──從人而發心修菩薩行，由學菩薩行圓滿而成佛」的道路，但要把握「法與律合一」、「緣起與性空的統一」、「自利與利他的統一」的理論原則，順應青年的、處世的與集體組織的時代傾向。菩薩修持的道路需要以發菩提心為起點，時時觀注信智悲的修行，在戒律與佛理應合、緣起性空不二、自利利他一體的原則

---

[180] 楊惠南.當代佛教思想展望[M].臺北，東大圖書，1999.

[181] 印順導師.佛在人間[M].新竹：正聞出版，2003.

下，以入世的態度和組織化的團體運作將佛法宣導致全世界，尤其要重視對年輕人的弘化。雖然臺灣大型佛教團體各有其形成之因緣背景及營運特點，但以人生佛教及人間佛教的理想做為藍圖的發展脈絡，其中以佛光山的星雲大師最為明顯，誠如他自述自己的人生，從 23 歲來臺起，就完全把推廣「人間佛教」與建立《人間淨土》為主要目標。

　　非營利組織起始之初，都有一套價值系統和使命目標，佛教團體自然也不例外。例如：佛光山教團揭示「人間佛教」為其核心理念，雖然論述內容、實踐法門或使命目標與其他教團有些不同，但如何將佛教開展並切合人的需要，為更多人服務已成為佛教共同的方向。佛光山星雲大師結合弘法和道場建設，實踐「人間佛教」的理論。他自述其一生都致力弘揚與落實人間佛教[182]，希望回歸佛陀本懷，將佛法落實人間，透過佛法智慧認識自己、肯定自己、進而實現自己，以四大宗旨：「以文化宏揚佛法，以教育培養人才，以慈善佛立社會，以共修淨化人心。」及四個工作信條「給人信心，給人歡喜，給人希望，給人方便」來勉勵大家具體實踐人間佛教的精神。經過四十多年的實踐，星雲大師認為，「人間佛教」的特點是「佛說的、人要的、淨化的、善美的」，唯有適合現代人類生活的佛教，才是契理契機的佛教。

　　當代佛教團體在推廣活動時會發現逐漸的不能再用「寺廟」的形式來進行，必須法人化，而且往往需要另外成立一個或多個基金會來推展事業的多樣性，也就逐漸形成佛教團體財團法人化的型態[183]。這個型態通常使組織規模變的龐大而複雜，所以制度化就是必要的

---

[182] 星雲大師.人間佛教何處尋[M].臺北：天下遠見出版，2012.

[183] 龔鵬程，共創人間淨土～佛教的非營利事業管理及其開展性[M].臺北；法鼓文化，1998.

步驟，以確保運作的效率。法人化的非營利組織有了明確的使命之後，即可進行擬定一至二年的短期目標及三至五年的中程策略，發展組織層級化及部門化，規劃組織的管理制度，進行職務內容的規範化。大型的佛教團體一般都有完整的組織架構以利整體事業的運作。例如：佛光山早於1972年就制定「佛光山寺組織章程」，成立宗務委員會採集體領導方式，建立分層負責的組織架構及人事等相關法規。1991年登記「中華佛光總會」為正式的人民團體，1992年成立「國際佛光會」組織各國信眾。佛光山是以信仰純度較高的信徒為基礎而組織的宗教性人民團體，以僧團制度管理的佛光山教團是居於主導地位，配合星雲法師的理念來進行弘法濟世的志業。

為了達成效率化，現代化的經營管理方法與技巧已經普遍運用在非營利組織的運作上，例如：有關財源的籌措與活動預算、活動的企劃、行銷的方法、公共關係的建立等。在行銷公關的方法上，佛教團體十分重視大眾傳播媒體並且善於運用其無遠弗屆的影響力。過去基於為善不欲人知及佛教出世的角色，行銷與公關是不被認同的。但是，新臺灣佛教的轉型，基於「人間佛教」入世理念及推展佛法的角度，行銷與公關卻是必要的。大量運用媒體，例如：佛教雜誌、佛教圖書、佛教報紙與電視臺等，都是當今各大教團經常運用的行銷與公關工具。

「人間佛教」所導引的成佛之道「人，菩薩，佛──從人而發心修菩薩行，由學菩薩行圓滿而成佛」，明白指出實踐「人間佛教」的方法是修持「大乘菩薩之道」。「大乘菩薩」的四弘誓願「眾生無邊誓願度，煩惱無盡誓願斷，法門無量誓願學，佛道無上誓願成」展現「人間佛教」的具體工作，第一項是普渡眾生，第二、三、四項則是斷煩惱、學法門、成就佛道的自我修行。六度中

的佈施是大乘菩薩普渡眾生利益眾生的首要方法，持戒、忍辱、精進、修禪及增慧主要是側重自我修行的方面。在加上五戒、十善、八正道、四攝、六和敬、自利利人、慈悲為懷等思想內容，在現代社會的慈善實踐上，提供強而有力的理論基礎並創造豐富的具體活動內容。這些屬於「人間佛教」的各種法門與理論基礎，表現在不同教團的方式就非常不同。而其中，被視為當代「人間佛教」的代表人物〈星雲大師〉，他如何將自己扮演「人間佛教實踐者」，而他的《星雲模式》、「星雲學說」又有何特殊之處，讓佛光山的「人間佛教」已經普及到五大洲。

星雲大師弟子的滿義法師於 2005 年，由天下遠見出版《星雲模式的人間佛教》一書起，就開始為星雲大師從開山以來一直所努力的理念定義為《星雲模式》；當時，星雲大師在該本書籍中提到，「何謂人間佛教？人間佛教是佛陀的本懷，佛團所有的教言無一不是以人為對象，可以說人間佛教就是佛陀本有的教化。」而 2015 年，滿義法師再度透過遠見天下文化出版社，出版《星雲學說與實踐》，再度替星雲大師的「人間佛教」所包含的旨意，明確表露；滿義法師再度寫這本「星雲學說與實踐」的主要理由，在於替星雲模式下的「人間佛教」重新定義，表示「人間佛教」不僅有行動與實踐，更是有思想與理論。

星雲大師曾說，「人間佛教」，並不是他所創新的學說，也不是太虛大師或者六祖慧能等人所創立：探本究源，「人間佛教」本是釋迦摩尼佛的學說。所以，我的「人間佛教」充分弘揚佛陀學說，人間教主等於佛陀，與佛光山弘法的最終目的是一樣的，立場是一致。所以，「人間佛教」不但有佛陀的聖言量作為理論基礎，

更有具體可行的實踐之道。[184]

多年以來,星雲大師所弘揚的人間佛法,秉持「佛法要說的讓人能懂、能受用,才有價值」的信念,讓佛教確實落實人間;只不過「通俗性」的佛法平易好懂,卻因此讓一些人認為「人間佛教」沒有學術性的深度。星雲大師認為,佛教在人間最大的意義,要能解決社會人生的問題,要對人心的淨化,及人類福祉的創造有所幫助,如此才有存在的價值,而不是只有空談理論而已;不談,卻不代表星雲大師的「人間佛教」沒有深度?滿義法師歸納星雲大師的「人間佛教」思想特色與內涵,發現除了義理論述的「佛性平等」(法界)、「緣起中道」(法性)、「轉識成智」(法相)之外,又有修行實踐的「自覺行佛」(法儀);這也就是說,星雲大師所弘揚的人間佛教,既有根本佛法的思想理論,又有大乘佛法的實踐之道,其嚴謹的思想內涵及組織架構,早已經行成一門體系完備的「思想學說」。

由上可知,星雲大師一生行跡和所受教育,對其「人間佛教」的理想起著基礎性的作用;而決定星雲踐行「人間佛教」的關鍵因素則是他對佛教本身的領悟、對當今時代和佛教發展的關注以及對自身使命的體認。星雲對原始佛教、佛教發展和佛教本質的認識是非常深刻的。星雲大師定義「人間佛教」,「簡單的說,就是將佛法落實在現實生活中,就是注重現世淨土的實現,而不是寄望將來的回報」[185],而佛光山宣導人間佛教,「就是要讓佛教落實在人間,讓佛教落實在我們生活中,讓佛教落實在我們每個人的心靈上」[186]。所以,星雲大師與佛光山教團均認為原始佛教即是「人

---

[184] 釋滿義.星雲學說與實踐[M].臺北:遠見天下文化出版,2015.

[185] 星雲大師.佛光學[M].高雄:佛光山宗務委員會,1997.

[186] 星雲大師.佛教叢書(十)‧人間佛教[M].高雄:佛光山宗務委員會,1995.

間佛教」,並一再強調,「釋迦牟尼佛出生在人間,修道在人間,成佛在人間,弘法在人間,這些都是說明佛教是人間的佛教」。「佛陀,地道地道的是人間佛陀;佛教,地道地道是人間的佛教」。

星雲大師更認為,佛教發展的正史也具有「人間佛教」的性格。星雲大師在佛教經典和佛教事業兩方面對此做了論述。他從佛典經論、宗派經論和祖師大德三個層面做了論證。他寫有〈人間佛教的經證〉一文,其中重點搜集整理了原始佛教代表《阿含經》、般若經精華《大智度論》的相關條目,一一條陳經典中六度等諸多論述,為人間佛教的理念提供了豐富的經典根據;星雲大師又選擇華嚴宗、淨土宗、禪宗等佛教宗派的有關人間佛教的論述,做了整理;他還條列了歷朝歷代祖師大德如普賢菩薩、彌勒菩薩、惠能、玄覺以至太虛等的言論,從而在理論上為「人間佛教」提供了確鑿有力的證據。[187]星雲大師認為,在佛教事業發展史上更一直是以「人間佛教」為主流:佛教寺院不僅和宗教、文化、藝術、教育結合在一起,也和農業生產、商業經濟,以及社會福利事業相聯繫,具有多種社會功能。星雲對佛教事業的論述又為其「人間佛教」的理念提供了現實根據。

星雲大師指出:「現代化的佛教是實實在在以解決人生問題為主旨,以人文主義為本位的宗教,而不是虛幻不實的玄思清談。世間的事物只有切近世用,才會為世所用,才會有永恆的生命力,才會影響人們的生活。這裡講的「以實為用」的「實」,不只是指人間現實,而且就是指實用:「因為實用的佛教,才是人們所需的佛教。」所以,星雲大師在講述佛法時,言簡意賅,為要讓大家能聽

---

[187] 星雲大師.佛光學・人間佛教的經證[M].高雄:佛光山宗務委員會,1997.

懂；書寫文章時，流暢淺易，為要大家能看懂；興建道場，總竭力讓大家用得上；舉辦活動時，盡力讓大家都能參與；開辦法會時，要讓大家能歡喜；星雲大師創造性地提出了佛教現代化的思想，所謂佛教「現代化」，就是把佛教的真理以現代人熟悉並易於接受的方式揭示給大眾，並希望由此帶給社會進一步的進步化、現代化。要實現佛教的現代化，需要教界內部、社會各界的努力和主題精神的激越。從主體精神上來說，要有人間進取的精神，慈悲應世，發願度人；從社會層面來講，佛教徒要以天下為家，從根本上淨化人心，改善社會。佛教現代化思想是星雲大師對「人間佛教」思想的進一步細化和延伸；是星雲大師運用般若之智、權變時代以求世用之後為「人間佛教」勾畫的藍圖；是「人間佛教」思想貫徹落實到當今社會的必然體現。[188]

　　臺灣「遠見天下文化出版社」社長高希均教授在導讀滿義法師的《星雲學說與實踐》一書，他提到，十年前滿義法師提出星雲模式，模式就是只決定運作成敗的一套方法、一個過程、一種組織、一種判斷。當時滿義法師已經指出，《星雲模式》已經有自成系統來推動「人間佛教」，而這四項特色，分別是「說法的語言不同」、「弘化的方式不同」、「為教的願心不同」與「證悟的目標不同」。十年後，滿義法師再度提出學說。學說就是重要發現的理論架構，具有統合性、開創性、趨勢性、驗證性的特質。「星雲學說」就是針對「人間佛教」的緣起、發展及實踐所提出的立論。這重要的四項論述分別是：「佛性平等：立論根本」、「緣起中道：真理闡揚」、「自覺行佛：修行落實」與「轉世成智：目標圓成」。

---

[188] 李虎群.星雲大師的人間佛教思想[J].普門學報，2007（40）．

高希均表示，星雲大師弘法歷程起自棲霞山受戒，在宜蘭窮困中起步，從高雄佛光山立足，帶領徒眾出發，以無比的信心與智慧，一步一腳印，把「人間佛教」傳播到世界各地。高希均認為，其中最關鍵的一個原因是，星雲大師擁有與生俱來的人間性格。這種無限遼闊又融入眾生的人間性格，充滿說服力、執行力，再延伸出、放射出、推展出無人可以同時兼有的大眾性格、文化性格、教育性格、國際性格、慈善性格、菩薩性格、融合性格、喜悅性格、包容性格，所以，佛光山的成功，來自大師個人的因素。而這種人間性格的特質，還散佈在他多年以來的文字語言談之中。

二十世紀大經濟學家熊彼德在 1950 年去世前，曾對彼得‧杜拉克父子講過一段傳誦後代的話：「人們若只曉得我寫了幾部著作及發明一些學說，我認為是不夠的。如果沒有改變人們的生活，您就不能說改變了世界」。星雲大師六十年來所提倡的人間佛教已經改變了人們的生活，也改變了這個世界；正像一場寧靜革命，已在海內外和平崛起。[189]

星雲大師說，人間佛教就是要從淨化心靈的根本之道做起，但也不世因此而偏廢物質方面的建設，而是要教人以智慧來運用財富，以出世的精神做入世的事業，從而建立富而好禮的人間淨土。所以，人間佛教是佛說的、是人要的，是淨化的、是善美的。為順應時代與眾生的根基，早在 1954 年，星雲大師率先發起暢印精裝本的佛書，並將寺廟演進為講堂，將課誦本演變成為佛教的讀物[190]。

星雲大師也於 2004 年再版《迷悟之間》的典藏版總序中表

---

[189] 官有桓、杜承嶸.臺灣民間社會團體的組織特質、自主性、創導與影響力之研究[J].臺北：行政暨政策學報，2009（49）．

[190] 星雲大師.人間佛教的發展[M].臺北：佛光文化，2003．

示，這兩三年來陸續結集的前六集《迷悟之間》，截至目前發行量已近兩百萬冊。每天見報，是一種不可推卸的責任；讀者的期待，則是不忍辜負的使命。曾經有些讀者因為看《迷悟之間》而戒掉嚼檳榔、賭博、酗酒的壞習慣；也有人因讀了《迷悟之間》而心性變柔軟，能體貼他人，或改善家庭生活品質，甚至有人因而打消自殺的念頭，凡此，都是令人欣慰的迴響。

「人間佛教」的重要在對於整個世間的教化。佛教有很好的資源，例如：文學、藝術、音樂，都可以成為度眾的因緣，可是過去一直很少有人應用，只知強調無常、無我、苦、空的認知，而沒有人間性、建設性的觀念，難怪佛學興盛不起來。因果不爽的業報思想對於社會人心的規範，遠遠超過法律條文有形的束縛，因此孫中山先生曾說：佛教乃救世之仁，佛法可以補法律之不足。

一般來說，維繫社會秩序的基本條件有禮俗、道德與法律，但是最大的力量還是因果；法律的約束是有形的，道德理俗的制裁是有限的，都不足因果的觀念深深藏在每一個人的心哩，做嚴厲、正直的審判。經云：「菩薩畏因，眾生畏果。」佛光山與我提倡「人間佛教」，應該大力建設因果的觀念，有了三世因果觀，可以讓我們捨惡行善，趨樂避苦，乃至今受到苦果，也不至於怨天尤人，而能心存還債觀念，甘心受苦，進而扭轉惡緣為善緣。

若再深究「人間佛教」是什麼？星雲大師所著《人間佛教何處尋？》[191]一書，可說是星雲大師對「人間佛教」的完整詮釋，是實踐教法的藍圖，層面涵蓋現代公民所追求的自由、民主、平等；幸福生活不可或缺的倫理、道德、立身、群我、資用、情愛、財富、福壽、健康、善緣等，引導眾生認識自我，肯定自我，進而依

---

[191] 星雲大師.人間佛教何處尋[M].臺北：天下文化，2012.

靠自我,實現自我,從「未覺悟的佛——眾生」,變成「已覺悟的眾生——佛」,在人間走出一條增進幸福人生的成就之路。

在該書中,星雲大師認為佛教是個智信的宗教,旨在開啟眾生的智慧,以解決眾生的煩惱、痛苦。「人間佛教」是現實重於玄談、大眾重於個人、社會重於山林、利他重於自利;凡一切有助於增進幸福人生的教法,都是「人間佛教」。星雲大師平時不管為文寫作,或者講經說法,總是利用一些故事、譬喻,或是生活性的事例,希望把艱澀難懂的佛法,盡量說的生動、淺顯,讓人能會意、能瞭解、能接受,如此才能讓佛教確實落實在人間。另外,佛教在人間最大的意義,應該是要能解決社會人生的問題,要對人驚的淨化,以及人類福祉的創造有所幫助,如此才有存在的價值,而不是只有空談理論而已。

但是,這種積極入世的作為,卻引來某些人批評說人間佛教只有實踐,沒有理論基礎。佛光山所弘揚的「人間佛教」,就是直成佛陀「示教利喜」的本懷,人間佛教不但有佛陀的聖言量做為理論依據,而且有具體可行的實踐之道。星雲大師把最初的根本佛法「四聖諦」與大乘佛教的「四弘四願」結合起來,成為「人間佛教」重要的精神內涵與實踐之道,因為學佛不光只是瞭解真理就好,還必須要有願利、修行和實踐,才能達到人生的解脫之境;另外,星雲大師更根據佛陀開示「四依止」的真義,強調學佛不僅要「依智不依識」,還要進一步「轉識成智」,如此才能圓滿生命,所以「人間佛教」一向都很重視文教弘化。

星雲大師的「人間佛教」為什麼能深植人心?「人間佛教」在星雲大師數十年來的全面弘揚推動下,已經徹骨徹髓地改變過去佛教對社會的功能與地位。現在的「人間佛教」既是一種可以指引人類未來生命方向的「宗教信仰」,也是一門契合時代需要,可以圓

融應用於生活，能夠為現實人生營造幸福與安樂的思想學說。星雲大師數十年來，針對過去傳統佛教為人詬病的種種弊端，加以改革導正後，透過文化、教育、慈善、共修等各種管道的多元弘法，實際發揮佛教濟世利人的功能，因此普受世人的接受與認同，故而佛教得以重新落實在人間，成為真正的名副其實的「人間佛教」。

星雲大師主張，「人間佛教」雖然是從淨化心靈的根本之道做起，但並不因此而偏廢物質方面的建設，而是教人以智慧來運用的財富，以出世間的精神來做入世的事業，從而建立富而好禮的人間淨土。星雲大師弘揚「人間佛教」，就是為了重整如來一代時教，就是要讓佛法落實在人間，發揮佛教的教化之功，使能對人有用。為了發揮佛教的功能，確實把佛法落實在人間，大師主張，舉凡著書立說、講經說法、設校辦學、興建道場、教育文化、施診醫療、養老育幼、共修傳戒、佛學講座、朝山活動、掃街環保、念佛共修、佛學會考、梵唄演唱、素齋談禪、軍中弘法、鄉村布教等，這些都是「人間佛教」所要推動的弘法之道，也是「人間佛教」的修行之道。

為何星雲大師的「人間佛教」強調文教弘法？主要是因為長久以來，一般社會人士總把佛教定位於慈善工作上，總認為佛教之於社會的主要功能，應該是從事恤孤濟貧的慈善救助。對此星雲大師表示，佛教最大的功能，應該是宣揚教義，是以佛法真理來化導人心、提升人性的真善美，帶動社會的和諧安定，繼而促進世界的和平，這才是佛教最終的職責所在，這才是最究竟的慈善救濟。大師將佛教將佈施分為三類：財施、法施與無畏施。真正的慈善事業必須能徹底解決受難者的痛苦。因此，大師弘揚「人間佛教」，雖然並不偏廢慈善、公益、共修、法會等利益世間的世界與活動，但凡有所作，都是為了體現佛法的精神內涵，都是為了宣揚教義、都是

為了幫助眾生開發般若智慧。

簡逸光表示，「人間佛教」是二十世紀漢傳佛教提出的佛教運動，在臺灣與大陸開枝散葉，開花結果。兩岸幾位宗教大師與僧團不約而同的以集體創作方式，為了淨化人心、淨化社會、提升人的精神品質，採取了此一溫和的宗教運動方式進入社會與民間，並以全球化的視野與願力，創造了前所未有的影響力。其中，臺灣佛光山星雲大師為其中一員，以佛光山僧團（出家僧團）與國際佛光會（在家教團）相輔相成，積極、不退轉的以推動人間佛教為職志[192]。「人間佛教」一詞，雖在現代佛教中屢屢被提出，然彼此之間同異皆有，或根本精神不同。佛光山也是提倡「人間佛教」的僧團之一，而佛光山「人間佛教」的根本精神，則是由星雲大師對人間佛教提出的說明為準則，而星雲大師「人間佛教」的觀念與精神，正是「人間佛教」現代精神的實踐意義與文學傳教特色，最後發其大願，即是「建設人間淨土」。

另，南華大學釋覺明教授在《星雲模式「人間佛教」在「全球化」時代的討論》[193]一文中提到，星雲模式的「人間佛教」實踐中，是以文化弘揚佛法，而文化正是宗教一大命脈，佛教前途之所系。星雲模式透過四大方式來弘揚佛法，包括：以佛教藝術來弘揚佛法；以傳播媒介來宣導佛法，利用傳媒資訊科技的發展，以今人熟悉的方式弘法於人間，方法靈活、管道多樣，其工作更是不斷現代化，例如：成立出版社、圖書館、佛光翻譯中心，出版一系列有關人間佛教的書籍，流通於世界；以學術研究來弘揚佛法，例如：

---

[192] 簡逸光.佛光山星雲大師《人間佛教》的精神：2014 星雲大師人間佛教理論實踐學術研討會[C].高雄：佛光山人間佛教研究院，2014.

[193] 釋覺明.星雲模式《人間佛教》在「全球化」時代的討論：2014 星雲大師人間佛教理論實踐學術研討會[C]，高雄：佛光山人間佛教研究院，2014.

美國「國會圖書館」已正式把佛光山及星雲大師作品在國會圖書分類法之佛教分類法設立單獨的分類號,並將人間佛教與佛光山教團正式納入《國會圖書館主題標目》之中;最後則是以對話增進瞭解,透過不同宗教間對話,落實「人間佛教」的最終教義。

龔鵬程表示[194],星雲大師曾自己承認甚為崇慕太虛大師,太虛的許多主張,如「佛教大眾化、通俗化」、「佛教入世,打開山門」、「佛教當以人為本」、「佛教以七眾為道場」等,也都被星雲大師實踐了。而且太虛討厭宗派主義,主張大乘三系平等,八宗融貫,又希望將佛教擴展為中國本位的世界佛教,星雲大師亦與之若合符契。因此,民國以來佛教史中,太虛大師與星雲大師實在可說是先後輝映的。

星雲大師在辨明佛教應該朝「人間佛教」發展,以及建設「人間佛教」之基本原則時,所論其實並未超過太虛及印順之說。例如:他說「人間佛教」是入世重於出世,生活重於生死,利他重於自利,普濟重於獨修;又說,人要有人天乘入世的精神,再有聲聞緣覺出世的思想,便是菩薩道等。另外,星雲大師常以「佛教現代化」來概括他的建設「人間佛教」運動。這個詞語,代表了他對佛教改革的總體方向。若說「人間佛教」一詞仍屬借用別家品牌,則佛教現代化,便可說是佛光山的商標。這個詞,比「人間佛教」更容易懂,也更能獲得社會的支持。因為整個社會正在進行現代化轉型,佛教的現代化,無論它是在精神或方法上,都能得到正當性,都具有「改革者的正義」。

而且,星雲大師在各個領域中的改革,例如:宣教方式、寺廟

---

[194] 龔鵬程.星雲大師與人間佛教[EB/OL].[2003-04-13].http://www.ibps.org/newpage614.htm

建築、事業經營、財務管理、組織行政等,都可以擁有一個可以統一辨識的指標。他之所以比太虛大師更能給到認同,掌握了時代的脈動,無疑為一大因素。換句話說,星雲大師的「人間佛教」確實不只是世俗化、辦辦文化慈善、搞搞政治,它是帶動佛教整體走上現代化道路,而與社會之現代化相呼應相聯結的新佛教運動,是真正「在人間的佛教」。這樣的「人間佛教」,才不會只是現代社會的依附者,而真正可以提供新時代思省的方向。星雲大師所開啟的這個模式,正是「人間佛教」運動幾十年發展中最值得注意並予發揚的。當然,星雲大師每每都說,「人間佛教」不是哪一個人的,是佛祖的,是大家的。

佛光山推動「人間佛教」,什麼是「人間佛教」呢?佛陀出生在人間,修行在人間,成道在人間,弘法在人間,說法在人間,所以佛教就是人間佛教;凡是佛說的、人要的、淨化的、善美的,有助於增進幸福人生的教法,都是人間佛教。人間佛教的發展有四個重點:

第一、從山林走向社會:過去修道人以住到山林、住到偏僻、沒有人煙的地方為好,現在不是了,現在社會交通便利,「天涯若比鄰」,所以佛教要重視與社會的因緣關係。

第二、從寺院走向家庭:佛教不一定只是在寺院裡,它應該要走入家庭裡。因為人間佛教重視家庭幸福、家庭美滿、家庭快樂、家庭和諧,若能「家家彌陀佛,戶戶觀世音」,人人就可以幸福快樂了。

第三、從出家走向在家:在佛教裡,菩薩不一定都是現出家相,像觀音、文殊、普賢菩薩都是現在家相。所以,佛教是大家的,出家、在家通通都有份,是社會的、人間的財富。

第四、從講說走向服務:未來社會的發展,必然是一個講究服

務的社會，誰能為人服務，誰就能存在；誰不為人服務，就會慢慢被淘汰。所以，人間佛教要積極地對國家、對社會、對民眾做出服務、做出貢獻。

總的來說，「人間佛教」不同於過去落伍的、化緣的、念經的佛教，而是能帶給人幸福、安樂的佛教。實踐人間佛教，可以增加人類的道德、改善社會的風氣、淨化自我的心靈，維繫社會的次序。所以，「人間佛教」必定是未來世界的一道光明。星雲大師自提出「佛教即生活」的理念後，開始在臺灣本土發展佛教事業。除利用文化弘法，翻譯與出版各種佛經與出版物外，星雲大師更採用「創建寺院」這一基本方式在臺灣擴張佛教，傳播人間佛教。星雲大師不僅在臺灣傳播人間佛教，二十世紀九十年代以來，他更將人間佛教推向全世界，進行全球化傳播，他宣示未來的目標是：「佛光普照三千界，法水長流五大洲」。實際上具體主要有以下兩種方式：

（1）成立國際佛光會：二十世紀八十年代末，星雲大師從佛光山開山宗長的職位退下，開始領導漢傳佛教的全球化運動。1991年2月3日，一個由佛教信眾組織的人民團體——中華佛光協總會正式成立。第二年5月16日，歐、美、非、澳等洲54個國家4000多名代表在美國洛杉磯參加「國際佛光會世界總會」，至此星雲大師的人間佛教全球化傳播開始拉開序幕。星雲大師指出：「佛教信眾應該團結起來，動員起來，走向世界，普濟天下」經過多年發展，「國際佛光會世界總會」現已成為世界四大社團之一。

國際佛光會在成立宣言中指出：「由於時代的進步，社會結構的改變，而對當今世界動盪不已，人心的焦慮不安，如何為眾生拔苦與樂，如何使世界再回復光明和樂，乃成為大乘佛教徒義不容辭，責無旁貸的使命。」清楚表明了國際佛光會的「人間佛教使

命」。從國際佛光會的組織章程中可知，國際佛光會具有以下幾方面的特質：一是在生活中修行。本著星雲大師佛教即生活的理念，國際佛光會舉辦國際僧伽研習會、佛學研討班，將佛法帶入生活，讓信徒在生活實踐中感受佛法；二是以信奉三寶為中心的佛教團體；三是以文化教育福利社會、利益大眾。特別值得一提的是，星雲大師創立的「檀講師制度」，即讓有佛學基礎的在家信眾共同擔負起弘揚佛法的責任。「為此，特編撰十冊《佛教》叢書，透過檀講師、檀教師和檀導師的考核制度，以確保檀講師對佛法知見的正確度，並藉此鼓勵信眾，深入經藏，共同挑起推行生活佛法化德任務。」「檀講師制度」的創立擴大了佛法的弘傳與影響。

（2）在全球創建寺院：「星雲在全球傳播佛教的方式，仍然是古老的禪宗邊緣化擴張方式，即在五大洲創建寺院，從佛光山分燈，往世界各地紮根本土，就地蔓延。」星雲大師先後在世界各地創建道場遍佈五大洲，其中特別值得提的有四所。一是位於美國洛杉磯的西來寺，由星雲大師派慈莊前往美國籌建，成為美國最大的佛寺，也是具有多元功能的國際性道場，取名「西來寺」，含義為「佛法西來」。1988 年 11 月當期的美國《生活》（*Life*）雜誌形容西來寺為「美國的紫禁城」，讚譽為「西半球第一大寺」。二是位於南非布朗賀斯特市的南華寺，它是非洲最大的佛寺，最重要的是它成立了「非洲佛學院」。三是位於澳洲臥龍崗的南天寺，這個寺被稱為「南半球天堂」，是南半球第一大佛教寺院，是澳洲重要的宗教據點。四是位於巴西聖保羅的如來寺，是佛光山在南美洲所設立的第一座道場，也是佛教在南美洲最大的寺院。

星雲大師宣導的「人間佛教」無疑已成為當今佛教的主流，唐德剛教授說得好：「積數年之深入觀察與普遍訪問，餘知肩荷此項天降之大任，為今世佛教開五百年之新運者，『佛光宗』開山之祖

星雲大師外，不作第二人想。」今後人間佛教必定能在理論上進一步深化，在內容上進一步融合諸宗，在定慧法門上能不斷推進，在弘傳上更多新的方式，相信其人間佛教將會與時俱進，日益成熟，佛光普照全球。[195]

3.3 佛光山出版發展與現況分析

3.3.1 佛光山出版組織分析

當臺灣還在以政治奇蹟、經濟奇蹟傲然示人，而近期卻漸漸遭人遺忘時，似乎都忽略過，臺灣過去還有一項令人值得驕傲的佛教奇蹟。臺灣佛教之所以煥然一新，與過去比之，竟有天染之別，舉其犖犖大者有二點[196]：

1.從線裝經典到精裝佛書：過去在坊間流通的經本多為古本製版，不但文義難懂，而且印刷模糊，標點不清，另有心學佛者無法一窺堂奧。時至今日，出版雅俗共賞，印刷精美的佛書成為時尚所趨，佛法也因而得以普及民間，深入大眾。

2.從勸世標語到書報雜誌：過去寺院的牆柱經常貼有規格不一的勸世文，雖可以警醒人心，然因陋就簡，有失莊重，且字裡行間，或義理深渺，或辭不達意，凡此皆不能令廣大民眾入佛智海。早期國民黨播遷來臺時，臺海兩岸佛教人才彙集寶島，發新出版書報雜誌日有所增，其中「海潮音」從大陸編到臺灣，歷史最為悠

---

[195] 冀鵬程.星雲大師與人間佛教[EB/OL].[2013-04-13].https://read01.com/PzknNk.html
[196] 星雲大師.跨世紀的悲欣歲月——走過臺灣佛教五十年寫真[M].高雄：佛光山宗務委員會，1996.

久;「覺世」由旬刊到月刊,至今超過而立之齡;「普門」以弘揚人間佛教為職志,被公認為第一流的佛教雜誌;其他如「菩提樹」、「獅子吼」、「中國佛教」、「佛教青年」、「僧伽」等,由於大家集思廣義,努力比更,無形中不但提升佛教徒的水準,也帶動佛教邁向欣欣向榮康莊大道。

落實文化弘法與改革佛教最為徹底的,佛光山教團是其中之一較為成功的。就佛光山而言,紙本出版是最初,也是星雲大師認定改革佛教最重要的利器,先透過出書弘法,利用自身力量賺取經費,再利用經費擴大去弘法。分成兩條道路,一是再度走入人間,讓弘法最大化;一是將臺灣佛教制度改革,透過教導與教育兩種方式,同樣利用文化,達到改革佛教的目的。這點,星雲大師在許多地方也都曾表示過出版對佛教弘法的益處,例如:2005 年的《星雲法語》[197]的序言中,星雲大師表示:「佛教之所以能夠流傳千古,廣披四海,文字般若的傳遞,功不可沒!有鑑於此,我於來臺之初,及致力於編輯雜誌、撰文出書的文化事業;直到現在,我依然是在年年虧損的情況下,興辦雜誌、圖書等文化事業,但我從無怨言,因為我深知,佛教的文化度眾功能無遠弗屆,非金錢財富所能比擬。」

另外,在 1987 年《佛光山開山廿周年紀念特刊序》[198]中,星雲大師也在《佛光山的性格》一文中,提出佛光山有文化的性格。他說:「佛教能流傳千古,是借著文字般若的推廣、宣揚。文化是真理的表層,佛法是真理的慧命。佛陀在經典中強調四句偈的功德,勝於三千大千世界七寶佈施功德,這是就說明財施功德有限,

---

[197] 星雲大師.星雲法語序文[M].高雄:佛光文化,2005.

[198] 星雲大師.佛光山的性格:佛光山開山廿周年紀念特刊[C].高雄.佛光山宗務委員會,1987.

法施功德無窮。文化的傳播，藉由經典佛書的印行，由此地可以傳到他方，由今日可以傳到未來，由斯人可以傳到他手。文化的傳播，不因人是時空而有所減少。經云：『諸供養中，法供養第一。』可見佛教強調文字般若的重要。佛陀一再說明，若是經典所在之處，即為有佛，若尊重弟子。」

在佛光山尚未有完整的文化弘法組織架構之前，就已經有「文化堂」這個組織。「文化堂」的成立，追溯其歷史，在星雲大師民國四十年（1951 年）主編「人生月刊」、四十六年（1957 年）擔任「今日佛教」暨「覺世月刊」總編輯時，「文化堂」主要工作就是協助星雲大師與佛光出版社、覺世旬刊、普門雜誌社、中英佛學叢書與後來在 1959 年成立的「佛教文化服務處」，負責上述各項出版物的流通與銷售。佛光山文教弘法裡的出版事業，最早從臺北縣三重市流通處開始。1959 年，臺灣各項建設正處於起步階段，佛光山星雲大師洞見文化事業的長遠性，亦是佛教慧命之所在，乃於臺北三重埔創辦「佛教文化服務處」，落實「以文化弘揚佛法」的理念。所以，佛光山目前的成就，可說是早期星雲大師對文化事業的貢獻所奠定下的基礎。

隨著社會變遷，當年以出版佛書、流通經典及各種法物為主的「佛教文化服務處」，伴隨時代的脈動成長拓展，並歷經多次更名改制，如「佛教文物流通處」、「佛光出版社」，乃至增設「佛光文化事業有限公司」[199]，使得出版內容日臻豐富，服務範圍愈加寬廣。佛光山整個文化弘法事業，因為出版書系與叢書的種類、型式漸漸繁多，從經典、概論、史傳、教理、文選、儀制、用世、藝

---

[199] 佛光文化事業有限公司的成立日期，佛光山內部說法不一；佛光山文化事業有限公司對外簡介是成立於 1996 年；不過，佛光山文化發行部門所提供資料是指 1998 年；本書以佛光山文化事業有限公司對外簡介為主。

文，到童話漫畫、工具、電子、影音等十二類。2000 年後，又因配合佛光山內部組織變革，部分出版業務進行分工，其中影音出版交由如是我聞、人間衛視發行；文學、繪本與多元主題、文創產品等，則交由香海文化事業有限公司；星雲大師著作與推廣人間佛教的內容，則轉由專案編輯小組，由書記室負責，而整體規劃與研究，則由人間佛教研究院主導。

嚴格來說，若不包含「人間通訊社」，佛光山目前總計共有十七個出版單位，包含最早成立的「佛光出版社」、由佛光文化服務處一脈相傳演變而來的「佛光文化事業有限公司」、漸漸轉向成為一般出版社的「香海文化事業有限公司」，以及專由星雲大師旁邊「書記室」所統籌與〈人間佛教〉、〈大師著作〉或者延伸版權等的「專案編輯小組」[200]等。這些出版社的成立日期，請詳見下表[201]。此外，自 2000 年以後，佛光山本山組織架構漸漸扁平化，為使整個出版弘法事業除內容多元外，均統合各出版社的發行業務，於 2009 年成立「佛光山文化發行部」。

此外，在《佛光學》[202]一書中，也清楚勾勒出佛光山在文教弘法中的出版事業脈絡，其中部分內容提到：「1975 年三月，是整個佛光山出版事業開始，慈惠法師接任從 1957 年創刊的〈覺世旬刊〉，可謂是信徒雜誌的開始，更可是開始推廣人間佛教的發端；1995 年改為〈覺世月刊〉，當時達到每月發行量 30 多萬以

---

[200] 佛光出版社目前出版免費贈與的出版品、佛光文化主要出版經典、文選與星雲大師、人間佛教等出版品，香海文化則除上述出版品外，仍包括更多各種多元領域的出版品、繪本等，會有更多原作者參與出版。因應星雲大師年事已高，以及大力推廣人間佛教理念，特別設置「項目編輯小組」，以統合星雲大師的相關著作與對外推廣。

[201] 該出版單位成立年份明細，是佛光山文化發行部黃美華師姑所提供。

[202] 星雲大師.佛光學[M].高雄：佛光山宗務委員會撰，1997.

上」。1976 年 3 月，佛光學報創刊號成立，開始佛教學研究的先端；1977 年 7 月，《佛光大藏經》編修委員會成立；1979 年 3 月，《星雲大師演講集》第一集正式出版，同年十月，〈普門雜誌〉創刊。

從上述歷史中，發現自 1977 年開始，佛光山在出版弘法工作上，的確相當努力，其中以《佛光山大藏經編修》，包括 1989 年第一部阿含經、1987 年佛教史年表的完成，《佛光大辭典》編撰出版後一年，於 1989 年榮獲臺灣綜合圖書金典獎與 1994 年 12 月出版《禪藏》51 冊等三件事，更是佛光山出版弘法的重要里程碑。

佛光山為了推廣〈人間佛教〉義理，除對外出版經典與義理類主題圖書外，1990 年舉辦「國際佛教學術會議」，推廣「現代佛教」主題，與 1992 年舉辦「佛教青年學術會議」推廣「人間淨土之實踐」，大都是為星雲大師所提倡的「人間佛教」進行推廣與宣導。

為使更多人理解與知悉佛光山在出版弘法上的努力，慢慢讓出版主題逐漸多元化，例如：1995 年由〈天下出版〉的《傳燈──星雲大師傳》，榮獲當年〈金石堂暢銷排行榜〉第一名，而作者符芝瑛女士，更躍升成為暢銷女作家；同年，星雲大師也於九月自費編著出版《佛教叢書》。這兩件事情，一方面讓佛教走出寺廟邁向信徒與一般民眾，也讓過去以佛教雜誌為主的出版弘法型式，漸漸有了圖書出版的身影。而這樣趨勢，也讓佛光山的作者，從星雲大師到佛光山的信徒、法師們外，開始延伸到非佛光山的作者，例如：1996 年委託大陸學者主編撰的「中國佛教經典寶藏」出版。

隨著佛光山出版種類與數量眾多，出版型式漸漸多元，佛光山內部的專業出版單為慢慢成形，並且涵蓋的影音內容，具體表現在

從 1997 到 1998 年這兩年間,「香海文化」、「如是我聞」、「佛光文化」與「人間衛視」等專業出版社陸續成立;同年九月,《佛光大辭典光碟版》也正式問世。佛光山出版弘法事業,也從草創時期的三重流通處,慢慢走向成熟期,經過多方瞭解,佛光山的整體文化弘法事業,主要內容提供與實際出版,90%以上集中均集中在「佛光文化」、「香海文化」、「專案編輯小組」等三個單位;而主要發行單位是「佛光山文化發行部」;致力於兩岸佛教交流與上述出版社所出版書籍的版權交易,以「上海大覺文化傳播有限公司」等。具體從 2000 年以後,佛光山目前的出版組織架構,請詳見下圖。從該圖中可以清楚看到,就佛光山文教弘法專責於內容產出的共有出版部分與專業小組兩大體系,共十七個單位;而屬於對外專責發行的,以佛光山發行部為單一窗口,統整佛光山各種出版物對外銷售,涵蓋各種通路,包括:佛光山自營書店通路、人間讀書會、各大寺廟(院)與雲水書車(巡迴書展)等。當然,在發行上,仍有部分出版單位有其他發行商協助發行,例如:時報文化專營香海文化出版物,以及大部分經典義理出版物,也會透過飛鴻佛教圖書代理商進行銷售。至於專業編輯小組的組成,主要有二,一是因應近年來過多與星雲大師合作的出版專案,因大部分屬於公益慈善,較少牽涉商業行為;二是原本書記室功能擴大並轉換而成的單位,協助星雲大師寫書,由大師口述,書記室協助撰稿;以及協助大師審核對外的合作事宜,然後漸漸轉化成為專業編輯小組。詳見下圖 3-6 說明。

```
                    ┌─────────────────────────┐
                    │   佛光山出版發行組織表    │
                    └─────────────────────────┘
           ┌──────────────┬──────────────────┐
        ┌──────┐      ┌──────┐         ┌──────────┐
        │出版部門│      │發行部門│         │專案編輯小組│
        └──────┘      └──────┘         └──────────┘
           │              │                   │
    ┌──────────┐   ┌──────────────┐     ┌──────────┐
    │ 佛光出版社 │   │佛光山文化發行部│     │ 佛光山書記室│
    ├──────────┤   │執行長：黃美華 │     ├──────────┤
    │佛光文化出版社│   └──────────────┘     │佛光山公益信託基金│
    │社長：滿濟法師│          │              └──────────┘
    ├──────────┤   ┌──────────────┐
    │香海文化出版社│發行商：時報出版│各分別院通路│
    │社長：妙蘊法師│   ├──────────────┤
    ├──────────┤   │佛光會「人間讀書會」│
    │佛光緣美術館 │   ├──────────────┤
    ├──────────┤   │台灣百家書店直往│
    │普門學報社  │   ├──────────────┤
    ├──────────┤   │飛鴻佛教圖書代理商│
    │ 人間衛視  │   ├──────────────┤
    ├──────────┤   │雲水書展(雲水書車)│
    │上海大覺文化 │   └──────────────┘
    │執行長：符芝瑛│
    ├──────────┤
    │佛光山文教基金會│
    ├──────────┤
    │佛光山大藏經 │
    ├──────────┤
    │佛光山電子大藏經│
    ├──────────┤
    │ 人間福報  │
    ├──────────┤
    │人間佛教研究院│
    │院長：妙凡法師│
    ├──────────┤
    │ 福報文化  │
    ├──────────┤
    │美國佛光出版社│
    ├──────────┤
    │佛光文化事業(馬)有限公司│
    ├──────────┤
    │ 如是我聞  │
    └──────────┘
           │
    ┌──────────────┐
    │文化發行部：統一發行│
    └──────────────┘
```

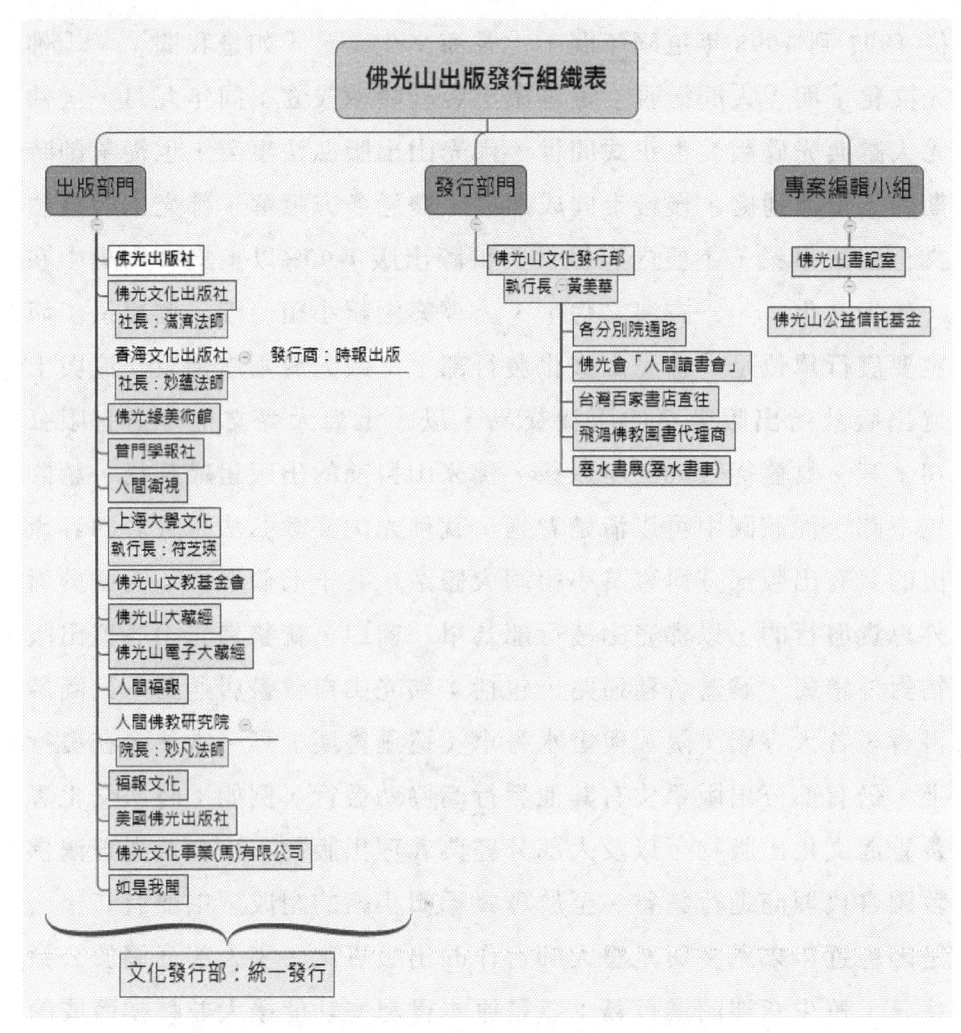

圖 3-6：佛光山目前出版組織結構

資料來源：本書自行整理

　　因佛光山本身出版組織較多，而且成立也早。除了一開始於 1959 年所成立的出版流通處之外，第一個對外正式成立的出版發行單位是 1977 年所成立的「佛光大藏經編修委員會」，緊接著是

1988 年成立的「佛光出版社」；據佛光山黃美華師姑的訪談中得知，早期的「佛光出版社」與現今的「佛光文化出版社」最大差異在於，「佛光出版社」通常出版內部流通或者宣傳出版物之類的書籍，不一定會有國際書號；但是，「佛光文化出版社」就是正規出版社，每本書籍一定會有國際書號，並且對外推廣銷售。最晚成立的出版社是 2012 年的「人間佛教研究院」，詳細十七個出版單位成立的先後順序，請參考下表 3-2。

表 3-2：佛光山 17 家出版單位成立年度明細

\multicolumn{4}{c}{佛光山出版單位成立年份明細}
序號	發行單位	成立日期	備註
1	佛光大藏經編修委員會	1977	
2	佛光出版社	1988	
3	馬來西亞佛光文化	1992	
4	佛光緣美術館總館	1994	
5	美國佛光出版社	1996	
6	美國翻譯中心	1996	
7	香海文化事業有限公司	1997	
8	如是我聞文化股份有限公司	1997	
9	佛光文化事業有限公司	1998	另一說是 1996 年成立。
10	人間電視股份有限公司	1998	1998 成立佛光衛視，2002 更名。
11	佛光山文教基金會	1998	
12	專案編輯小組	2000	
13	福報文化事業有限公司	2000	

表 3-2：佛光山 17 家出版單位成立年度明細（續）

序號	發行單位	成立日期	備註
14	普門學報社	2001	
15	上海大覺文化	2008	
16	佛陀紀念館	2011	
17	人間佛教研究院	2012	

資料來源：本書自行整理

　　（1）佛光文化事業有限公司：簡稱「佛光文化」。「佛光文化事業有限公司」，創辦人是星雲大師，現任社長則是滿濟法師。成立宗旨主要落實佛光山「以文化弘揚佛法」的理念。出版書系（叢書）包括：經典、概論、史傳、教理、文選、儀制、用世、藝文、童話漫畫、工具、電子、影音等十二類。二〇〇〇年後，因內部組織變革，影音出版交由如是我聞、人間衛視發行，文物由香蓮流通。

　　佛光文化內部組織分為編輯及發行兩部分，為因應多元化的需求，出版經典、概論、史傳、教理、文選、儀制、用世、藝文、童話漫畫、工具、影音、電子等不同系列出版物，以接引普羅大眾。另外與佛光山海內外各單位結合，將大師的著作譯成英、日、韓、德、法、西、葡、俄、越、泰、印尼、尼泊爾等二十多國語文流通全球，促使文化弘法國際化；積極參與國際書展與各國先進出版同業相互觀摩、拓展視野，藉此推廣文化理念和社會大眾接軌，將佛教文化推向世界舞臺。

　　在讀者服務方面，出版年度「佛光山文化出版物目錄」，設立「佛光文化悅讀」網站，於佛光山全球各道場流通處及佛光書局，提供各類佛教書籍的諮詢及訂購服務，並與時俱進的於二〇一四年

一月二日正式啟用「佛光出版社粉絲團」（Facebook）及網頁專用 QR Code 圖形編碼。儘管時代更替，科學文明日新月異，信仰的提升仍有賴文字般若的傳播，因此，「為讀者扮演心靈導航的角色」是佛光文化數十年來所努力的目標。

佛光文化承繼大師創辦「佛教文化服務處」的初衷──「以文化弘揚佛法」的理念，每年編印的各國叢書超過百萬冊，流通全球各地，致力以文化增加人生的善美，並為社會注入光明的力量。近年出版書籍：《獻給旅行者們 365 日──中華文化佛教寶典》、《百年佛緣》、《僧事百講》、《佛光山開山故事》、《佛光大辭典》增訂版。論文有《赴日元使一山一甯禪師及其禪法》、《呂碧城文學與思想》、《心事之多少》。藝文有《人生禪》、《夐虹詩精選集》、《華嚴之心》等。兒童叢書有《心‧覺悟之路──佛陀暨十八羅漢圖文書》和《十二生肖典藏版》等印行。此外，編印大陸《滴水禪思》、《法舫大師文集》、《中國佛教通史》、《玄奘大師》百萬字傳記小說。

佛光文化「用書點亮世界」，歷經近六十年的歲月，因為護法信徒和讀友們的佈施與助緣，延續了這盞文化的慧炬，才能傳燈萬芳，照亮五大洲。與佛光山海內外各單位結合，將大師著作譯為英、日、韓、德、法、西、葡、俄、越、泰、印尼、尼泊爾等二十多國語言流通全球。並積極參與國際書展，與各國先進出版同業相互觀摩、拓展視野，將佛教文化推向世界舞臺。

（2）香海文化事業有限公司：簡稱香海文化。香海文化事業有限公司成立於西元 1997 年 8 月，主要經營項目為平面、影音出版物及文化禮品的製作、代理及發行。香海文化誠意地提供精緻的白話佛學經典、現代化的佛教音樂、心靈音樂及其他輕鬆涵養生活智慧的出版物，讓您能夠輕鬆閱讀生活智慧，並且可以隨手隨處安

定身心，擁有純淨的心靈淨地。香海文化出版與發行理念，首重品質及創意，為了提供各個年齡層的朋友更多優質出版物，朝向多元化的出版方向前進，並積極開發適合各個領域閱聽的出版物。

圖書方面，星雲大師的「迷悟之間」與「佛光菜根譚」系列，全球發行量皆已突破 50 萬冊，目前同時有多國譯本發行中。其中「佛光菜根譚——中英對照版」以口袋書的形式製作，輕鬆可愛的封面設計，實用豐富的內容，突破傳統佛教圖書的編輯方式，獲得讀者一致好評；韓國圓性法師的詩文繪本「風」、「鏡子」、「禪心」也掀起了一陣小沙彌熱潮；大陸作家陸幼青先生的「生命的留言——死亡日記」一書，更是一本憾動全球華人的著作。

近年來也積極發展繪本系列，以可愛的圖畫揮灑發人深省的小故事，像是「偷吃的貓」、「修行龍」以及「ㄅㄧㄤˋㄅㄧㄤˋ鼠與呆呆猴」，都是適合親子共讀的好書。此外，一推出就獲得許多迴響的抄經本系列，更是開創了抄經本的新風貌，精緻的製作，優美的書法字體，將中國書法藝術與佛教抄經傳統結合。

不管是深具智慧的語錄，或是感人情深的散文，香海文化堅持每一本交到您手上的書，都必須是良善的益友。香海文化認為，因為謙卑，才能時時反省自身，努力創新；因為專業，才能真正提供讀者所需的產品。香海文化廣結十方善緣，與國內的「時報出版公司」、「誠品書店」、「金石堂書局」、「博客來網路書局」……等知名出版同業合作，希望能夠擴大我們的服務範圍；近年來也積極將觸角擴及中國大陸，期待能提供更多朋友輕鬆接觸佛法的機會，更期望藉由閱讀來提升我們的生活品質。

（3）佛光山文化發行部：佛光山文化發行部自 2008 年起開始統籌佛光山體系下所屬出版社，包括佛光文化、香海文化、如是我聞、人間衛視、美國佛光、馬來西亞佛光文化與項目編輯小組等出

版物；並將這些出版物透過兩大類進行銷售，一是別分院、單位與流通處、另一大類則是經銷商、書局與網路。除這兩大類之外，佛光山文化發行部尚負責國際與大型書展、每年超過 2,000 場的人間讀書會與雲水書展（雲水書車）。在經銷商、書局與網路這類，發行部除在臺灣共直往超過百間書店外，更與時報文化（該部分主要是香海）、飛鴻佛教圖書代理商進行對外銷售。整個佛光山文化發行部是由黃美華師姑所負責。黃美華師姑早期在人間福報工作，後期才被派至到佛光山統籌文化發行部。

（4）專案編輯小組：佛光山之所以如此重視文教弘法的最大理由，主要是因為星雲大師本身的著作等身，加上也是各出版社的當紅作者，導致早期星雲大師的各種版本在不同出版社競相出版，而版權、版稅問題也困擾不已。加上星雲大師年事已高，許多著作與對外合作出版、大型主題出版等問題，都必須透過書記室裡面的法師協助，例如：大師口述，由某位法師加以謄寫或者轉述。所以，在佛光山本山在 2000 年進行組織改造後，成立專案編輯小組，主要負責協助大師撰寫書稿、審核與確認是否與外面出版社或者機構的提案合作、同意與審查星雲大師過去著作版權的合作，以及內部出版社的出版提案等。

例如：2015 年「貧僧有話要說」該本書籍，透過專案編輯小組的法堂書記法師們編輯出版，並由公益信託星雲大師教育基金[203]與中華佛光傳道協會[204]，同意以工本費形式大量採購並予以捐贈給

---

[203] 星雲大師將歷年來的寫作版稅成立此公益信託星雲大師教育基金，著重於好的教育、文學、教師與新聞內容等獎勵。

[204] 中華佛光傳道協會的成立，是基於星雲大師一生致力於《人間佛教》之闡揚，於監修「獻給旅行者 365 日——中華文化佛教」一書，藉由本書之契機，星雲大師倡議成立「佛光傳道協會」，讓佛法遍佈世間，散播菩提種子，共建人間淨土。透過「佛光傳道協會」運作，護持各項佛教事業，積極推動教育、文化、

社會大眾的型式出版發行。這個型式與過去助印方式雷同，故無法給傳統的出版社出版；再者，以「趙無任」為筆名與遠見天下文化出版股份有限公司合作出版的「慈悲思路‧兩岸思路」，正也是透過項目編輯小組協助完成；而2016年「人間佛教」——佛陀本懷，也正是專案編輯小組的法堂書記法師們編輯出版，委託佛光文化出版，但由公益信託星雲大師教育基金大量印刷發行並捐贈給社會大眾。

（5）上海大覺文化傳播有限公司：上海大覺文化傳播有限公司於2008年1月成立，是佛光山在上海所設立的一間佛教圖書合作出版發行公司，目前以星雲大師著作為主，已出版的書籍有八十餘種，其中例如：《星雲大師談處世》、《金剛經講話》、《寬心》、《迷悟之間》系列、《人間萬事》系列等書，都廣受好評，皆是暢銷且常銷的圖書。大覺文化會成立的主要原因在於，2006年星雲大師的《雲水日月》獲准在大陸出版，這是第一本簡體版的大師著作，透過文字，讓更多民眾瞭解大師的思想、理念，是佛光山在大陸發展的一項重要突破，不僅造成民眾搶購的熱潮，振奮了大陸出版社對大師著作的出版意願，帶動更多書籍的出版，也是佛光山在大陸設立「上海大覺文化傳播有限公司」的一個契機。

由於大陸的出版社都屬國營，民間要參與出版，只能成立文化公司，雖然可以自行編輯、發行，但必須和出版社合作，才能送審、出版。初期由滿觀法師擔任首任執行長，與各大出版社合作，以發行佛光山的文化出版物及代理星雲大師著作簡體字版的授權。

慈善等工作，永續利益眾生。本協會於2014年12月成立，積極協助推動教育、文化、慈善等工作，永續利益眾生，是護持常住的護法信徒的單位。有鑒於「佛光傳道協會」此名在海外弘法不易，星雲大師於2016年10月將協會名稱變更為「古今人文協會」。

此後又陸續出版《佛光菜根譚》、《星雲禪話》、《星雲說偈》、《往事百語》等著作,至今大師在大陸出版的書籍,以「套」計就有逾五十套,以「本」計更多達百餘本,顯見其在大陸受歡迎的程度。

現任大覺文化執行長符芝瑛,正是「傳燈」、「雲水日月」的作者,她表示,大覺文化的出版物除了在佛教團體、寺廟道場、素食餐廳等有別於傳統出版社既有的流通管道之外,其他像是無錫靈山大佛、山東興隆佛教文化園區、西安法門寺博物館、南京牛首山等既是宗教場所又是熱門旅遊景點,以及推動實踐佛光山人間佛教的寺院等,也都有大覺文化的出版物。

另外,「走出去」也是大覺文化設定的工作目標,在許多展會,如宜興、揚州素博會,南國書香節及廈門佛事用品展等,都可以看見大覺文化的展位。透過與民眾面對面的方式,主動走到讀者身邊,可以向更多不甚熟悉、甚至還不認識星雲大師和佛光山的人,做近距離的介紹,讓更多民眾認識人間佛教的理念與內涵,並獲得最直接的回饋。作為一個文以載道的文化出版單位,期許未來能與各界有更多的合作,透過各類出版物使廣大的群眾認識生活中的佛法,淨化世道人心。寶典一書,廣發各界,方便度眾,增進福慧。

藉由本書之契機,星雲大師倡議成立「佛光傳道協會」,讓佛法遍佈世間,散播菩提種子,共建人間淨土。

透過「佛光傳道協會」運作,護持各項佛教事業,積極推動教育、文化、慈善……等工作,永續利益眾生。

本協會於 2014 年 12 月成立,積極協助推動教育、文化、慈善等工作,永續利益眾生,是護持常住的護法信徒的單位。有鑑於「佛光傳道協會」此名在海外弘法不易,星雲大師於 2016 年 10 月

將協會名稱變更為「古今人文協會」。

3.3.2 佛光山出版與編輯政策分析：「人間佛教」

十二歲那年，星雲大師在棲霞山剃度後進入佛學院，書，成為星雲大師生面中的重要資糧[205]；星雲大師表示，「閱讀可以讓一個人的心跳感應世界的脈搏，中外同在眼前，古今一體悉聞。我讀書，也寫書讓人讀。佛光山的創建，其實與閱讀有著莫大的關聯。三十多年前初始開山，《玉琳國師》、《釋迦摩尼佛傳》、《觀世音菩薩普門品》等書出版，因為有廣大群眾的購閱，稿酬所得才讓我能夠買下土地、築建殿堂。」另外，在佛光山 2003 年內部刊物《雲水三千》出版序中，星雲大師說，「我的一生，說的好聽，我一直在文教之間遊走，說得不好聽，在佛教裡誰來重視一個從事文教工作的人。當時，我們寫文章不在僧侶的工作之內，要念經、勞動服務，才算工作。」

「藝文寫作，是我早年的興趣與對弘揚佛教的發心，但對於學術的重視，我從來沒有偏廢。我從試寫學術論文，到逐漸有些微的淺薄之見，對於做學問，我主張的是明白易懂，真理應該是無偏無私，應該讓更多人共用佛法的喜悅。」[206]又，「佛教所以不能普及的原因，乃在於經典太繁多了，有心研究佛學的人，無法從某一本經典中，有系統、有組織、有條理地瞭解佛法的全貌。……相較於基督教與天主教，或者伊斯蘭教，佛教徒因為佛教經典太浩瀚彭

---

[205] 星雲大師.星雲四書：星雲大師談讀書＋星雲大師談處世＋星雲大師談幸福＋星雲大師談智慧[M].臺北：天下文化，2012.

[206] 星雲大師.2008 年佛學研究論文集：佛教與當代人文關懷》序[C].高雄：佛光山人間佛教研究院，2008.

大，處處敲門有人應，卻不知道從哪一條快捷方式進入不二法門。即使是虔誠的佛教信徒，出家多年的僧眾，不能深入佛法者，也比比皆是，遑論一般的社會大眾。」[207]「在歷史的長河，個人所留下的足跡或許微不足道，我一介僧侶所以願將自己的生活、工作、信仰、所思所感、所見所聞，真真實實、原原本本的呈現於讀者之前，除了希望能為佛教提供一條學佛修行之道，更希望以我的心路歷程、人生經驗奉獻給社會大眾，互勉互勵，一鋼來息滅紅塵的喧囂紛爭，點亮眾人的心燈，建立歡喜融合的人間淨土。」[208]

　　星雲大師從大陸來臺灣以後，依照自己興趣與過去經驗，除致力弘法利生以外，亦相當關注出版這部分，從早期替其他教團編寫雜誌，到 1975 年《覺世》旬刊出爐，由慈惠法師接任發行人，可說是創臺灣佛教界信徒雜誌的開始，也是佛光山正式透過紙本出版物開始推廣「人間佛教」。1995 年《覺世》旬刊改為月刊，每月發行量高達 30 多萬以上；1976 年三月，《佛光學報》創刊號成立，開始佛教學研究的先端；1977 年七月《佛光大藏經》編修委員會成立；1979 年三月《星雲大師演講集第一集》出版，1979 年十月《普門雜誌》創刊；1983 年九月，《佛光大藏經》編修委員會出版第一部《阿含經》。

　　1985 年星雲大師卸下佛光山宗長一職，更是全力投入出版事業，包括：1987 年《佛光大藏經》編修委員會出版《佛教史年表》；1988 年十月《佛光大辭典》出版，來年獲得臺灣綜合圖書金鼎獎；1994 年十二月《禪藏》51 冊正式出版；1995 年元月《傳燈——星雲大師傳》出版，並奪下當年金石堂暢銷排行榜第一名；

---

[207] 星雲大師.佛教序[C].臺北：佛光文化，1995.

[208] 星雲大師.傳燈序[C].臺北：天下文化，1995.

1995 年九月星雲大師編著並自費出版《佛教叢書》10 冊（自費出版）；1996 年五月委託大陸學主編撰的「中國佛教經典寶藏」出版，以及 1996 年九月《佛光大辭典》光碟版出版等。這些都凸顯佛光山，或者說星雲大師對於出版事業的重視。而這點，聖嚴法師也曾提：「星雲法師對於佛教出版事業的魄力和貢獻，是很可佩的，不論他蝕本或賺錢，他能放下手來出版了幾十種新書，他的佛教文化服務處，也越來規模越大，足以證明萬事不怕開頭難，那就好了。」[209]

回顧佛光山與星雲大師所出版這些圖書，其主題似乎都圍繞在「佛教」、「佛光山」、「人間佛教」或者《星雲大師》等。但實際上，佛光山旗下的出版社、文化弘法單位或者發行單位，例如：佛光文化、香海文化或者項目編輯小組，在出版任何圖書時，有無任何一致的「編輯政策」與「方針」嗎？政策，往往是指政府、機構、組織或個人為實現目標而訂立的計畫，這包含一連串經過規劃和有組織的行動或活動。而編輯政策，決定這些出版物的靈魂，與讀者群、內容、編排、發行有關。編輯政策一旦確立後，再一一設定內容主題、編排方式、發行方式。星雲大師在 1997 年[210]提到，他對「人間佛教」的思想理念，就是「希望『普門雜誌』、『覺世月刊』、小叢書等，每月一期，從來不間斷的按時寄達讀者手中，數十年來已經接引無數信徒認識佛教，進入佛門。」這或許就是星雲大師與佛光山各種出版物出版的最高「編輯政策」。

為求更清楚星雲大師與佛光山旗下各出版社的「編輯政策」，

---

[209] 釋聖嚴.今日臺灣的佛教及其面臨的問題：中國佛教史論集（八）臺灣佛教篇 [C].臺北：大乘出版社，1978.

[210] 星雲大師.我對人間佛教的思想理念：佛光學 [C].高雄：佛光山宗務委員會，1997.

本書透過面對面採訪，特別訪問佛光文化出版社滿濟法師、香海文化出版社妙蘊法師、佛光山文化部黃美華師姑、上海大覺文化傳播有限公司符芝瑛執行長，以及目前仍在「人間福報」工作，曾是香海文化編輯的杜惠晴女士；透過下列相關題目，去找出佛光山目前出版物的最高編輯政策為何？而訪談詳細題目大致如下：

（1）佛光山在決定出版時，出版的內容來源是否有所規範？例如：僅限於佛教經典或義理、星雲大師的法語、傳記、演講或者相關活動等。

（2）佛光山在決定出版時，出版的主題是否有所規範嗎？例如：必須以人間佛教為主的方向、或者必須要以佛光山的各種弘法活動與主題為主。

（3）佛光山在決定出版時，出版的型態是否有所規範？例如：紙本出版、光碟或者電子書等。

（4）大部分擔任佛光山的編輯人員，在編撰、編排、校對或下標題、封面設計時，是否有別於其他一般出版社的規範嗎？若有，能否舉例說明呢？

（5）佛光山的出版單位是否有無刻意在推廣〈人間佛教〉的理念嗎？而這個理念，在出版過程中，是否會刻意的重複透過圖書出版加以宣導嗎？在實際出版過程中，佛光山旗下的出版社是否有所謂的「編輯室的社會控制」（newsroom social control）？例如：那些字眼？那些主題要特別注意，不能觸犯；或者下標題過程，有一定的範圍等等。

（6）請您針對非佛光山出版社出版與佛光山或者星雲大師的書籍，有無任何規範？例如：作者可以找外面的，但是最後內容必須由佛光山看過；抑或者在出版主題過程中，必須要符合佛光山「人間佛教」的大原則嗎？

（7）佛光山在與非佛光山出版社合作的原則是什麼？有無任何宗教的考慮嗎？

以下針對上述所提的佛光文化出版社滿濟法師、香海文化出版社妙蘊法師、上海大覺文化傳播有限公司符芝瑛執行長，以及目前仍在「人間福報」工作，曾是香海文化編輯的杜惠晴女士等四位，依照訪談時間的先後順序，將訪談內容加以彙整，進而瞭解佛光山教團下各出版社的編輯政策為何？至於，佛光山文化部黃美華師姑的訪談內容，則將於本書出版產值與發行量該部分呈現。

（1）香海文化妙蘊法師訪談紀錄：

第一次在新北市三重區三民路滴水坊的樓上，與香海文化妙蘊法師碰面。妙蘊法師說，佛光山的書比較不會做促銷；書籍的折扣不會太低，大概都在 55%～70%；每年平均大概都有 24-25 種以上的新書，其餘都是再版書；把過去佛光出版社曾經出版的書籍，經過重新編排後再版，尤其在 2005-2014 年之間，像：師父（星雲大師）的著作、文學相關、小說散文與詩集等，銷量都不錯；近兩年來，又增加了一些經典與「人間佛教」相關的論文。香海每年銷售額，應該差不多新臺幣 1,500 萬～2,000 多萬吧！而購買香海文化出版的書籍客群，大概有七成以上是信眾。

若提到與佛光文化的區隔，妙蘊法師表示，最早的佛光出版社是只送不賣，以贈閱與內部刊物的出版為主，後來慢慢制度化之後，才有香海、佛光文化、如是我聞等出版社等。先前幾個出版社並無明確分工，後來 2000 年以後，香海本身的出版主軸以接近市場為主，作者也比較多元。當然，以一個佛教出版社的立場，還是有許多不能出版的，例如：十八禁的書籍等。依照目前香海出版物的主軸，主要還是文選（星雲大師）的再版，以及散文、小說等；甚至會開發心靈與禪相關主題的出版物；而面對一些出版社合作的

提案，也是會提給佛光山本山專門負責與大師合作的書記室去審核；但最近這種出版合作，都已經轉給專案編輯小組單一窗口負責。

至於，香海的書籍，除佛光山自己的通路，例如：黃美華師姑那邊的通路，也會委請外面發行商協助發行。目前有合作的發行商以時報文化為主。每本新書每刷大約1,200本的印量，通常退書的數量比較少，不過還是會有20%左右的退書數量。此外，像佛光山的2,000多個人間佛教讀書會，也是香海主要的客戶。總而言之，香海除了是隸屬宗教團體所有之外，其餘都跟一般出版社的運作一樣。

（2）曾任香海文化編輯的杜晴惠訪談紀錄：

杜晴惠女士，本身就是一位專業出版人；曾任「香海文化」與「慈濟文化」兩大佛教教團所隸屬的出版社擔任編輯，也曾在聯合文化擔任總編輯工作；目前仍在〈人間福報〉擔任特約編輯與撰稿人員，與她的訪談稿整理如下：

若從一位編輯角度去理解，香海文化出版《傳燈》與《佛光菜根譚》這兩本書的主要因素，當時就是希望推廣佛教。佛光山的出版目標，也是任何與其他出版社合作的大前提，就是推廣佛教。因為佛經不容易瞭解，所以，若可以透過其他淺白的方式去弘法，就會合作。而《傳燈》這本書，在這個前提之下，就同意讓符芝瑛女士與〈天下文化〉出版大師的傳記；至於，《佛光菜根譚》，是我主編的叢書。星雲大師本身的意思是，若能讓這些簡單的話語，透過出版，變成每個人的座右銘，無形之中也就達到弘法的目標。

當《傳燈》與《佛光菜根譚》出版後，對社會的影響很大，而且是正面的。當然，每個人閱讀能力與智力不同，對於這兩本所帶給他們的影響不一，或者度化他們的能量不一。這兩本出版後，不

能單純以發行量為評估。當初在出版《傳燈》時，是希望用簡單的新聞方式去撰寫大師的一生，讓一般人看的懂，所以剛出版時，根本無法預設目標多少量。不過，後來得知《傳燈》的發行量很大，應該超過 50 幾萬冊，尤其在助印或者捐贈系統中。之所以暢銷的理由在於該書的內容或者發生的事情，是簡單的透過技藝，就可以去推廣的，比佛經容易。其實，香海文化一開始也有想過把發行通路拓展到一般書店與零售通路，想把市場打開。後來透過時報文化通路，佛光山希望可以透過外面發行商去推廣市場，但是沒有效果；其實，宗教書常常沒有長程發行計畫，熱銷的書籍，幾乎都是師父或者法師推薦。

不過，當時這兩本書出來，讓那些宗教信仰不明確，或者對佛教信仰不堅定的，影響程度很大。讓那些原本信佛教的信徒，透過出版物找到正信的佛教；透過寺院的師父推薦，相信這是不會欺騙人的內容。所以，這就是宗教類書種與宗教出版社的特色。必須透過宗教力量來協助推廣。另外，《佛光菜根譚》的銷售量，應該破百萬冊。

其實在佛光山體系下，佛光山各出版單位開始成立的目的，就是以弘揚「人間佛教」的理念為主，而星雲大師就是「人間佛教」各種出版物的票房保證、暢銷作家，而現在的星雲大師，已經等於「人間佛教」的代表人物。當時佛光山也有一個「星火」計畫，刻意以專業知識與技術培養後進法師，著手撰寫與「人間佛教」相關的文章與圖書，例如：慧開法師等，讓「人間佛教」是無所不在。

在實際出版過程中，佛光山教團的出版社裡面是沒有所謂的「編輯室社會控制（newsroom social control）」的。據她在香海的經驗，沒有什麼特殊的主題或者字眼需要特別注意。若說真的有所規範或者編輯政策的話，以佛光山為例，這種社會控制，就是希

望每個人都成為佛教徒,而實際編輯或出版專業行為中,沒有太多限制。比較常看見的生態就是會有法師們經常跟您鼓吹,說佛教有多好,又該如何去實踐「人間佛教」,如何讓佛教徒達到更多的人生目標。

　　至於,非佛光山出版社與佛光山或星雲大師的合作出版書籍,同樣沒有任何限制。外面的出版社必須提案,因為寫的人是大師,大師同意即可。還有像以大師為主角的月曆,例如:先前有人提案出版「生命的田園」桌曆,也是通過,後來這個桌曆銷量特別好。通常是出版社先提案,提案之後先給佛光山,佛光山討論之後,再把相關內容給出版社;出版社再針對內容進行彙編後,彙編完成後,再給佛光山書記室協助校對,最後再出版。

　　佛光山出版物是否有獲利?杜表示,因為讀者有時候不清楚是否是佛光山隸屬的出版社,還要合作的外面出版社出版的,只要是以佛光山或者星雲大師為內容,信徒往往都會買。所以,外版書籍,據我所知,往往銷售量都可能比佛光山本版書籍高,理由在於會更在編輯上更下功夫,等於在內容上更希望去爭取佛光山的信眾。換句話說,外版是賺錢的。至於本版書,其實基於佛教弘法,加上本版書的推廣往往透過寺院,所以實際的銷售量與獲利根本無法精準估算;加上其他教團,例如:慈濟 2015 年內湖案件的新聞,引來國稅局一波對宗教團體查帳,所以,這部分我們是不清楚的。至於,與佛光山合作的出版社有無一定必須有宗教信仰或者一定的原則嗎?杜認為,佛光山的編輯政策相關自由,沒有任何考慮與原則。

　　最後,我以一位讀者角度看佛光山的出版物,我發現佛光山各項出版物的卻有意無意在塑造〈星雲大師〉是人間佛教的代言人,或者塑造〈佛光山〉等於「人間佛教」的這種氛圍,但這就是佛光

山的弘法主要目標啊！所以，不僅針對星雲大師本人，佛光山的各種出版物，都是環繞佛光山的各種弘法相關的主題與內容。舉自己為例，年輕時候去香海、慈濟擔任編輯，主要是為了上班而上班；說真的，當時對於大家批評星雲大師是政治和尚的時候，自己也曾動搖；不過，仔細去閱讀《貧僧有話要說》，以及與佛光山相關人事物相處，在加上有孩子之後。我對生命更有瞭解，也開始去瞭解這些佛教的因緣。而這些都肇因於有這些弘法的書籍。而也正因為佛光山各出版社將內容改編，讓其內容是較容易懂的，而且也較容易深入一般大眾的心裡，而非全是佛教義理與經典。而這正是佛光山出版物的重要功能所在。

（3）擔任佛光文化社長的滿濟法師訪談紀錄：

與滿濟法師的訪談是一個比較正式的訪談，在訪談之前也曾針對上述訪談題目與佛光文化出版社進行溝通。茲針對不同題目類別彙整如下：

佛光文化出版社每年出版的種類數量不一，而且與香海文化出版種類不一樣；佛光文化出版較多經藏、佛教義理與儀規，或者各宗派的介紹與說明，是不同於香海偏重文選、小說與一般應世的內容。此外，佛光也會出版一些論文等。通常偏學術論文，第一刷大致是 1,000 本～2,000 本之間，其他的可能再 2,000～3,000 本；此外，佛光文化也會配合項目編輯小組，以及書庫裡面的存書進行再出版或者補書，所以，整體出版種類數量與發行數量，每年都不太確定。

星雲大師的書籍，往往是最暢銷的。大師對於出版社該出版那些書？往往採開放與多元的態度，例如：高僧全集就是一種集體創作，沒有偶像包袱，一定要誰來撰寫編輯。此外，早期佛光文化早期主要也是出版佛光山年鑒或者經典寶藏等，直到 2000 年以後，

才有更明確的分工。至於佛光文化出版書籍的主要通路,就是分別院、各信徒與各佛光會為主;後來黃美華師姑也建立的佛光文化悅讀網,在網路上銷售書籍。

佛光山隸屬的各山版社,當然包括佛光文化,我們當然是為「人間佛教」這個理念進行出版書籍;而星雲大師更是以身作則,其關於「人間佛教」該主體的出版數量是整個佛光山出版的大宗,而且很暢銷。星雲大師與我們之間,可以說「三分師徒,七分道友」。對「人間佛教」該主題的推廣,沒有刻意,但是以身作則。

至於佛光文化出版社的內部組織,像主編是屬於官派,但是整個編輯室內是相當自由與開放的;我們選題與接受投稿,也是屬於八宗兼弘。但是,有很多文章或者圖書內容,若是談各宗派義理,則必須審稿,避免裡面有些道理不正確;或者有些藝文散文的文章,只要稍具文創性,我們也願意收錄,但是必須是高尚、無色情的。若描述到僧伽生活情形,可以摘錄,描述過程中必須合情合理。而這些正是我們篩選文章與主題的主要原則,而這個原則應該也是一般出版社的基本準則吧!

是否有「星雲大師模式」?其實前 50 年佛光山根本沒有模式,只是星雲大師自己建立以身作則典範。雖然有人將這個典範稱之《星雲模式》,但是內部並沒有去刻意宣導;後 50 年,或許可能有第二個模式產生,但是在 2000 年以後,整個佛光山出版組織扁平化,主要是由佛(道場)、法(研究院)、僧(一般出家眾)來推廣「人間佛教」這各理念;星雲大師曾對我們說過了,就算星雲大師不在了,這個模式或者方式,應該被持續下去,而這各或許可稱之為《星雲模式》。

(4)擔任上海大覺文化傳播執行長的符芝瑛訪談紀錄:

符芝瑛女士已經在上海定居,回臺時間比較少,目前擔任佛光

山大覺文化傳播有限公司執行長。特別挑了一個午後，與符姊從佛光山出版單位管理者角度，來回答與佛光山的出版編輯政策相關題目。

宗教本身就是傳播過程，透過理念的擴散與認同，就是宗教行為。而宗教本身就是種出世的精神，但要做入世的事業，就是必須傳播，不過，傳播必須講究效果。隨著科技發展，傳播手段也多元；從過去較邊緣的傳播方式，例如：紙本傳播，到目前屬於跨界的方式，像電子書與網路，甚至把佛教納入文創，都是跨界傳播的一種。

傳播佛法過程中，有什麼能夠傳播的呢？佛光山目前可以把佛教弘揚到五大洲，其實都跟星雲大師的個性所導致的，因為大師隨緣；不拘泥於佛教傳播就是應該去就讀佛學院；而是以開放與多元方式傳播佛法，而這種傳播的效果極佳；例如，把佛教概念禮品化或者文創化，生產佛教圖像的文具或者文化用品，某些程度就是弘法。像我來大覺，其實也是透過一種媒介，例如：船，把法從臺灣再來大陸這各彼岸。

舉我為例子，如果星雲大師僅修道（自己）而不入世，因為「人間佛教」比較容易接觸，我可能就無法寫《傳燈》與《雲水日月》，而我也無法親近佛門；星雲大師有很強烈的儒家思想與中華民族身分，極富有利他的精神。他曾經說過，如果要讓他重新選舉，他將乘願再來做和尚。而「人間佛教」就是回歸佛陀本懷。

在整個出版社的管理與編輯政策上，符姊說，自由發揮，自我管理比別人管更重要。在大覺文化的公司裡，有個不成文的慣例，大家都希望多做一點，不過卻沒有任何的 KPI 去牽絆與束縛；而是去發心，利用心的力量。而出版這些書的目的，以弘法利生的觀點來說，就是讓人感受到歡喜、善。透過這些圖書去影響他人，這

就種自利,還要利他的精神,這也是「人間佛教」最終的目的。

另,關於編輯政策而言,星雲大師於《喬達摩》月刊的「星雲大師開講」中提到[211]:佛光山是一個教團,不是以慈善救濟為主,而是以文化教育為重。除了大量的經費用於教育之外,第二部分就談到文化了。說起文化,貧僧從小雖不好錢財,但喜歡舞文弄墨,六十七年前在大陸時,就曾經辦過《怒濤》月刊,承蒙家師志開上人捐獻補助紙張、蔭雲和尚幫忙印刷費,一共辦了二十期。時逢法幣和金圓券不斷的貶值,也難以去算它有多少錢了。

到了臺灣以後,除供應過去的《自由青年》、《覺生》月刊、《菩提樹》雜誌稿件以外,自己也主編過《人生》雜誌、《今日佛教》。尤其發行四十年的《覺世》旬刊,到現在《人間福報》每天都有「覺世版」,至今十五年不輟。「覺世」這個名稱隨著我,應該也有五十五年的歷史了。

之所以會辦《人間福報》,是星雲大師青少年時候的理想,一定要為佛教辦一所大學、辦一個電臺、辦一份報紙。雖然面臨平面媒體發展不景氣的時代,但我特地選擇在二〇〇〇年四月一日智人節創刊。我籌備了一億元給心定和尚做發行人、依空法師做社長,我和他們說,這一億元來得不易,你們要是把報紙辦到三年才倒閉,我就不怪你們;如果在三年內停刊,你們就辜負我的苦心了。

大師認為,自己的話還算有力量,先後歷經依空、永芸、柴松林、妙開、符芝瑛、金蜀卿等社長,到現在已整整十五年了。十五年來,常住大約也有二十多億元的補貼。辦報紙到底有沒有賺進分文,歷任社長都可以見證,如實知道實際的情況。

另,為了編印《佛光大辭典》,日本龍谷大學博士出身的慈怡

---

[211] 星雲大師.我究竟用了多少錢?[J]高雄,喬達摩,2015(42).

法師為我主持編務。花了十年的時間，在一九八八年完成，大陸中國佛教協會會長趙樸初長者，就希望我們能把大陸的出版權贈送給中國佛教協會去發行。這十年開支一億元以上的費用，也在自己歡喜捨得的性格下，就轉贈給他們在大陸出版了。後來，聽說在亞洲其他國家如越南、韓國，把這十大冊、三萬二千多則詞條、約三千幀圖表、近千萬言的辭典，都翻譯成當地語言出版。為了佛法的流傳，我也就不去顧慮什麼版權的問題了。現在隨著電腦、網路的快速發展，也花了不少費用，由慈惠、永本法師將《佛光大辭典》重新增修，並且製作成電子佛學辭典發行，以利大眾使用。

《佛光大辭典》編輯完成的同時，三十多年來，佛光山大藏經編修委員會不斷進行《佛光大藏經》的編修工作，將經典重新分段、標點、校對。陸續完成的有：《阿含藏》十七冊、《禪藏》五十一冊、《般若藏》四十二冊、《淨土藏》三十三冊、《法華藏》五十五冊等。這許多大藏經，光是送教育部代為轉贈給各大學就有三百部，還有贈予聯合國圖書館、紐約大學、哈佛大學、俄國聖彼得大學、英國劍橋大學、牛津大學等海內外各大學圖書館等，已不只千套以上了。

目前由依恒負責《聲聞藏》，依空負責《藝文藏》，永本、妙書負責《本緣藏》，滿紀負責《唯識藏》等，他們各自帶領無以計數的義工，同步進行編纂藏經的工作。集數十人的力量、三十餘年的時間，除了佛光山供應食宿之外，包括編輯義工的車馬費，印刷、出版、運費等，也應該在五億以上了。

耗費十餘年編輯的《世界佛教美術圖說大辭典》出版之後，可以說，不但震動了佛教界，也震撼了藝文界、建築界。這套由如常法師主持編修的二十巨冊圖典，收錄有四百多萬字，一萬餘張圖片，九千多條詞目。甚至，沒有出版的圖片，在佛光山檔案裡還存

有五萬多張。除了中文版之外，有恆法師負責的英文版也即將印行。這當中誰又知道，為了這套佛教美術圖典，包括資料的收集、專業人士的撰寫稿費、翻譯、印行、出版等，佛光山花了不只十億元以上。

從六十年前，慈莊法師負責的三重佛教文化服務處開始，到今日有滿濟等負責的佛光出版社；由永均、蔡孟樺、妙蘊前後負責的香海文化；在上海，有滿觀、符芝瑛前後負責的大覺文化等出版社，以及依潤、永均、覺念前後負責的如是我聞文化公司，雖然出版物也有訂價買賣，但佛教著作仍然以贈送為多，其他印贈的小叢書、各類書籍、《佛光學報》、《普門學報》等，也實在無法一一細算，這幾十年下來，開支應該也在三十億元以上了。

此外，依空、滿濟、永應、吉廣輿負責，邀請兩岸學者專家共同編撰的《中國佛教經典寶藏白話版》一百三十二冊；永明、永進、滿耕以及南京大學程恭讓教授，共同收錄編輯的兩岸碩博士論文《法藏文庫‧中國佛教學術論典》一百一十冊等，所投入的經費，也在一億元左右。加上貧僧個人的出版，著作二千萬字以上，以一本一本的書計算，應該有三百多本。以上的開支，總計新臺幣一百多億以上。所幸，貧僧的書籍已上了大陸十大暢銷書排行榜，他們贈予的稿費、版稅人民幣，也給了我一些幫助。

而上述星雲大師所提的，一路下的堅持，加上又如此龐大的經費負擔，佛光山目前的文化弘法之所以成功，或許並沒有其他的編輯政策，而是宗教信仰的支撐，還有星雲大師與這些法師們的努力。換言之，星雲大師雖然力倡文化弘法，但他深知這條路需要大量經費支援，所以在整個佛光山教團組織的健全化，以及教育法師與信徒們的兩方面上，的確著墨很多；因為唯有這些法師人才與信徒們大量經費的支持，才有機會創建如此規模的佛教出版集團。

3.3.3 佛光山發行數量推估

　　解嚴前的臺灣佛教由荒蕪到蓬勃，緇素大德的講經弘法固然是推動佛教興盛之因，但是印經與出版事業的提倡，從無到有，亦是其中的關鍵因素。佛教的弘傳與發展，如果不是藉由文字和媒體的流傳，也不會有今日的佛教歷史和繁花盛景。歷來，不管是西域來華的大德或中國西行求法的高僧，由於他們不畏艱險的探索追尋，經由歷朝歷代的文字典籍流傳，而開拓了佛教文化弘法的無遠弗屆。

　　一項偉大的事業，總是需要集體創作、眾緣和合。佛光山在星雲大師的領導下，以一個佛教僧團所從事的文化事業，對整個佛教的影響更是具有時代意義和影響。五十年前設於三重的「三重文化服務處」是佛光山第一個文化發行單位，以此奠定了佛光山以文化弘揚佛法的基礎；一向以文教為重的佛光山星雲大師說：「佛光書局不是為了賺錢，主要作用在弘法。」秉持著這個信念，佛光山的法師們以師志為己志，用出世的精神做入世的事業。

　　慈惠法師說：「當年從《覺世》又增加《普門》，在人力及經費上皆非常拮据。佛光山為了《普門》可說罄其所有，在大師一聲令下，各別分院皆按月出資補助，大力推廣。如此二話不說、不惜一切、全力以赴的共識，也因佛光山是以文教起家，而大師是以文字弘法來延續法脈、薪火相傳的。」依淳法師說：「當時既缺乏編輯人才，也缺乏發行經費。因為人才、錢財均欠缺，不得不把理想擺一邊，因財就簡編輯問世。由於經費困難，又屬贈閱，不得不精打細算，一分錢作十分錢用，工作人員僅二、三人，都是身兼數職的義工。可貴的是，雖然是義工，但每屆編輯之期，均卯足勁，全力以赴，漏夜趕工，數日不眠不休是經常的事，可是我們法喜充滿。」[212]

---

[212] 釋永芸.佛教期刊必須與時俱進——談佛光山期刊的時代影響與未來發展[J].臺

依空法師說：「《普門》的經濟拮据，一直是我們胸中的痛與無奈。要信徒出一百元做慈善，善人易為；要他們訂一本雜誌，簡直匪夷所思，佛書不是贈送的嗎？事實上，讀者每訂閱一本《普門》，我們便要倒賠十多元，更遑論贈閱了。為了廣為招睞，我開始『出賣』自己，只要訂閱《普門》，我便去佛學講座，文教工作一齊來。師兄弟們都笑我一心稱念：『南無普門佛！』另外，佛光山海內外別分院，義賣搶購似地爭先為《普門》認養訂閱份數，佛光山文教基金會、佛光山都監院每個月各贊助普門新臺幣二十萬元，數年不斷，使《普門》能維持至今；佛光山的門下弟子對於佛教文教事業，能有一致的共識，實為《普門》之幸，佛教之幸！」可是，究竟佛光山隸屬的出版社每月每年的出版產值有多少？發行數量又是多少？其實似乎從過去就已經不得而已。因為似乎佛光山固定的對外報告中，只呈現發行量的多寡，但從無任何資料提到產值多少？

早期在「覺世月刊」、「普門雜誌」盛行的年代裡，「覺世月刊，早期屬於小報紙型，民國七十五年（1986）改為小冊子型式，並改為贈閱；民國七十九年十二月份為止，每期發行超過 80,000 份，當年發行超過 300 萬份（當時覺世屬半月刊）。因為覺世純贈閱之刊物，經費主要由信徒樂施捐贈，雖然一向入不敷出，仍堅持出刊。當年常住撥新臺幣五百萬，但仍是入不敷出。」[213]「普門雜誌，從民國六十八年 10 月（1979 年起）創刊到民國七十九年（1990 年），共發行 135 期，發行 1,512,000 本，而訂閱戶訂閱量總計僅 492,000 本。」

北：佛教圖書館館刊，2012（55）．

[213] 星雲大師.我們的報告：佛光山做了些什麼？[M]高雄：佛光山宗務委員會，1991．

在同本《我們的報告：佛光山做了些什麼？》一書中，也出現佛光山早期（1990 年）出版社所出版圖書的贈閱數量，雖然圖書種類數量並不多，不過，光這些贈閱的費用支出，就已經超過新臺幣三千多萬元。而這個資料雖不能代表佛光山當年各種文化出版的出版總產值，但就整個對外發行來說，其接觸信徒的面，還是比較寬廣，請詳見下表 3-3。

滿耕法師在 2006 年的《普門學報》第 35 其所發表的《星雲大師與當代「人間佛教」》一文中也提到，2004 年佛光山弘法事業統計表中，文化弘法占整該年的 21.6%，其中僅提到「新書出版 60 種類，接觸人次為 1,536,748 人次、贈書贈報接觸人次 3,657,658 人次、影音出版 14 種類，接觸 164,875 人次、學術研討接觸人次 93,258 人次、展演活動接觸 6,038,451 人次，以及演講開示接觸人次為 9,852,765 人次；若統計該年在文化弘法的成效，僅有一個總計數字：21,343,755 人次。」

表 3-3：佛光山 1990 年出版贈閱數量統計

項目		種類	數量（冊）	費用支出（元）
佛光小叢書	新版	12	300,000	4,000,000
	再版	25	95,000	
錄音卡帶		15	200,000	10,000,000
佛光大辭典		1	1,357	13,500,000
佛光大藏經		1	186	1,480,000
佛教學術特刊實錄		6	19,300	6,600,000
其他（各類佛光叢書）		百餘種	10,000	1,500,000
總計			625,843	37,080,000

資料來源：本書自行整理

出版產值對佛教這個非營利組織來說，實難估算，畢竟整個成本與費用計算，沒有任何標準，也不符合市場，所以，數字很不精準；加上購買這些圖書的客戶，或言信徒們，有時採購書籍的數量與實際所需數量差距甚大，主要因為買來贈送給朋友；又或者有大量的助印企業與機構，在一本以《星雲大師》為主的「人間佛教」系列叢書，在未進去真正的圖書市場時，其印刷量就已高達數十萬冊，甚至數百萬冊。這種情形可從許多對外宣傳的書本介紹中可看出。

例如1：《佛光菜根譚》，自1998年至2004年間，彙編了四集，共有3320則；出版後，引起讀者極大迴響，先後有國防部、救國團、臺灣省教育會、高雄警察局、僑務委員會等單位大量請購，分送至各級學校、軍警單位及各地監獄，作為他們敦品勵學、修心養性的社教教材。由於全球發行量超過百萬冊，有十二國譯本，普受讀者喜愛，因此香海文化特別推出《佛光菜根譚》珍藏版，重新分類、分冊，並增補大師一生中重要的觀念、故事，提供讀者珍藏的紀念版。

例如2：摘錄自《貧僧有話要說》星雲大師的內容，該本書以贈閱超過上百萬冊。「大家也許會覺得奇怪，玉琳國師是三百年前順治皇帝的老師，他怎麼會來幫我買佛光山的土地呢？因為貧僧寫了一本《玉琳國師》的小傳，這一本小書，不只出版了幾十版以上，在馬來西亞、香港、菲律賓一直都在暢銷書排行榜上，也被拍成電視劇、電影，幫我宣揚。」「觀音菩薩怎麼會幫我建大悲殿呢？貧僧在新竹青草湖教書時，有學過三個月的日文，於是翻譯了日本學者森下大圓先生的著作《觀世音菩薩普門品講話》。在臺灣五十

年前，還是佛教文化沙漠那個年代，這一本書也成為暢銷書。」[214]

例如 3：一九九五年《傳燈》出版，星雲大師的事蹟首度面世，已有百萬讀者的見證與感動。天下文化公司社長高希均教授，在由天下文化公司主辦，《民生報》、《普門》雜誌社協辦的「傳燈百萬徵文比賽」頒獎典禮上表示：「因《傳燈》的出版，讓更多的人瞭解佛光山，瞭解星雲大師對海外華人的貢獻。創造了臺灣四十年來，出版十一個月，銷售二十七萬冊的紀錄，這本書的暢銷也反應了臺灣民眾逐漸從忙亂的物質追求進入到回歸本心的尋覓，從這個角度來看《傳燈》的讀者群，可以發現早已由佛教信眾核心輻射到社會各層面。除了作者符小姐的文字吸引人外，傳主星雲大師給人的啟示和感受，最為動人。」

例如 4：2011 年新加坡，新馬總住持覺誠法師應主辦單位邀請，蒞臨書展現場講演「星雲大師點智慧」的啟示，吸引近 400 人聆聽與提問，造成今年書展演講廳首次爆滿。引言人《新明日報》執行編輯，亦是「星雲大師點智慧」編者朱志偉，首先敘述在《新明日報》編輯該專欄近 600 期的因緣，以及熱烈迴響的盛況，其內心深受感動發願促成出書，讓更多人受惠。朱志偉表示，《星雲大師點智慧》今年 3 月初版 10,000 冊，兩、三周內即被搶購一空，4 月二刷 5,000 冊亦不敷應付讀者需求，5 月加印 10,000 冊；不但造成新加坡「點智慧」風潮，亦是本次書展單本量銷售量之冠。他特別分享一則感人的故事，故事女主角是一位熟習華文的回教徒馬來人，對星雲大師的睿智與慈悲暨佩服又崇敬，知道新書出爐迫不及待購買 30 本，分寄印尼、馬來西亞等地予其友人。[215]

---

[214] 星雲大師.貧僧有話要說後記[N].福報，2015-01-21

[215] 新明日報.星雲大師點智慧[EB/OL].[2011-04-3].http://blog.udn.com/jason080/335456

從上述這些例子來看，佛光山隸屬的這些出版社的出版產值的確很高，但是很難估算；個別的書籍或者作者很暢銷，但是有時候無法釐清多少比例是屬於助印或者捐贈性質，有些是實際的商業產值；甚至在整個佛光山隸屬的出版社群中，可能僅有星雲大師所出版的圖書或者其他文化弘法產品是有盈餘的，其餘像佛教義理、佛教宗派與經藏文庫等，這些其實都很少被提及，而這些的產值呢？更是無法推估與揣摩。

2000年之後，佛光山隸屬的各出版單位，把整個對外發行彙整到佛光山文化發行部黃美華師姑，進行佛光山各出版物的發行業務。黃美華師姑除了百家書店（包含滴水坊）、雲水書車、各大寺院的人間讀書會之外，部分也委託臺灣的圖書館供應商、飛鴻佛教圖書代理商[216]與代理香海文化一般圖書的時報文化公司進行銷售，而黃美華師姑所負責的發行對象詳如下圖3-7所示。

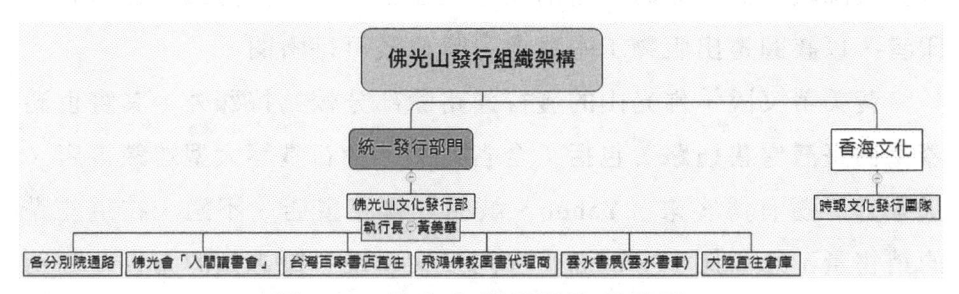

圖3-7：佛光山發行通路示意圖

資料來源：本書自行整理

---

[216] 飛鴻佛教圖書代理商本成立於民國八十八年，主要的營業項目是書籍的經銷，不過它所代理的佛學類出版社較為齊全，包括：佛光教團下各出版社，還有法鼓山教團等。行銷通路為國內外的各大書店及佛教流通處，近年來也開始拓展網路書店的業務。飛鴻公司所扮演的不只是經銷發行的角色，也以如何拓展出版品的實銷通路為主要目標。

誠如本書曾與黃美華師姑面訪時，她表示，佛光山文化發行部，主要是統籌本山各出版物的活動與發行，也會參與大型書展，策劃各分別院的雲水書車書展，以及上述各種通路的發行事業。發行數量是不一致的，其中以論文的每刷數量較低，大約 1,000 本左右，而新書大約 5,000 本；項目則不一定，有時一下就要幾萬本。另外，目前配合最多的是與項目編輯小組的合作，並與「傳道協會公益基金」進行推廣與銷售星雲大師的著作。

黃美華師姑說，或許是大師希望我能夠再度發揮以前在「人間福報」的成績，更或許成立專責發行部門是希望可以將出版物等值於相同的業績，因為過去在發行這部分，因窗口更換較頻繁、發行服務時間不固定，導致讓佛光山相關出版物在一般通路上，不太好賣，只好透過像人間讀書會與寺院流通處進行銷售。當然，目前發行部還是以星雲大師為核心，配合項目進行發行；早期有許多受到星雲大師感召而助印的，目前在專案配合時，更換方式，也願意助印者，以該圖書出版物工本費進行購買後再行贈閱。

黃美華又說，佛光山的發行通路除部分較為特殊外，其實也涵蓋整個臺灣零售通路，包括：全省誠品、金石堂等大型連鎖書店、量販店，還有博客來、Yahoo、誠品等網路書店。不過，在這些點的銷售量不好，比不上市面上專門以文學或者勵志類的圖書。因銷售量不佳，而書店與零售點就漸漸不願意進我們的書籍。至於佛光山直屬發行通路，在整個臺灣地區，尚有五家佛光書局、三十八個分別院流通處，詳細請見下表 3-4。

表 3-4：佛光山出版物發行與流通處一覽表

序號	書店名稱	地址	備註
1	臺北忠孝佛光書局	臺北市忠孝西路一段 72 號 9 樓 14 室	佛光書局
2	臺北汀州佛光書局	臺北市汀州路三段 188 號 2 樓之 4	佛光書局
3	三重佛光書局	臺北縣三重市三和路三段 117 號	佛光書局
4	高雄佛光書局	高雄市前金區賢中街 27 號	佛光書局
5	員林佛光書局	彰化縣員林鎮南昌路 79 號	佛光書局
6	臺北道場	臺北市信義區松隆路 327 號 14 樓	大臺北區
7	普門寺	臺北市民權東路三段 136 號 11 樓	大臺北區
8	北海道場	臺北縣石門鄉內石門靈山路 106 號	大臺北區
9	板橋講堂	臺北縣板橋市四川路二段 16 巷 8 號 4 樓	大臺北區
10	安國寺	臺北市北投區復興三路 101 巷 10 號	大臺北區
11	永和學舍	臺北縣永和市中正路 446 號 9 樓	大臺北區
12	新莊禪淨中心	臺北縣新莊市自立街 41 巷 39 號 2 樓	大臺北區
13	泰山禪淨中心	臺北縣泰山鄉泰林路美寧街 57 巷 35 弄 1 號 5 樓	大臺北區
14	內湖禪淨中心	臺北市內湖區成功路二段 312 巷 76 號	大臺北區
15	三重禪淨中心	臺北縣三重市三和路四段 111 之 32 號 4 樓	大臺北區
16	雷音寺	宜蘭市中山路 257 號	宜蘭地區

表 3-4：佛光山出版物發行與流通處一覽表（續）

序號	書店名稱	地址	備註
17	圓明寺	宜蘭縣礁溪鄉二結村 65 號	宜蘭地區
18	仁愛之家	宜蘭縣礁溪鄉龍潭村龍泉路 31 號	宜蘭地區
19	極樂寺	基隆市信二路 270 號	基隆地區
20	桃園講堂	桃園市中正路 720 號 10 樓	桃園地區
21	桃園和平禪寺	桃園縣大溪鎮美華里 7 鄰 5 號	桃園地區
22	法寶寺	新竹市民族路 241 巷 1 號	新竹地區
23	大覺寺	新竹縣竹東鎮長春路一段 167 號	新竹地區
24	苗栗講堂	苗栗市建功里成功路 15 號 5 樓	苗栗地區
25	明崇寺	苗栗縣頭屋鄉明德村 18 鄰 82 之 1 號	苗栗地區
26	頭份禪淨中心	苗栗縣頭份鎮忠孝里自強路 75 號 11 樓	苗栗地區
27	東海道場	臺中市工業區一路 2 巷 3 號 13、14 樓	臺中地區
28	豐原禪淨中心	臺中縣豐原市中山路 510 巷 15 號 8 樓	臺中地區
29	福山寺	彰化市福山里福山街 348 號	彰化地區
30	彰化講堂	彰化市彰安里民族路 209 號 8 樓	彰化地區
31	員林講堂	彰化縣員林鎮南昌路 75 號 3 樓	彰化地區
32	北港禪淨中心	雲林縣北港鎮文化路 42 號 9 樓之 3	雲林地區
33	圓福寺	嘉義市圓福街 37 號	嘉義地區
34	臺南講堂	臺南縣永康市中華路 425 號 13 樓	臺南地區
35	福國寺	臺南市安和路四段 538 巷 81 號	臺南地區
36	慧慈寺	臺南縣善化鎮文昌路 65 之 6 號	臺南地區

表 3-4：佛光山出版物發行與流通處一覽表（續）

序號	書店名稱	地址	備註
37	永康禪淨中心	臺南縣永康市昆山村昆山街 193 號 7 樓之 1	臺南地區
38	普賢寺	高雄市前金區七賢二路 426 號 10 樓	高雄地區
39	壽山寺	高雄市鼓山區鼓山一路 53 巷 109 號	高雄地區
40	小港講堂	高雄市小港區永順街 47 號 12 樓	高雄地區
41	花蓮月光寺	花蓮縣吉安鄉吉安村吉昌二街 28 號	花東地區
42	臺東日光寺	臺東市蘭州街 58 巷 25 號	花東地區
43	海天佛剎	澎湖縣馬公市東衛里 171 號	澎湖地區

資料來源：本書自行整理

另，本書從佛光山內部也取的部分發行資料，發現自 2000 年以後，佛光山所隸屬的各出版社，每季、每月都會有份明確的發行報告，裡面會統計該月的發行出版種類數量、發行通路的發行數量的占比、各出版社當月發行數量排行與當月出版暢銷排行種類。茲就 2016 年 8 月到 10 月內部發行報表中，可見一般，請詳見下面說明。

在 2016 年 8 月到 10 月間，平均每月對外發行種類數量，應該都有 700 種以上，這數字相較於整個佛光山隸屬各出版社總出版書籍種類（大約 1,500 種）[217]來說，接近一半以上的書籍，每個月都在「動」；其中八月發行種類最多（850 種），但是整體發行量卻最低，僅有 33,083 本／套，可能是當月所發行或者銷售的圖書，

---
[217] 請參考第四章說明。

比較多為單冊書籍（單行本），並無套書；而九月、十月可能套書的銷售量相較之下，比較多。這點若再比較下表發行通路的數量占比來看，八月份經銷商、書局與網路的銷售占比相較九、十月來說，高出近 8～10%的數量，可能是八月份暑假去逛書店的人潮較多導致，詳情請見下表 3-5。

表 3-5：2016 年 8-10 月發行種類數量統計表

月　　份	2016 年 8 月	2016 年 9 月	2016 年 10 月
種　　類	850 種	666 種	763 種
發行量	33,083 本／套	61,525 本／套	63,434 本／套

資料來源：本書自行整理

至於，以佛光山銷售通路占比來看，似乎不論哪個月？哪年份？分別院、單位、流通處的銷售量都是超過七成以上，請詳見下表 3-6。

表 3-6：2016 年 8-10 月發行通路類別比例表

類別	八月	九月	十月
別分院、單位、流通處	78%	87%	86%
經銷商、書局、網路	22%	13%	14%
合計	100%	100%	100%

資料來源：本書自行整理

此外，比較哪些種類書籍比較暢銷時發現，在 8-10 月的暢銷書排行裡面，大師文選叢書發行比例相當高，合理推斷是寺院或者

流通處有人大量採購大師相關文選書籍進行贈閱，亦或者「人間佛教」該理念不只是寺院道場所篤信的佛教教義，更已經影響一般大眾或者引起一般讀者的興趣。不過，更有可能是透過寺院道場的流通處，去引發或者吸引佛光山附隨組織，例如：國際佛光會或者《人間佛教讀書會》的大量採購；另外，在暢銷排行榜中，佛教經典與工具書（例如：抄經本）等，都是發行的大宗，詳細請見下表3-7。

表 3-7：2016 年 8-10 月銷售圖書種類排名表

排名	八月 類別	實銷量	占比	九月 類別	實銷量	占比	十月 類別	實銷量	占比
1	文選	21,992	66.48%	文選	52,598	85.49%	文選	50,525	79.65%
2	其他	4,204	12.71%	其他	2,443	3.97%	其他	5,586	8.81%
3	經典	2,052	6.20%	經典	1,806	2.94%	工具	2,319	3.66%
4	工具	1,997	6.04%	工具	1,433	2.33%	經典	1,519	2.39%
5	史傳	628	1.90%	用世	966	1.57%	童漫畫	689	1.09%
6	童漫畫	440	1.33%	史傳	565	0.92%	史傳	645	1.02%
7	用世	400	1.21%	大藏經	478	0.78%	有聲出版	574	0.90%
8	有聲出版	371	1.12%	童漫畫	430	0.70%	大藏經	390	0.61%
9	概論	312	0.94%	藝文	309	0.50%	概論	330	0.52%
10	大藏經	297	0.90%	教理	200	0.33%	藝文	258	0.41%

表 3-7：2016 年 8-10 月銷售圖書種類排名表（續）

排名	八月 類別	實銷量	占比	九月 類別	實銷量	占比	十月 類別	實銷量	占比
11	藝文	289	0.87%	概論	112	0.18%	用世	231	0.36%
12	教理	51	0.15%	有聲出版	95	0.15%	儀制	202	0.32%
13	電子書	32	0.10%	儀制	70	0.11%	教理	129	0.20%
14	儀制	18	0.05%	電子書	20	0.03%	電子書	37	0.06%
	合計	33,083	100%	合計	61,525	100%	合計	63,434	100%

資料來源：本書自行整理

最後，分析佛光山轄下哪個出版單位所出版並被發行數量的多寡，更可清楚看到，該季度的發行量的 50%以上書籍，都是來自專案編輯小組，而該小組主要只負責星雲大師的所有著作，以及對外合作出版書籍。另外，從哪個出版社的發行種類中也發現，佛光山非臺灣地區的發行數量已急遽增加，像佛光文化（馬）、美佛光／翻譯中心、上海大覺文化都曾數度是該月的前五名，請詳見下表 3-8。

表 3-8：2016 年 8-10 月各出版銷售圖銷售量排名表

八月			九月			十月		
單位	實銷量	占比	單位	實銷量	占比	單位	實銷量	占比
專案編輯小組	14,871	44.95%	專案編輯小組	36,546	59.40%	專案編輯小組	36,909	58.18%
佛光文化	5,460	16.50%	普門學報社	10,225	16.62%	上海大覺文化	5,632	8.88%
其他	3,250	9.82%	佛光文化	7,357	11.96%	其他	5,057	7.97%
佛光文化（馬）	2,646	8.00%	其他	1,704	2.77%	美佛光／翻譯中心	4,577	7.22%
美佛光／翻譯中心	1,644	4.97%	佛光文化（馬）	1,588	2.58%	佛光文化	4,106	6.47%

資料來源：本書自行整理

　　依照上述第二章臺灣佛教發展與佛教出版現況分析，以及第三章佛光山與星雲大師「人間佛教」現況分析，已經可勾勒臺灣佛光山在佛教出版之所以蓬勃的相關流程與思路。其中，星雲大師個人因素從大陸佛教入臺，到初期佛教雜誌大量對臺灣弘揚佛法時，扮演相當重要角色；加上當時臺灣社會亟需要一股穩定力量，所以，佛教興起已成為趨勢必然；再者，在佛教興起時，「人間佛教」這股新的改革力量，也推動著星雲大師的腳步；星雲大師一邊以文教

弘法，另一邊以僧伽教育改革，建立屬於臺灣的「佛光山奇蹟」。而這項奇蹟又因為大量出版物在不同媒體的多元傳播管道中，發揮淋漓盡致，遂有了《星雲模式》、「星雲學說」的概念產出。

在尚未進一步瞭解各出版物的內涵之前，本書暫時將臺灣佛光山的佛教出版，等同於臺灣佛光山「人間佛教」出版，其傳播模式可以參考下面圖 3-10：星雲大師人間佛教出版傳播模式圖。

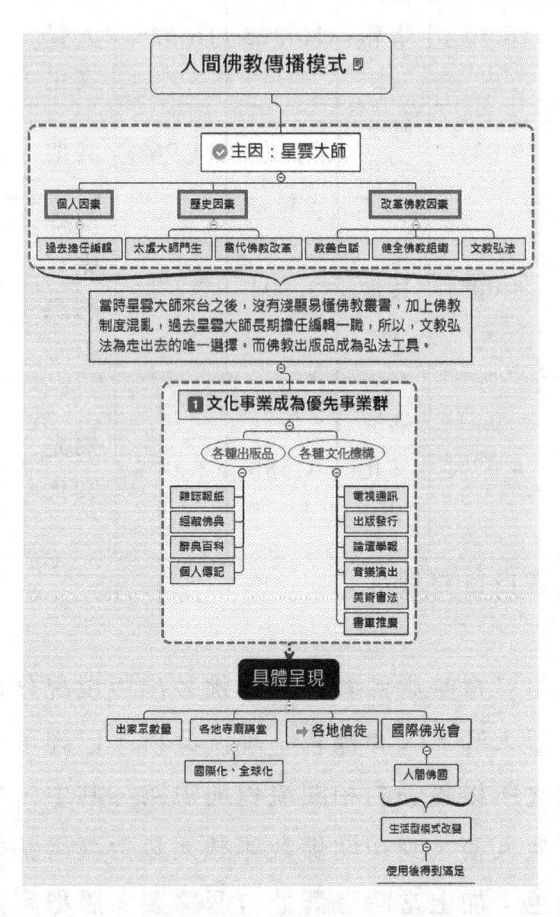

圖 3-10：星雲大師人間佛教出版傳播模式圖

資料來源：本書自行整理

第四章　佛光山出版物內容型態分析

　　出版社的所有生產經營活動都是圍繞圖書產品進行的，圖書產品的狀況決定著圖書行銷的成效。圖書產品綜合地反映了出版社的經營水準和經營實力，國外學者小赫伯特・S・貝利[218]曾一語中的地說道：「出版社並不因它經營管理的才能而出名，而是因它所出版的書出名。」圖書產品策略代表該出版社或者出版集團最重要的經營方向，例如：佛光山隸屬的各出版社，都致力於「推廣人間佛教」、「建立人間淨土」為最大目標。

　　出版社每年出版新書或者重印書中，都有一部分品種的影響或銷路地位突出，它是該社的主導產品，誠如佛光山各出版社對於「經藏」與「文選」類的書籍特別重視，而星雲大師所詮釋或者撰述的著作，更屬於暢銷書籍，這就佛光山出版社群們的主導產品。相對地，如果主導產品種類在數年或更長時間相對穩定，可以說它們構成了該社的出版特色。而主導產品在全部品種中的地位愈顯著，並且在圖書市場中的影響愈大，說明該社的出版特色愈鮮明。這也是為何星雲大師已經儼然為「人間佛教」的代言之，一方面在於星雲大師本身身體力行、論述著書都圍繞在「人間佛教」這主題；另一方面也在於所有出版社把星雲大師加上人間佛教的出版物，視為主導產品。

　　出版特色的培植依託於主導產品的形成和完善。一個出版社的主導產品，都必須具備一定的規模，不僅是品種、數量，還應該反

---

[218] 小赫伯特.書籍出版的藝術與技巧[M].臺北：淑馨出版社，1992.

映標題、型態等,甚至在發產其他作者過程中,也必須仔細挑選。本章主要在描述與探討佛光山在以「人間佛教」為主導產品下,各種圖書產品的內容來源、作者、內容分析、主題與出版型態等,是如何去完善這出版特色,讓佛光山星雲大師「人間佛教」的出版物,形成並代表了佛光山各出版社的經營方向。

星雲大師在「佛教的前途在哪裡?」的演講中[219],曾經提起「佛教應該人間化」、「佛教應該現代化」、「佛教應該大眾化」與「佛教應該生活化」,才有助於佛教的前途發展;這種現代化或者當世化,在星雲大師的構想中,主要包括「佛法現代語文化」、「佛法現代科技化」、「佛法現代生活化」和「寺院現代學校化」。也就是說,佛教經典要語體化、有聲化、電腦化、彩色化;傳教師要通選國際語言,佛法才能廣泛傳播;傳教方式要採用現代電子科技,配合悅人的音聲影視,才能達到傳教的最高效率和最佳成果。[220]

佛光山為了普及佛教文化,以開展專業佛教書籍嶄新一頁,除了編輯政策以「弘揚人間佛教、建設人間淨土」為主要目標外,更企劃出版了多種佛學叢書,而這些叢書的分類可能有別於一般佛教圖書分類法。若以讀者「接受度」較高的來說,就有標榜「在經典法論中,拾回蒙忘的智心」的「經典叢書」;標榜「從歷史傳記中,邂逅亙古的真心」的「史傳叢書」;標榜「由教論義理裡,條理紛雜的亂心」的「教理叢書」;標榜「大師行誼中,成就度生慈悲心」的「星雲大師著作叢書」(文選);標榜從儀制規範中,「莊嚴久逸的散心」的「儀制叢書」;標榜「由此用世書籍裡,品

---

[219] 星雲大師.星雲大師演講集(四)[M].高雄:佛光文化,1991.

[220] 周慶華.佛教的文化事業——佛光山個案討論[M]臺北:秀威出版,2007.

嘗塵世芳美的清心」的「用世叢書」；標榜從「雋永的文學中，柔軟漸麻冷的冰心」的「藝文叢書」。當然，還有「概論叢書」、「童話漫畫叢書」、「工具叢書」與「有聲叢書」、「外文叢書」。[221]

依照上述的分類，將佛光山出版圖書較多的出版社，或者是該圖書比較有市場，經常還是經年有銷售量的書籍種類加以統計，排除有聲書統計下來，佛光山在外較常流通的書籍冊數大約為 1,511 冊左右，請詳見下表 4-1 說明。在臺灣地區屬於星雲大師著作，且是佛光山下屬出版社出版發行的書籍冊數約 187 冊；而屬於人間佛教主題的，約有 343 冊。本章將針對屬於「人間佛教」這部分的書籍，進行作者（來源）、主題與標題等面向進行分析。

表 4-1：佛光山各出版社出版數量統計

佛光山各出版社總出版量					
出版社	冊數	星雲大師（作者）	人間佛教（主題）	型態（電子）	電子產品
佛光文化	962	112	211	有	佛光山大辭典
佛光山文教基金會	53	1	17	有	網站
普門學報	71	0	8	有	
香海文化	107	74	107	有	人間佛教（10）迷悟之間（10）人間萬事（10）星雲法語（12）

---

[221] 佛光文化.佛光文化圖書目錄[M].高雄：佛光文化，1999.

表 4-1：佛光山各出版社出版數量統計（續）

佛光山各出版社總出版量					
出版社	冊數	星雲大師（作者）	人間佛教（主題）	型態（電子）	電子產品
佛光山大藏經	318	0	0	有	佛光山大藏經
統計（冊數）	1511	187	343		

資料來源：本書自行整理

4.1 內容來源與作者分析

　　研究任何一部作品，都不能放棄作者研究。先哲孟子曾說過：讀人家的文章要「知人論世」。我們只有對作者有所瞭解，對時代有所瞭解，才能更好地理解作品形成的原因與背景[222]。星雲大師截至目前為主，共出版過 320 冊的書籍[223]，其中包含一筆書法、演講稿（部分尚未收錄到星雲日記）、大陸發表的演說稿、佛光緣美術館所出版的圖集、各種附錄，還有一些關於僧伽戒律與經藏等相關的教科書等；常以在外面較常發行流通的書籍，並以「人間佛教」為主題的，例如：與天下文化、有鹿文化等出版物，約計有 124 種 177 冊；但若以佛光山內部出版社出版的書籍，卻有 105 種 187 冊。冊數與種數的計算標準不一樣，例如：部分屬於佛光山文教基金會出版大師的相關著作，作者是否為星雲大師？還有，重

---

[222] 每日頭條.金瓶梅的作者到底值不值的研究？[EB/OL].[2017-02-07].https://kknews.cc/culture/z63obg3.html

[223] 佛光山宗務委員會.星雲大師全集初編目錄[M].高雄：佛光山宗務委員會，2016.

編、精裝或者再版的書籍,是否作者也是星雲大師?例如:金玉滿堂編輯小組所編之套書。

　　對佛光山來說,出版與星雲大師或者「人間佛教」的主題時,整個編輯政策裡面,對於外面合作的「作者」是誰?似乎沒有太多限制。因為往往內容都是必須經過佛光山的書記室或者專案編輯小組所篩選提供。當然,部分也會有屬於佛光山內部指定或者自行培養育成的法師,或者屬於佛光山隸屬出版社的作者,例如:慈惠法師或者滿義法師等,主動供稿與外面出版社進行合作出版;還有,像宋芳綺女士,本身就在《普門雜誌》工作。而這些作者,佛光山隸屬的出版社在出版「人間佛教」主題書籍時,反而不見得會以他們為主,因為,內部出版社出版書籍時,作者篩選還是有一定的準則。

　　若從佛光山各出版社出版的書籍中,把「人間佛教」該主題的書籍篩選出來,共計有 192 種 343 冊,而這 192 種 343 冊裡面,屬於個別創作或者較具特色的作者,大概有 19 位。針對屬於「人間佛教」主題的書籍清單,請詳見表 4-2 說明。若深究佛光山內部出版社在出版「人間佛教」該主題時的作者,大致上會以星雲大師、佛光山內部組織機構或者佛光山內部的法師為主;例如:星雲大師（108 冊）、佛光山宗務委員會（103 冊）與佛光山文教基金會（17 冊）出版「人間佛教」的書籍冊數居前三名;此外,就是與佛光山或者佛教關係較為密切的學術類作者,例如:吉廣輿教授（10 冊）、程恭讓教授（9 冊）等,以及本身是佛光山的法師或者佛光山佛學院畢業一般信眾;在法師部分,例如:慈惠法師、心定法師、心培法師、妙凡法師、永芸法師、妙熙法師、心學法師與依昱法師等;在屬於佛學院畢業部分的,例如:蔡孟樺女士等。不過,因為宗教出版社在推廣行銷上比較趨於保守,導致佛光山法師與外面出版社合作的作者,知名度往往比較高,例如:滿義法師;

也有部分學者法師主動來跟佛光山進行合作,例如:在香港中華書局常出版的釋學愚教授。請詳見下表 4-2。

表 4-2:佛光山「人間佛教」主題作者出版數量排序表

人間佛教作者排序			
排序	作者	冊數	隸屬	身分
1	星雲大師	108	佛光山	法師
2	佛光山(宗務委員會)	103	佛光山	寺院機構
3	佛光山文教基金會	17	佛光山	寺院機構
4	吉廣輿	10	學術	教授
5	釋妙凡	9	佛光山	法師
6	普門學報社	9	佛光山	寺院機構
7	程恭讓	9	學術	教授
8	心培法師	7	佛光山	法師
9	其他作者	7	一般	一般
10	人間佛教研究院	4	佛光山	寺院機構
11	心定法師	3	佛光山	法師
12	慈惠法師	2	佛光山	法師
13	蔡孟樺	2	佛光山	一般
14	釋心學	1	佛光山	法師
15	釋永芸	1	佛光山	法師
16	釋妙熙	1	佛光山	法師
17	鄭問	1	一般	一般
18	釋依昱	1	佛光山	法師
19	達亮	1	其他	佛教先賢

資料來源:本書自行整理

4.2 出版物主題與內容分析

　　臺灣地區一般圖書館早期的佛書分類大多以賴永祥編訂之《中國圖書分類法增訂七版》為分類的依據，但後來慢慢以 1996 年香光尼眾佛學院圖書館的《佛教圖書分類法》為主。《佛圖法》是自民國 81 年 2 月起，以香光尼眾佛學院圖書館為主要負責單位，由 16 個佛教單位組成佛教圖書分類法修訂會，根據李世傑的《佛教圖書分類法》，參考日本佛教圖書館協會的《佛教圖書共同分類法》等書，加以增補編訂，於 85 年 10 月出版《佛教圖書分類法 1996 年版》（簡稱佛圖法），提供佛教圖書館圖書分類之用。

　　分類法在功能上是要將圖書放置在適當的位置，除了給每本圖書一個類號供上架之用外，最大功用就是藉由分類號顯示該書的內容特質，我們所使用的分類法是否具備實用完善的分類體系，綜觀各學者提出的論點，一個好的分類法在形式上與內涵上都要具備一些要件，形式上的要件有：1.標記簡單，並具伸縮性，可因應不同圖書館需求；2.複分表，除了通用的複分表外，亦提供一些特定類目使用的複分表，除了有助記功能及維持各類目關係的一致性外，對於類目的擴充也較有彈性；3.相關索引。另外，好的佛教圖書分類的內涵要件應包括：1.包含佛教所有智識，佛教現有的類目都能給予適當的類號，同時也要提供未來發展的空間；2.佛教類目的先後位置要有理論依據、或是有所本、或是歷來大家所公認的順序；3.層次分明，佛教的類目理論與實際，由總到別，由一般到特殊；4.類目說明明確詳細，可對類目適用範圍有所限制與說明。[224]

---

[224] 阮靜玲.佛教圖書分類法 1996 年版與各分類法之佛教類目比較分析[J].臺北：佛教圖書館館訊，2001（28）.

換言之，之所以會有佛較圖書分類法的出現，最主要是佛教教團與組織機構認為，一般圖書分類法無法滿足佛教圖書的分類。茲針對《佛圖法》相較於《中圖法 2007 版》220 佛教類類目比較，請詳見下表 4-3 說明[225]。不過，從該表發現，《佛圖法》相較於《中圖法 2007 版》佛教類類目發現，中圖法的類目幾乎可涵蓋《佛圖法》各項分類，但是《中圖法》分類裡的 225 佛教布教及信仰生活、227 寺院與 229 佛教傳記，反而是《佛圖法》所沒有的。

表 4-3：佛教圖書與中國圖書分類法比較表

《佛教圖書分類法（香光尼眾）》	《中圖法 2007 版》佛教類
0 總類	220 佛教總論
1 教理	221 經及其釋
2 佛教史地	222 論及其釋
3 經及其釋	223 律及其釋
4 律及其釋	224 佛教儀制；佛教文藝
5 論及其釋	225 佛教布教及信仰生活
6 儀制；修持；布教；護法	226 佛教宗派
7 佛教文藝；佛教語文	227 寺院
8 中國佛教宗派	228 佛教史地
9 世界各地佛教宗派	229 佛教傳記

資料來源：本書自行整理

第一組類目為總類，就一般類表而言，總類是無所屬，或是其他各類所共有的內容；第二組類目「教理」與史地部分，《佛圖

---

[225] 藍文欽.佛教圖書分類法（2011 年版）評介[J].臺北：佛教圖書館館刊，2011（53）．

法》的「佛教史地」,包括佛教史與佛教地理兩個範圍;至於佛教典籍部分,包括「經及其釋」、「律及其釋」、「論及其釋」三組類目;再來,《佛圖法》以「儀制;修持;布教;護法」一組類目來包括四個範圍;緊接著是「佛教文藝;佛教語文」。而宗派部分,則是《佛圖法》相當重要的類目。類目的先後安排,或無必然的順序可循,可依設計者的理念調整。不過,分類法設計的一些基本原則,仍有其參考價值,例如:結構的一致性,或相關的類目應做緊密的安排等,就可作為通則。另外,亦可以依館藏數量或文獻出版(包括圖書出版數量)情形,根據「文獻保證原理(Literary Warrant)」權衡調整,像美國國會圖書館分類法就是典型的實例。[226]

其實,圖書館對圖書的分類類目相較於出版社發行所分類的類目來說,兩者之間其實有所關聯。進一步說,「雞生蛋‧蛋生雞」,若依照「文獻保證原理(Literary Warrant)」權衡調整,究竟是叢書發行時歸類影響圖書館藏分類,還是發行分類時,參照既有的圖書分類?佛光山文化發行部的圖書分類,誠如上述所言,包括:「經典叢書」、「史傳叢書」、「教理叢書」、「大師文選叢書」、「儀制叢書」、「用世叢書」、「藝文叢書」以及「概論叢書」、「童話漫畫叢書」與「工具叢書」等。而這些與佛教圖書分類的比較,請詳見下表 4-4。其中,部分佛光山的出版物分類,是沿襲《中圖法》的分類,例如:225 佛教布教及信仰生活相對應於「用世叢書」與「工具叢書」,以及 229 佛教傳記,相對應於「大師文選叢書」。

---

[226] 藍文欽.佛教圖書分類法(2011 年版)評介[J].臺北:佛教圖書館館刊,2011(53).

表 4-4：佛教圖書分類與佛光山圖書分類比較表

佛教圖書分類	佛光山出版物分類
0 總類	概論叢書
1 教理	教理（義理）叢書
2 佛教史地	史傳叢書
3 經及其釋	經典叢書
4 律及其釋	
5 論及其釋	
6 儀制；修持；布教；護法	儀制叢書
7 佛教文藝；佛教語文	藝文叢書
8 中國佛教宗派	史傳叢書
9 世界各地佛教宗派	
	大師文選叢書
	用世叢書
	工具叢書
	童書漫畫叢書

資料來源：本書自行整理

若仔細去瞭解佛光山在這 10 類主體中，與人間佛教主題相關的叢書出版數量，茲就說明如下：

（1）標榜「在經典法論中，拾回蒙忘的智心」的「經典叢書」中，例如：《八大人覺經十講》、《圓覺經自課》、《地獄經講記》等，雖然都已經經過佛光山重新編排批註，畢竟離「人世間」尚有段距離，所以並無「人間佛教」該主題的相關出版物。

（2）標榜「從歷史傳記中，邂逅亙古的真心」的「史傳叢書」中，例如：《中國佛學史論》、《唐代佛教》、《中國佛教通

史》四卷等,也距離「人間佛教」甚遠,故並無出版該主題的相關出版物。

（3）標榜「由教論義理裡,條理紛雜的亂心」的「教理叢書」中,已經出版包括像:《大乘起信論講記》、《佛教中觀哲學》、《唯識思想要義》等,同樣並無「人間佛教」該主題的相關出版物。

（4）標榜「大師行誼中,成就度生慈悲心」的「星雲大師著作叢書」（文選）中,是整各分類中直接以星雲大師著作為分類標準的;同樣也是在所有主題中,最多人間佛教主題的相關出版物,例如:《星雲大師人間佛教思想研究》、《星雲法語 10 歡喜滿人間》、《迷悟之間 8-福報哪裡來》、《合掌人生全集（1）在南京,我是母親的聽眾》與《人間般若》等相關出版物。該類在整體佛光山「人間佛教」主題出版物（192 種 343 冊）中,占 197 冊之多,超過 50%以上。

（5）標榜從儀制規範中,「莊嚴久逸的散心」的「儀制叢書」中,已經出版像《宗教法規十講》、《梵唄課誦本》與《中國佛教與社會福利事業》等,同樣並無「人間佛教」該主題的相關出版物。

（6）標榜「由此用世書籍裡,品嘗塵世芳美的清心」的「用世叢書」中,像《人間佛教的戒定慧》、《怎樣做個佛光人》等書籍,共有 1 冊屬於「人間佛教」該主題的相關出版物。[227]

（7）標榜從「雋永的文學中,柔軟漸麻冷的冰心」的「藝文叢書」,已經出版的像《與心對話》、《滴水禪思》或者吉廣輿《人生禪（全十冊）》等,共有 17 冊屬於「人間佛教」該主題的

---

[227] 《怎樣做個佛光人》該本書屬於內部叢書,故不納入正式出版品中統計。

相關出版物。

　　此外，「概論叢書」中，像《佛七講話（一）佛是甚麼？》、《佛七講話（二）如何念佛？》以及《金玉滿堂教科書（1）～（10）》等，共有超過 102 冊屬於「人間佛教」該主題的相關出版物；「童話漫畫叢書」，像《百喻經圖畫畫》等，共有 1 冊是屬於「人間佛教」該主題的相關出版物；「工具叢書」則有 10 冊；至於《大藏經》、《法藏叢書》系列套書，均無與「人間佛教」該主題相關出版。

　　而在整個佛光山圖書分類中，學術出版就沒有納入原本的類目中，尤其以佛光山文教基金會、普門學報所出版的「學術論文」，均不在原本的類目中；不過，正因為是學術類論文，所以針對「人間佛教」主題所研討或者發表的論文集結而成的圖書出版物，還算不少；其中佛光山文教基金會有 21 冊，而普門學報則有 8 篇與「人間佛教」該主題相關。茲就各主題出版數量與「人間佛教」主題的排行，請詳見下表 4-5 說明。

表 4-5：佛光山出版物不同種類統計表

佛光山不同主題出版物統計表			
主題	冊數	星雲大師（作者）	人間佛教（系列主題）
大師文選	260	158	196
佛教概論	150	1	102
佛教基金會——論文	41	0	21
工具書叢書	36	10	10
普門學報	71	0	8

表 4-5：佛光山出版物不同種類統計表（續）

佛光山不同主題出版物統計表			
主題	冊數	星雲大師（作者）	人間佛教（系列主題）
藝術文選	31	4	4
童話漫畫	155	0	1
用世叢書	26	1	1
經典叢書	142	3	0
歷史傳記	135	3	0
佛教義理	12	0	0
佛教儀制	8	6	0
佛教基金會——藝術	16	1	0
法藏叢書	110	0	0
大藏經	318	0	0
電子書	43	43	42
電子（PDA）	10	10	10

資料來源：本書自行整理

4.3 編輯策略與標題分析

　　標題，就是標明文章或作品內容的簡短語句。《南齊書・卷二・高帝本紀下》：「若標題猶存，姓字可識，可即運載，致還本鄉。」元・周密《齊東野語・卷六・紹興御府書畫式》：「裝標裁制，各有尺度，印識標題，具有成式。」出版一本書，標題是相當重要的，因為標題的好壞，會牽涉書籍的行銷。一本書的出版，內

文必須忠於原文，不能隨意更動。所以，書名和標題就是吸引讀者購買的關鍵了，這當然要由出版社的主其事者來主導。

那麼，誰是主其事者呢？當然是出版社了，不管是出版社的編輯、主編、總編，或者是行銷業務、社長等等。反正，誰必須負責書籍的銷售成敗，誰就是主其事者。當你在書店看到一本書的時候，決定你購買這本書的關鍵是什麼？當然是內容，不過，在你還沒看到內容之前，吸引你翻閱這本書的因素是什麼呢？就是書名、包裝、文案，還有翻開之後的目次，這時候，所有的標題都在這裡呈現出來。既然這些因素是吸引讀者的關鍵，出版社當然要主導這些關鍵因素。[228]

我們透過內容分析法的原理，將佛光山屬於「人間佛教」主題的所有書名標題進行分類與歸納，去統計那些字與詞語是最常被利用在「人間佛教」該主題出版物的標題上。在整個分類與歸納過程中，嘗試把分析的詞語分為至少三層，包括：主要、次要與同義詞，請詳見下表 4-6。

表 4-6：佛光山人間佛教出版物標題分類表

	主要	次要	同義詞
1	人間佛教		
2	佛	佛教	佛法
3	禪	禪宗	禪說、禪畫
4	星雲大師	佛光	佛光山、法師
5	喜、善	喜歡	妙慧、幸福

---

[228] 郭顯偉．出版社的運作邏輯——書名、標題與公司經營 [EB/OL].[2014-05-20].http://www.tpro.ebiz.tw/news_detial.php?news_id=376

表 4-6：佛光山人間佛教出版物標題分類表（續）

	主要	次要	同義詞
6	人間	人生	
7	生命	生死	
8	活	生活	
9	真理	理想	
10	成功	成就	實踐、體驗
11	近代	現代	當代
12	道	般若	雲水
13	福報	圓滿	修行
14	思想	理想	

資料來源：本書自行整理

　　依照上述參考內容分析法所分類出的幾個標題類目後，再重新去檢視那些歸納於「人間佛教」192 種 343 冊書籍的標題，並把每個類目以「1 分」標示，進而去統計這些書名，哪幾本比較接近「人間佛教」該主題的標題要求。發現大部分的標題至多「2 分」，而達到「3 分」的標題僅有 13 冊，這些標題的書籍列表如下，請詳見下表 4-7。

表 4-7：佛光山出版社最接近「人間佛教」出版物統計列表

排序	類目	書名	作者
1	文選	星雲大師人間佛教思想研究	程恭讓
2	文選	2013 星雲大師人間佛教理論實踐研究	程恭讓、釋妙凡 主編

表 4-7：佛光山出版社最接近「人間佛教」出版物統計列表（續）

排序	類目	書名	作者
3	文選	2014 星雲大師人間佛教理論實踐研究	程恭讓、釋妙凡 主編
4	藝文	感動的世界——星雲大師的生活智慧	星雲大師
5	文選	圓滿人生——星雲法語（1）	星雲大師
6	文選	成功人生——星雲法語（2）	星雲大師
7	文選	往事百語有聲珍藏版 5 有理想才有實踐	星雲大師
8	文選	星雲法語 10 歡喜滿人間	星雲大師
9	文選	星雲法語 1 修行在人間	星雲大師
10	文選	星雲法語 2 生活的佛教	星雲大師
11	文選	人間佛教系列：人間與實踐：慧解篇	星雲大師
12	藝文	人生禪 1・觀心人	吉廣輿
13	藝文	全球華文文學星雲獎人間佛教散文得獎作品集（三）：娑羅花開	尹慧雯、汪龍雯、林逢平、段以苓、陳卿珍、張耀仁、解昆樺、鄧幸光、廖宣惠、噶瑪丹增

資料來源：本書自行整理

　　除上述符合「人間佛教」標題的 13 冊書籍外，整理各標題被運用在這 192 種 343 冊書籍中的次數統計，發現還是以「人間佛教」（48 次）、《星雲大師》（33 次）、「人間、人生」（44 次），或者「佛光、佛光山與法師」（35 次）等四種字詞被利用

的次數較多，而這各結果也跟本書所研究的【佛光山星雲大師「人間佛教」出版研究】的標題結果相當類似。其餘標題字詞被運用情形，請參考下表 4-8 說明。

表 4-8：不同標題運用在人間佛教系列書籍頻次統計表

	主要	次要	同義詞	次數
1	人間佛教			48
2	佛	佛教	佛法	19
3	禪	禪宗	禪說、禪畫	22
4	星雲大師			33
5	佛光	佛光山	法師	35
6	喜、善	喜歡	妙慧、幸福	7
7	人間	人生		44
8	生命	生死		3
9	活	生活	個人	7
10	真理	理想		3
11	成功	成就	實踐、體驗	10
12	近代	現代	當代	8
13	道	般若	雲水	3
14	福報	圓滿	修行	6
15	思想	思潮	理想	6

資料來源：本書自行整理

4.4 出版物類型分析：電子與其他語種

　　創建於一九六七年、位於高雄縣大樹鄉的佛光山，開山宗長星雲大師秉持佛陀不囿於時間、空間，廣度無量眾生的慈心悲願，提出：「國際化是佛教必然的趨勢。」又云：「國際佛教交流的目的，在凝聚佛教徒的力量以促進世界和平。」因而數十年來在深耕臺灣之際，仍不忘國際化的推動。數十年來，大師將佛教推向國際，「人間佛教」已蔚為風潮！今以「走出去！請進來！」來闡述大師推動國際化的成果。

　　佛光山的文化事業除表現在經藏編撰和佛學出版之外，仍必須因應佛教與佛光山教團發展大量弘揚佛法。佛法傳播著重的是媒體的運用與開發，而佛光山在借助現代傳播媒體弘法上，向來就不落後人。佛光山作為一個佛教團體，自然得以佛法的傳揚光大貫穿他的每項活動，而這個佛法（也就是人間佛教）又是佛光山上下特別體驗感悟而來[229]。所以，在佛法傳播上，更是與時俱進。為了實踐這樣的佛法傳播，基本上都會或已經結聚成書籍或者影音出版物，甚至信守文字般若而刻意製作佛學叢書。當然，在網路化與國際化的現今，推動佛法傳播，其媒體運用或者呈現方式，更應該有所改變。

　　從人類文明發展的歷史觀察，媒介之於溝通和知識處理的影響非常大。凡出現一種新媒介時，必定引發資訊和知識傳播方式的改變，進而引起人際關係的變化，導致組織和社會的變革，產生新的文明。媒介的改變，就是形式的改變，亦即世間法的方便變化。從

---

[229] 佛光山宗務委員會.佛光山開山三十周年紀念特刊[M].高雄：佛光山宗務委員會，1997.

歷史記載來看，凡是有一種新媒介出現時，率先使用者無不是宗教界。舉兩個例子來說明，第一個例子是國內的，宋朝時有活字版印刷的發明，第一個用金屬活字版印刷出來的文獻是金剛經；另一個例子是在外國，德國古騰堡發明活字印刷術，第一本印刷出來的是 Golden Bible，這 Golden Bible 現在世界上還存有五本。由這兩個例子表示，宗教界對整個媒介的變革是比較敏感的，新媒介為宗教傳播所帶來的意義，宗教界是看得很清楚。[230]

承如上節內容所述，佛光山文化弘法在臺灣地區，已經有數十種，每年也有超過一千多冊的書籍在外流通，其中包括了圖書式出版物（指的是一刊物有意只發行一冊或數冊），例如：「星雲法語」、「迷悟之間」或期刊學報（指的是一連續性出版物連續，並分期發行刊期，通常帶有卷號，且沒有事先決定的停刊刊期與年代），例如：「覺世月刊」、「普門雜誌」，或者免費贈閱的善書、雜誌或者小報等，例如：「佛光學」、「喬達摩」半月刊等。佛陀在世的時候，許多外道向佛陀挑戰世間所有知識時，佛陀以慈悲和智慧，一一解答外道所有問題，並提供解決方法，讓外道折服。因此，唯有將佛法融入並結合世俗，人們才能瞭解佛法的珍貴。針對現代佛教出版單位的出版方向，應該多開發實用佛學與應用佛學，讓佛陀的智慧作為各領域的參考，透過不同方式的發佈，提供佛教一個對外的平臺，讓佛陀的智慧成為世人不可取代的力量。而網路世代，正好也提供這個機會。

學界一般認為，佛典一開始時是以口傳文獻（Oral Literature）的形式存在的，也就是說佛典的傳本在早期並不是「文本」，而是靠佛教徒以口口相傳的方式傳誦下來的，因此口傳文獻的特性便成

---

[230] 謝清俊.佛教資料電子化的意義[J].臺北：佛教圖書館館刊，1999（18/190）.

為瞭解早期佛典傳承史非常重要的內容。這類文獻的產生有其特殊且錯綜複雜的背景，為了探討其到底是如何形成的問題，學者通常會推測出一種所謂的「模式」（model），並且應用此模式來說明其主張和證成論點。而《星雲模式》已經成為大家所研究「人間佛教」這當代思潮相當重要的模式。希望透過該模式所產生的圖書出版物、各種弘法活動來推估「人間佛教」的真實意義為何？當然，在《星雲模式》成功之前，也並非僅有文本紀錄內容，尚包括有文物，甚至在網路時代，電子文本的產生，也是必然的。

所以，身為宣導人間佛教理念的佛光山所屬出版單位，或許要有更多自我覺醒的能力，不要只是為了推銷團體或人物的形象而做出版。作為佛教出版的編輯，必須有更高的創造力，勇於嘗試出版新內容，不要拘泥於祖師的思想或經教，要能針對現況發展困境提出解決方法。此外，作為一個出版人，一定要覺知社會痛苦的那一面；唯有社會安定，才會有出版的存在，而出版要能帶給社會安定的力量，這也是出版人應有的責任。[231]

不過，若仔細觀察佛光山在處理文本內容時，千萬不要忽略其他非文本的宣傳與電子化。佛光山早在 1997 年就已經啟動電子化與數位保存的工作，而在佛陀紀念館成立後，更是把「人間佛教」理想中的「人間佛國」，具體呈現給信眾，也讓佛光山更進一步成為臺灣「人間佛教」的領軍教團。本文將把佛光山那些非文本，卻可以輔助文本可以呈現的「人間佛教」真正意義的「佛陀紀念館」、「佛光緣美術館」與電子版「佛教大辭典」、「佛教大藏經」等內容逐一介紹。

---

[231] 梁崇明.E 時代臺灣佛教出版社面臨的挑戰與改革[J].臺北：佛教圖書館館刊，2013（57）.

（1）佛陀紀念館：

佛陀紀念館成立一開始的原因在於西藏喇嘛貢噶多傑仁波切（Kunga Dorje Rinpoche）贈送護藏近三十年的佛牙舍利給星雲大師，為正法永存，舍利重光而興建。2003 年舉行安基典禮，2011 年 12 月 25 日正式落成。興建緣起於一九九八年星雲大師至印度菩提伽耶傳授國際三壇大戒，當時西藏喇嘛貢噶多傑仁波切（Kunga Dorje Rinpoche），感念佛光山寺長期為促進世界佛教漢藏文化交流，創設中華漢藏文化協會，並舉辦世界佛教顯密會議，乃至創立國際佛光會等，是弘揚人間佛教的正派道場，遂表達贈送護藏近三十年的佛牙舍利心願，盼能在臺灣建館供奉，讓正法永存，舍利重光。

佛陀紀念館坐西朝東，占地總面積一百餘公頃，自安基至竣工，歷經九年，除了主體建築本館外，更有所謂「前有八塔，後有大佛，南有靈山，北有祇園」的宏偉格局。主要建築位於中軸線上，從東至西依序有禮敬大廳、八塔、萬人照相臺、菩提廣場、本館及佛光大佛等，另外南有靈山，北有祇園。本館高近五十公尺，占地四千餘坪，基座高大，塔身覆缽式，基座外飾黃砂岩，塔身為鏽石。基座四隅立四聖塔，四塔塔身壁龕浮雕圖案。塔內各設有菩薩造像，分別為大悲觀世音菩薩、大智文殊師利菩薩、大願地藏王菩薩及大行普賢菩薩。本館內部地下一層，地上三層，除供奉佛牙舍利外，另設有可容二千餘人集會的大覺堂及多功能的展示空間。

另外，地下設有四十八個地宮，預計向全球大眾徵集具有歷史性、知識性、當代性及紀念性之各種文物，每百年開啟一室。藉由大眾共同的徵集，讓佛陀紀念館成為一座臺灣史上，人類共同生活記憶最重要的文化地標。本館前方有長、寬各一百公尺菩提廣場，廣場地坪鋪設鏽石、青鬥石。廣場兩側廊道，長各一百公尺，壁面

浮雕二十二面佛陀行化圖及二十二幅星雲大師所書之贊佛偈。回廊外廣場中有十八尊羅漢圓雕，其中除了佛陀十大弟子及《阿彌陀經》中與會的大阿羅漢外，另有大愛道、蓮華、優婆先那三比丘尼尊者，及降龍、伏虎二羅漢。羅漢形象生動，或坐或立，或著袒右袈裟，或著交領廣袖僧衣。廣場前方的萬人照相臺，為長五十公尺、寬三十五公尺的大階梯，共三十七階，象徵三十七道品。

本館菩提廣場前方兩側設八座寶塔，代表八正道，名稱分別為：一教、二眾、三好、四給、五和、六度、七誡、八道。八塔形制相同，皆為方形七層樓閣式，高三十七公尺，鋼筋混凝土結構，基座外飾黃砂岩，塔身外牆是曉理石，屋瓦為飛鳥瓦，欄杆為石材。八塔中央區為成佛大道，長二百四十公尺、寬一百一十三公尺，地坪鋪設鑛石、青鬥石。成佛大道南、北廊道長各二百五十四公尺，以山西黑石為材，雕刻萬人功德芳名及星雲大師的佛光菜根譚法語，富有教育、文藝內涵。禮敬大廳位於館區入口處，其名有禮敬諸佛之意，為地下一層，地上三層的建築，內設接待、詢問、展示區、紀念品店、餐廳等多功能服務。

佛光大佛設於主館後方，通高一百零八公尺，像高五十公尺，為世界最高銅構坐佛。經由「百萬心經入法身」活動，將百萬部《心經》永久奉納塔剎的藏經閣，祈佑世界和平。佛陀紀念館是一座融和古今與中外、傳統與現代的建築，具有文化與教育、慧解與修持的功能。該館的興建，正是希望透過供奉代表佛陀威德、智慧的法身舍利，讓人們在禮敬佛陀舍利的同時，能夠開發自己清淨的佛性，並為人間注入善美與真心，帶來社會的安定與和諧。

佛陀紀念館成立之後，可說是把「人間佛教」想像中的「人間佛國」具體呈現，也間接協助文本所不能取代的功能，加深所有信徒與參觀者對於「人間佛教」、《星雲大師》與「佛光山」三者的

印象。前總統——馬英九表示，佛陀紀念館於二〇一一年正式啟用，我應邀出席落成典禮，並在致詞時表示：佛教發源地的印度，住在印度的喇嘛願意將珍貴的佛門至寶送交臺灣佛教團體保管，代表著對臺灣佛教發展的高度肯定，相信「佛陀紀念館」未來將成為佛光山文化、歷史與社會教育的中心，使臺灣佛教的發展更具深度與廣度。天下文化遠見事業群創辦人高希均教授也表示，1949 年一位二十三歲的揚州和尚從大陸到臺灣，沒有親人，不諳臺語，孤苦無援；還被誣陷為匪諜入獄二十三天；但腦無雜念，心無二用，投下了六十年的心血，開創了無限的人間佛教世界。這位法名「悟徹」的出家人，就是現在大家尊稱的星雲大師。人間佛教、佛光山、佛陀紀念館、星雲大師都已變成了「臺灣之光」。這是「臺灣奇蹟」的一部分，這是臺灣「寧靜革命」的另一章，這是中華民國開國百年來的宗教傳奇。面對所有這些建樹、成就及榮譽，大師大概會淡淡地說：「所有這些都不是我的，一切都是大眾的。」

此外，臺灣文學家——白先勇先生描述，2015 年我到佛陀紀念館參訪，還記得當時進入五和塔，在佛前虔誠點燈，並坐在觀禮席上體會佛化婚禮的莊嚴幸福。佛館啟建之初，我也曾來參觀過。落成五年後，再次前來，對於當時地上佈滿小石子，四處只見基本鋼構的工地，如今已是草木盎然！很有創意！真是好極了！中國文學不能沒有佛教的語言，如同佛教信仰帶給人心靈的安定，文學和藝術也能幫助大眾提升人品，減少社會亂象。從上述這些名人對於佛陀紀念館都有如此高的評價，更遑論一般人的衝擊。雖然佛光山努力的將佛經佛理白話化，但是有時候，抵不過帶這些人來參觀佛陀紀念館，這正是佛陀紀念館超文字的功能。

（2）佛光緣美術館：

佛光緣美術館正式成立於 1994 年元月，開始運作則是在二月

份，首檔是為籌措佛光大學，在宜蘭礁溪林美山設校所需的十三億經費而做的義賣，這個因緣是來自於佛光大學，因此以「佛光緣」為名，也算是佛教與藝文、學術結合的一樁美事。1969 年，佛光山寶藏館尚未興建，星雲大師於各處弘法時，常常留心佛教文物的搜集，為讓參觀叢林學院的信眾也能觀賞佛教藝術之美，認識各國佛像之不同，因此，於佛光山叢林學院寶藏堂成立「佛教文物展示」，但因早期迫於經濟窮困，星雲大師往往在旅行中省下飯錢，以充購買之資；為了節省運費，他總是忍受手酸腿麻之苦，千里迢迢親自將石雕佛像捧回，甚至因此遭受同道譏議，認為他是在「跑單幫」經營生意，也從不加以辯解。因為他總是說：「所有這些館內的一品一物，無不是我多年來苦心搜集所得。雖然成立以來，年年均因維護費用的龐大開銷而入不敷出，但是，從來賓贊許的聲音及眼神，我更肯定了多年來的信念。」[232]

在佛光山道場成立佛光緣美術館，一直是星雲大師的心願，星雲大師曾說：「目前在佛光山已設有兩座美術館，但是我的理想是建一座可以傳揚千秋萬世的佛教文化藝術館，裡面的收藏不但可以媲美故宮博物館，亦能集教學、展覽、收藏等功能於一體。」直至 2011 年佛光山佛陀紀念館正式落成啟用，此一宏願終於實現。至 2013 年止，全球共分別設立 23 所分館，共同致力「以文化弘揚佛法」的創辦宗旨。佛光山創辦之初，為了讓信徒遊客藉由認識佛教文物，進而瞭解佛教的具體內涵，欣賞佛教藝術之美，於現在的佛光山叢林學院裡，設立一處簡單可以陳列佛教文物的櫥櫃。

「佛光緣美術館」不光以傳播佛教理念、布教弘法為目的，也在服務社會、美化人心，為民眾提供一個心靈休憩與成長的空間，

---

[232] 星雲大師.往事百語[M].臺北：香海文化，1992.

及參與互動的文化藝術天地,將佛教與藝文結合起來,並向下紮根,推廣兒童親子教育,讓藝術生活化,生活歡喜佈滿人間。

(3)佛學文庫:https://www.fgs.org.tw/fgs_book/fgs_frbook.aspx

佛學文庫是佛光山出版物電子化彙整的集合,裡面包括佛教叢書、佛教大辭典、佛光教科書、電子大藏經與期刊論文,該部分詳細敘述如下:

Ⅰ佛教叢書:這部分包括幾種分類:教理、經典、佛陀、電子、教史、宗派、儀制、教用、藝文與人間佛教等分類。不過,佛光山對於轉換成電子書的興趣比較不高,因為每個分類裡的電子書數量都不多。若以「人間佛教」該分類來看,僅有 10 本,請詳見表 4-9。

表 4-9:佛光山「佛學文庫」人間佛教電子書列表

序號	書名
1	人間佛教的經證
2	人間佛教的藍圖(《維摩經・佛道品》)
3	人間佛教的基本思想
4	人間佛教對一些問題的看法
5	如何建設人間佛教
6	人間佛教的事業
7	佛教的前途在哪裡
8	我的人間佛教性格
9	人間佛教的人情味
10	一個人間佛教實行家的故事

資料來源:本書自行整理

II 佛光大辭典：

欲研究佛學，必須有便捷之工具書。近世以來，佛學研究在日本甚為盛行，且頗具成果，工具書如辭典者，更如雨後春筍，琳瑯滿目。反觀國內之佛學研究工具書，除早期丁福保「佛教大辭典」、何子培「實用佛學辭典」、朱芾煌「法相辭典」等較為普遍被採用外，實難再找出更具體，更易瞭解而又適於現代有心研究者使用的工具書。大師有鑑於此，遂於民國六十七年敦促編修委員會編輯一簡明實用，且具體完整辭典，以供研究者使用，此乃「佛光大辭典」編纂一大因緣。歷時十年的嘔心瀝血，「佛光大辭典」終於在七十七年底問世，於次年獲得金鼎獎。此乃佛教史上第一部以白話文撰寫之佛教大辭。

該書編纂範圍極為廣泛，於類別上，舉凡佛教術語、人名、地名、書名、寺院、宗派、器物、儀軌、古則公案、文學、藝術、歷史變革等；於地域上，收錄印度、中國（包括西藏、蒙古）、韓國、日本、錫蘭、緬甸等東南亞各國，及歐美等地有關佛教研究或活動之資料，乃至其他各大宗教發展、社會現象等，凡具有與佛教文化對照研究之價值者，皆在本書編纂之列。此外，更大量搜集近百年來佛教重要事件、國內外知名佛學學者具有代表性之論著、學說，以及佛教界重要人物、寺院道場等，因編纂範圍廣泛，故所採用之參考資料範圍亦廣，包括各類佛教辭典數十種，又依各版本藏經、佛教史年表，以及近數十年來海內外所刊行之各大佛教（佛學）雜誌、學報、各類佛教專題論著，以及一般性質之各種百科全書、史地辭書、期刊等，共計數百種。

該書之編輯特色，除上述編修範圍與資料搜集範圍極為廣泛外，在文體上力求精簡語體化，且每一條目之詮釋亦以具體、易解為原則。所收之獨立條目計兩萬兩千六百零八條，附見詞目計十萬

餘項，總字數約七百萬餘字。於條目正文外，並採用兩千七百餘幀圖片，以輔文字詮釋之不足。本書另編有「索引」一冊，除載有全部獨立條目外，並將文中附見之重要名詞彙編為一，分為中文與外文二部分。於「索引」之前，另附筆劃、四角號碼、國語注音、威妥瑪式音標等四大系統之通檢，以利查索。

該部「佛光大辭典」，佛光山斥資千餘萬元，邀集佛、文、史、哲各家學者，及梵、巴、韓、日各國語文專家數十人，歷時十年編纂，這是中國佛教史上劃時代的創舉，其重要性，必垂於史。從此，只要讀者身邊備有一部「佛光大辭典」，法海之經緯，三藏之玄樞，必將盡控於手中。

III 電子大藏經：

若從教育或傳播的角度來看，電子化的佛教資料，其資源、內容、運用的方法，以及經師和法師扮演的角色，都跟以往不太一樣。世界變化了，這些形式會改變。比方說，以前沒有文字的時候，所有佛陀的教導是口耳相傳。有文字以後，把它記錄在文字上，之後有了印刷就不用抄了，可以大量的印刷。這些世間形式的改變，都是事相。這些事相在如法的條件下，可以權宜的改變，這是佛法的方便。[233]這點，佛光山在很早就已經有所感悟，將佛教相關資料電子化，並於 1997 年率先提出第一片世界佛教唯一的《佛教大辭典》光碟，雖然這光碟的技術不甚純熟，但是已經領先世界其他地區了。

佛光山電子大藏經較為特殊，因為它開發與投入心力比較多，目前已經有線上版本與 APP 程式，讓您可以在手機上進行閱讀。佛光山是以文教起家，以文化弘揚佛法，以教育培養人才，是佛光

---

[233] 妙開法師編.佛光山：我們的報告.2014[M].高雄：人間社出版社，2014.

山的主要宗旨與目標。佛光山編藏處於二十年中艱辛地編輯出阿含藏、禪藏、般若藏、淨土藏等部如何應用現代的科技讓佛光大藏經普及化成為每個人必備必讀的經藏這是「佛光電子大藏經」的最大使命。另外，透過 e 化的科技將佛法能永遠延續下去，普及五大洲。電子大藏經雖說主要是搜錄與製作重要經典，包括阿含藏、法華藏、般若藏、淨土藏、禪藏，但是目前這個線上版本的電子大藏經還包括：星雲大師全集、佛教大辭典等。佛光山出版物電子化歷程，請詳見下表 4-10。

表 4-10：佛光山電子資源發展歷程表

序列	年代	項目
1	1997 年 5 月	出版世界佛教第一片《佛教大辭典》光碟
2	2000 年 7 月	《佛教大辭典》第二版 PC 版
3	2002 年 8 月	《佛光大藏經——阿含藏》PC 版
4	2003 年 8 月	《佛光大辭典&中英佛學辭典》PC 版
5	2004 年 8 月	《迷悟之間》12 冊 PC 版
6	2005 年 8 月	《禪藏》、《佛光教科書》
7	2006 年 8 月	《淨土藏》、《解題與源流》
8	2007 年 2 月	《佛光大辭典&中英佛學辭典》USB 隨身
9	2007 年 11 月	《六祖壇經》PC 版
10	2009 年 6 月 24 日	《星雲法語》PC 版
11	2009 年 6 月 26 日	《阿含藏》第二版
12	2012 年 9 月 1 日	《五部藏》PC 版、USB 版

資料來源：本書自行整理

佛光山自 1995 年開始針對資料進行數位化，這應該歸功佛光

山應大量與外面出版社合作出版推廣「人間佛教」時，才發現許多珍貴的文物與文獻資料流程失或者沒有系統的被歸類整理。而第一部電子化的佛教書籍就是《佛教大辭典》光碟版，不到五年時間，2000 年正式推出第二版《佛教大辭典》電腦版；而當年，佛光山也正式啟動《佛光大藏經》數位化，也於 2002 年推出《佛光大藏經——阿含藏》等。整個佛光山圖書出版物電子化的期程，除因應潮流走上電子化與網路化時，也考慮被需求度以及被使用度兩大方面，所以，經藏之首《佛光大藏經》，以及工具用叢書的《佛光大辭典》與《中英佛學辭典》和與推廣人間佛教息息相關的星雲大師作品，例如：《人間佛教（10）》、《迷悟之間（10）》、《人間萬事（10）》與《星雲法語（12）》等。佛光山目前整體電子資源出版數量，請詳見下表 4-11。

表 4-11：佛光山電子資源出版數量統計表

佛光山電子書不同主題統計表			
主題	冊數	星雲大師（作者）	人間佛教（主題）
電子書	43	43	42
電子（PDA）	10	10	10

資料來源：本書自行整理

　　此外，佛光山所屬的各種圖書出版物，也在屬於自己所建構的網路書店上進行販賣，例如：佛光閱讀網 http://www.fgs.com.tw/index.php；另外，部分圖書章節或者學術論文，也會在特定的研究機構或者專責單位提供全文瀏覽，例如：佛光山的「人間佛教研究院」http://www.fgsihb.org/，就將該院的各式論文或者研討會文章，以及佛光山文教基金會、普門學報等期刊數位化後，放在同一

網站上，以利學術傳播。網路與數位時代對佛光山來說，已經沒有太大衝擊，反而成為一傳播「人間佛教」的重要利器。

最後，因佛光山也與各宗教往來友好，星雲大師曾先後與天主教教宗若望保祿二世、本篤十六世晤談；更受邀前往伊斯蘭教國家馬來西亞主持八萬人弘法大會；並與南傳佛教、藏傳佛教等各宗教領袖交換意見，促進宗教交流。他的多本著作，被翻譯成十幾種語言，通行於世界每個角落，影響力無遠弗屆。臺灣能成為弘揚佛法的國際重鎮，佛光山推動的人間佛教，正是關鍵之一。

所謂「人間佛教」，「是從山林走向大眾，從出家走向信徒，從寺廟走向講堂，從老年走向青年，從自修走向共修，從沒組織走向有組織，從沒制度走向有制度。」[234]所以，佛光山的出版物關於《星雲大師》或者「人間佛教」主題的出版物，已經被翻譯到七種語種452冊，包括簡體、英文、西班牙、葡萄牙、德文、法文與瑞典文。452冊當中，以「人間佛教」主題的共計有305冊，屬於星雲大師的著作共有386冊，這些書籍也分別在全世界39處佛光流通處進行銷售推廣，包括美國地區（8）、加拿大（3）、南美巴西（1）、歐洲地區（5）、紐澳地區（11）、南非（1）與亞洲（11）。各種國外語種分佈與外國流通處，請詳見下表 4-12 說明。另外，也正因為佛光山所屬道場與流通處遍佈全世界，也讓佛光山「人間佛教」出版物無遠弗屆，更讓佛教弘法遍滿五大洲。佛光山國外流通處，請詳見表 4-12。

---

[234] 邱莉燕.佛教國際化佛光山讓世界看見臺灣：人間福報[C]臺北：人間福報，2011（05/03）.

表 4-12：佛光山出版物其他語種出版數量統計

其他各國語種出版數量統計							
地區	總冊數	星雲大師	人間佛教	影音	語種	
馬來西亞	47	40	21	18	英文	14
^	^	^	^	^	簡體	20
^	^	^	^	^	繁體	13
新加坡	5	5			簡體	5
大陸	252	224	208		簡體	252
美加	64	49	36		英文	64
西班牙	39	27	10		西班牙	39
葡萄牙	18	15	10		葡萄牙	18
德國	14	14	10	2	德國	14
法國	8	7	6		法國	8
瑞典	5	5	4		瑞典	5
統計	452	386	305	20	0	

資料來源：本書自行整理

第五章　人間佛教出版物經營型態分析

　　面對環境的改變影響，圖書出版業內部管理上，也做出了一些反應。在競爭激烈、市場萎縮的情況下，臺灣業者本身經營不能再如同景氣好的時候，可以大量出書，可以不精算成本、不精確預估銷售量。而這波的變革，也直接影響到宗教出版。宗教出版，或者宗教傳播，往往更會受到大環境變革而有所影響。所以，傳統圖書出版業者反思自己的內部管理，例如：成本控制、價格定價與銷售預測等，都愈來愈重要。

　　因應變革，臺灣也有業者以集團式，或聯合管理式的方式進行經營，透過出版集團的議價能力，可以獲得較低的成本，或是透過多媒體的經營，可以增加行銷曝光的機會，透過聯合管理，降低共同的行政成本等。這些都可以使原來的編輯人員，能夠更專注在編務，更專注於品質優良、符合市場需求的產品企劃開發，同時又降低企業經營的成本。在行銷策略方面，在過去，因為閱讀不振，臺灣市場的成長非常有限，而銷售資訊因為不夠透明化，圖書出版業者的印量估計過高，通路業者則可以無限期退書，因此導致出版業者必須藉由不斷出版新書，以避免退書回來後，無法從通路收到帳款的情況，而這樣的情況也導致新書在通路上的生命週期愈縮愈短，新書的能見度反而大打折扣，於是有更多的退書，出版業者只好再出版更多的新書，間接也影響新書品質。

　　因此，已經開始有業者重新檢視行銷策略，而不單從帳款收付的角度去進行以書養書的策略，從 2008 年的新書出版種數下降也可見到此一趨勢。首先，必須先從整體行銷定位上去著手；接著，

實行精耕細作的出書策略，不再倚靠大量的新書出版；或者實行集中營銷資源，於新書推出一個月內，集中火力行銷，如果無法受到市場接受，再換新書。此外，亦有業者從多元化著手，包括產品多元及通路多元，藉以降低風險。圖書除在通路上，容易被分類外，對於消費者而言，對該類型圖書的品牌有認同後，新書的接受度相對提高，行銷上只需要將新書資訊宣傳出去，消費者自然會有忠誠度、會購買。但為要塑造專業的品牌形象，出版業者往往必須不惜成本出版該類型圖書中市場需期較小的內容，例如：學術類型的出版社，除了出版大專用書，專業領域用書外，對於該專業領域比較冷門的書種亦必須出版，以建立該類型圖書的專業形象。[235]

整個行銷與產品的策略定位清楚後，就要結合所謂的行銷活動，其中網路是可以被運用的行銷工具，雖然網路對於圖書出版需求市場量產生負面影響，但網路其實對圖書出版的行銷層面，反而是一個幫助，透過網路，出版業者可以更方便行銷圖書資訊，並可經營網路社群，利用網路的多媒體進行宣傳。當話題引爆的時候，結合流行元素，或當下的社會議題，絕對可以增加圖書的銷售，若以文化創意的定位思維，此時除了圖書本身的銷售外，若出版業者同時經營其他文化商品，也同樣會被引爆商機。

在圖書內容策略方面，圖書出版業者必須重新加強編輯能力，尤其編輯企劃能力是一個出版業者的核心能力所在，編輯必須跳脫以往的企劃觀念，更要走入消費者，要從企劃階段就有行銷的概念。回到圖書內容本身，隨著時代改變，圖書的功能更趨多元，也面對異業競爭，很重要的一點就是要與網路資訊進行區別；選題上要更貼近消費者生活，以目標讀者的角度進行思考，而目標讀者定

---

[235] 編輯部.圖書館經營行銷模式[N].聯合晚報，2008-8-11.

義要更精準；在內容呈現方式上，也因應網路閱讀、圖文閱讀等各種新媒體閱讀所養成的閱讀習慣改變，要做出相對的調整。[236]

5.1 出版物價格與營銷策略

為圖書合理定價是出版社最重要的行銷決策之一，定價將決定銷量、收入、利潤和長期持續增長的機會。但是在傳統零售管道和非傳統管道之間也有定價上的巨大差異。大多數的出版商主要通過零售店，尤其是實體書店進行售書。在對圖書定價時，考慮製作、出版、發行、運輸、運營等各項成本和預期利潤後，再制定價格。在圖書封底的價格不僅反映了出版社對內容的估價，也為發行折扣幅度做了設定。另外，還要考慮到通過 B2B 管道給採購商的價格。這包括企業、學校、政府機構和協會組織的採購商。這些人對（不可退貨的）團購價格更感興趣。

一般圖書定價的挑戰在於，出版圖書的價格要與附近書店或網上書店售賣的圖書拿來對比，如果你的書價過低，人們會認為其價值不高；如果定價過高，則又給人虛高的印象，尤其是市場上還有類似的書可供選擇時。

綜合來說，圖書的價格主要由圖書印刷成本、預期利潤、作者稿酬、經銷商折扣和銷售成本等五大部分構成。若再細分，圖書定價共有七點因素影響[237]：

（1）單本圖書的印張數：這是一般書定價的主要考慮因素之一。

---

[236] 編輯部報告.圖書編輯與企劃[J].技術尖兵，2009（147）.

[237] 盧盈軍.圖書價格構成與定價策略[N].中華讀書報，2002-09-11.

（2）圖書的選用紙質材料、印刷和包裝裝幀。

（3）圖書的印刷數：圖書的印數與圖書的一些固定化成本（如編輯的審稿費、行銷費用、印刷費等）的攤提有直接關係，一般印數越大，單本書攤提的固定成本越少，在定價時可考慮利潤的空間和價格迴旋的餘地也就越大。

（4）作者稿費或版權稅。根據支付方式不同，對圖書定價的影響也不同。

（5）銷售費用、銷售折扣以及銷售成本：這是決定圖書價格的最主要因素。銷售費用包括市場行銷費用、運輸費用、差旅費；銷售折扣指出版社給批發商、零售商的折扣；銷售成本指各種合理的常規性的由銷售造成的損耗，包括壞賬損失、圖書的破損等。其中，給批發商、經銷售和零售商的銷售折扣是影響圖書的定價的最重要的因素。

（6）出版社的合理利潤。出版社出版圖書的目的就是為了贏利，毫無疑問，在定價時必須考慮自身的合理利潤。出版社目前圖書的利潤率大約占定價的 10%-20% 左右。

（7）其他：例如：市場同類圖書定價與圖書的獨特價值效應。

而臺灣圖書目前定價方法，主要是根據印張數和字數定價法：目前，很多出版社對圖書定價採取先由編輯考慮一些因素，如整本書字數，來估定每印張的單位定價，然後計算出整本書的價格，最後會同發行部門進行協商確定該書的定價，即：圖書定價＝單印張估價＊印張數。不過最後進行定價時，往往會直接用該本書的頁數＊1.2～1.3 等於基本定價原則。

圖書的價格必然要受到整個圖書市場的影響，這種影響主要體現在同類書價格的影響和整個圖書市場價格的影響以及市場供求的影響，其中主要受同類書價格影響較大。不過，宗教圖書品，尤其

像佛光山各式出版物，定價似乎只有考慮成本，但沒有考慮市場成本。不過，給圖書合理定價則是每個出版社營運時，非常重要的圖書行銷工作。若深究以「人間佛教」為主題出版的圖書出版物正式定價，發現佛光山印刷品的定價普遍偏低；但仍有部分屬於跟非佛光山出版社或者出版人合作時，定價會比較合理或者偏高，但這些圖書出版物的數量偏低。

　　為何佛光山出版物的定價會偏低呢？就目前佛光山在媒體的經營投資上，內容稱得上是相當豐富。在刊物部分，包括了民國四十六年創刊發行的《覺世》旬刊、民國六十八年的《普門》雜誌、民國八〇年代的臺中全國廣播及佛光衛視，再加上專門出版佛書的佛光出版社、香海文化及出版佛教錄音帶、CD 如是我聞、人間福報，以及佛光電子報、佛光衛視及《普門》雜誌等相關媒體，整個佛光山全媒體團隊即告成形，成為國內宗教界中一支陣容堅強的弘法隊伍。不過，佛光山媒體王國版圖雖大，但卻沒有一項是賺錢的，換成是一般人，拿大筆的錢去購買煩惱，任誰也不願意，但多年來佛光山卻是甘之如飴，且似乎愈做愈起勁，愈做版圖愈大。

　　佛光山之所以會如此投入媒體事業，探究其根本，最主要的關鍵原因，實與星雲法師有著極大的關係。就現今宗教界人士中，佛光山的星雲法師可謂是最早投入媒體弘法者。早在大陸時期，星雲法師不過是二十歲的年輕人，即對媒體傳播力量有所認知，因而投入了《怒濤》、《覺生》等刊物的編輯工作。民國三十七年，星雲更在南京的徐報上，主編《霞光副刊》，四〇年代到臺灣後，也先後擔任《人生》雜誌、《今日佛教》等刊物的編輯工作，因此，稱星雲大師為宗教界的媒體人，實不為過。[238]

---

[238] 曾國仁.透視星雲法師的媒體經營學[J].今週刊，2000（169）.

以一般商業媒體經營的角度來看，不斷投資擴充賺不了錢的事業，根本不符合經濟效益，但佛光山對媒體的經營管理，卻有另一套的看法與做法。多年來一直奉星雲大師之命，負責佛光山相關媒體運作事務的人間福報發行人依空法師表示，佛光山的經費是來自於社會各界，因此，佛光山也將用之於社會其中，媒體具有教化人心的功能，因此，所謂的賺與賠、得與失，並不能單從物質金錢衡量，而必須加上對社會的教化功能，因此，佛光山辦媒體，表面上是耗費人力且每年虧掉不少錢，稱得上是年年難過年年過，但就精神層面而言，透過這些媒體的力量，佛光山賺到了人們向善的心，而人類一顆善心值多少呢？這就完全不能以簡單的數學符號表計算了。

這點，若依照上述彙整佛光山所出版書籍的定價，發現若依照臺灣目前一般出版社的定價模式來推算[239]，佛光山的書籍定價，不管該本書及頁數有多少？定價都是等於頁數或者低於頁數定價，鮮少是符合基本定價模式。請詳見下表 5-1 說明。

表 5-1：佛光山出版物定價策略說明表

排序	頁數	書名	作者	定價	高／低	原因（備註）
1	211	石頭路滑──星雲禪話（1）	星雲大師	220	等於	
2	236	圓滿人生──星雲法語（1）	星雲大師	200	低	

---

[239] 臺灣出版品定價模式，一般是頁數 X1.2~1.3 倍數＝基本定價。

表 5-1：佛光山出版物定價策略說明表（續）

排序	頁數	書名	作者	定價	高／低	原因（備註）
3	384	佛光山開山故事——荒山化為寶殿的傳奇	星雲大師	250	低	
4	365	人間佛教的發展	星雲大師	250	低	
5	344	人間佛教的戒定慧	星雲大師	250	低	
6	209	千江映月——星雲說偈（1）	星雲大師	200	等於	
7	800	星雲大師人間佛教思想研究	程恭讓	480	低	
8	1,412	2015 星雲大師人間佛教（上、下）	星雲大師	800	低	
9	351	人間佛教佛陀本懷（中文—繁體）	星雲大師	200	低	
10	198	《2014 人間佛教高峰論談》開放	程恭讓、妙凡	280	高	學術
11	316	禪定與智慧	心定和尚	300	等於	
12	216	苦，也是一種豐富	陳洪	250	高	學術
13	368	沒有待遇的工作	星雲大師	380	等於	
14	171	跨越生命的藩籬——佛教生死學	吳東權	150	低於	
15	243	雲水日記～禪的修行生活	佐藤義英	180	低於	
16	202	人生禪（二）——妙慧人	吉廣興	300	高於	非佛光山人
17	128	佛光禪入門	佛光山		低於	

表 5-1：佛光山出版物定價策略說明表（續）

排序	頁數	書名	作者	定價	高／低	原因（備註）
18	512	2014 人間佛教高峰論壇——人間佛教宗要	程恭讓、妙凡	380	低於	
19	255	迷悟之間 1：真理的價值	星雲大師	220	低於	
20	287	迷悟之間 4：生命的密碼	星雲大師	200	低於	

資料來源：本書自行整理

5.2 出版物傳播管道分析

　　早期 1970～1980 年代的臺灣，還沒有網路書店，就連連鎖書店都還沒有的時代，一本書出版之後，出版社除了透過經銷商將書鋪到當時的書店，當時大多是獨立書店，位於各個城市的交通轉運中心附近的商圈，最大的銷售通路，其實是夜市，其次是書報攤，還有靠著出版社的業務員，挨家挨戶的按門鈴推銷。千萬別小看夜市還有業務員直接登門拜訪推銷，聽老一輩的臺灣出版人說，當年一些書都是以卡車的方式載到大型夜市去販賣，而民眾搶購的速度之快，經常一個晚上就搶光一卡車的書。

　　至於業務員登門拜訪推銷，主要販賣百科全書、童書與語言教學用書籍，日後有不少臺灣出版社的老闆們，就靠當年挨家挨戶賣書賺進人生第一桶金，後來成立出版社經營起出版事業。之後，占

地寬敞、空間明亮、書種眾多的連鎖書店崛起，成為強勢通路，還順便淘汰了許多小型的書店、兼賣書的文具店，還有書報攤，因為7-11與全家等便利超商崛起後，書報攤生意也被搶走了。不過，書籍在臺灣，從來不只是在書店裡販賣，能夠賣書的地點相當多元，是隨著科技媒介、社會變遷與生活形態的變化而變化。

例如：便利超商在臺灣的崛起壯大，目前全臺灣約有一萬多家左右的據點，讓一些無法進入連鎖書店販賣的書籍類型，開始將發行通路的焦點鎖定在便利超商。另外，專供漫畫與言情小說出租的租書店，近年來也紛紛提供代訂服務，消費者可以在租書店訂購自己想特別收藏的漫畫或言情小說，甚至還能代購市場上當紅的暢銷書。便利超商與租書店之所以能夠成為書籍發行的重要管道，與消費者的生活形態息息相關，這些店多半開在社區（社區）、學校或公車／捷運站附近，人們上下班／課一定會路過，每天下班回家之前，先繞到租書店借兩本漫畫、到便利超商買點零食飲料再回家，是臺灣人很常做的事情。腦筋動得快的出版人，就想到把書送到這些人常去的零售通路去陳列、販賣。這點也跟宗教出版物往往會在信徒聚會地點附近，或者寺院廟寺裡面進行銷售的道理相同。

同樣是零售通路的量販店，例如：大潤發、家樂福、cosco等，也開始積極介入圖書販賣，幾乎全臺灣主要量販超商或坪數大的超商（甚至一些居家生活雜貨的百貨通路也設立了圖書專區），都推出了圖書專區，以低價、生活化圖書（如食譜、旅遊書、居家裝潢設計類書籍）和市場重量級暢銷書三大類型，以量少質精價廉的方式，搶攻量販店的消費族群，如今也成了網路書店、連鎖書店和便利超商之外不可小覷的一個新興發行通路。

圖書發行是指將各種方式出版的圖書通過自出版單位開始的各種途徑以商品形式銷售給讀者的一系列活動，主要包含進貨、倉

儲、運輸、銷售（包括調劑）、售後服務等業務內容。在臺灣，因為出版書籍種類與主題的不同，而有些差許不同的發行管道。臺灣發行管道一般是指綜合出版社的管道，而不包括學術類、宗教類、雜誌期刊等，這部分出版社的圖書發行管道，也分成自營銷售與代理銷售。自營，就是由出版社將自己圖書目錄或者新書目錄發給零售商、書店、或者圖書館配商，甚至直接發給各大圖書館的電子採購窗口。不過，自營銷售這管道，往往是以學術類或者宗教類的出版物為主。

　　在臺灣，圖書代理發行商（經銷商、批發商），依據客戶種類，主要分為下列幾種型態，包括：一般零售與書店、網路書店、圖書館配商、特販商（機場書店、量販店）與超商便利等。茲就上述幾種圖書代理商條列出臺灣幾家較具知名度的廠商，請詳見下表5-2說明。

表 5-2：臺灣圖書發行商一覽表

序號	種類	廠商名	備註
1	代理商	聯合發行	
2		吳氏圖書	
3		大和圖書	
4		時報文化	
5		楨德圖書	
6		紅螞蟻文化	
7		商流文化	
8		飛鴻圖書	佛教為主
9		三民書局	
10		易可文化	

表 5-2：臺灣圖書發行商一覽表（續）

序號	種類	廠商名	備註
11	代理商	聯寶圖書	童書為主
12		成陽文化	
13		書立得文化	
14		華宣圖書	基督教
15		墊腳石書店	
16		知遠圖書	
17	網路書商	博客來網路書店	
18		金石堂網路書店	
19		誠品書店網路書店	
20	圖書館館配	思行文化	
21		學生書局	
22		金寶文化	
23		三民書局	
24		樂學書局	
25		聯合發行	
26		萬卷樓圖書	
27	機場書店	聯合發行	
28	量販店	聯合發行	
29	超商店	美璟文化	

資料來源：本書自行整理

　　至於，佛光山「人間佛教」相關主題的發行數量，若非透過專案編輯小組所發行的圖書，例如：「貧僧有話要說」、「獻給旅行者 365 日」的發行量，一般圖書發行第一刷約 5,000 本，而學術論

文類約 1,000～2,000 本；這些出版物目前整個發行工作都彙整到「佛光山文化發行部」，由黃美華師姑負責。黃美華師姑表示，佛光山的書籍放到一般書店，若沒有刻意去安排與設計，例如：中國歷代高僧全集 100 冊，發行部還設計一轉動書櫃，以利書店陳設，而不占空間。而專案所發行的圖書，實際發行量是不確定的。佛光山出版物的實際發行據點，除中國大陸之外，具體說明陳述如下表 5-1。

表 5-1：佛光山具體發行據點一覽表

通路種類	銷售據點	備註
書店	佛光書店（流通處）	臺灣 43 處
		非臺灣 39 處
直往	約 100 家書店	臺灣約 250 多家書店，但佛光山直接跟這些書店直接往來
代理商	飛鴻	專銷經藏義理，大部頭書籍，非全部
	時報	僅銷售香海文化
其他	活動性質	雲水書展（行動書車）、人間佛教讀書會等

資料來源：本書自行整理

其實，上表所述銷售據點只是表面上的銷售通路，佛光山本身還有其他附隨組織的成員與活動。透過瞭解這些傳播管道，佛光山下屬出版社的銷售數量，絕對不是如表面上銷售通路所呈現的意義。誠如第三章所提，佛光山每月約有 650 種的書籍賣出，每月約估可賣 50,000 本書。若依照這各數字去乘以每本 500 元，每個月接近 25,000,000 元新臺幣的進帳，每年超過新臺幣 3 億元的營業

額。這各營業額相較於臺灣綜合出版社的營業額，可以排到臺灣前十名以內，甚至都可以接近第五名的營業額。一個主要以佛教弘法為主的佛教組織，其所屬出版社銷售量如此龐大，其原因在於除發行通路外，傳播與宣傳推廣這些書籍的管道，可說是鋪天蓋地，進一步說，就是宣傳力度夠，造成某種宣傳氛圍，再加上在佛教文化弘揚下，銷售量提高其來有自。關於佛光山的宣傳管道，請詳見下表 5-4。

表 5-4：佛光山各宣傳管道一覽表

種類	傳播管道	網址	數量
下層組織	各寺院（臺灣、金馬、澎湖）	https://www.fgs.org.tw/career/career_global.aspx	77
	人間佛教讀書會	http://www.fgsreading.org.tw/main/index.aspx	428
	雲水書坊	https://fgs.webgo.com.tw/b91.php	50
	國際佛光會	http://www.blia.org.tw/main/index.aspx	451
網站	佛光山官方網站	https://www.fgs.org.tw/	
	佛陀紀念館	http://www.fgsbmc.org.tw/index.aspx	
	佛光緣美術館	http://fgsarts.webgo.com.tw/b62.php	9
臉書粉絲頁	星雲大師粉絲頁	https://zh-tw.facebook.com/HsingyunDashi	
	佛光山粉絲頁	https://zh-tw.facebook.com/foguangshan/	

表 5-4：佛光山各宣傳管道一覽表（續）

種類	傳播管道	網址	數量
各基金會	佛光山慈悲社會福利基金會	http://www.compassion.org.tw/	
	財團法人佛光山文教基金會	https://fgs.webgo.com.tw/	
	財團法人人間文教基金會	http://human.fgs.org.tw	
	中華佛光傳道協會（古今人文協會）	https://www.facebook.com/fgsblma/about	
	公益信託星雲大師教育基金	http://www.vmhytrust.org.tw/home	
其他媒體	人間福報	http://www.merit-times.com.tw/	
	人間通訊社	http://www.lnanews.com/home	
	普門雜誌（2000年已經轉至馬來西亞佛光）	https://www.facebook.com/pg/mypumen/about/?ref=page_internal	
	人間佛教研究院（普門學報）	http://www.fgsihb.org/article.asp?at_type=2&sp=1	
	覺世月刊（覺世副刊）	http://1999.fosss.org/www.fgs.org.tw/affair/culture/awaken/index.html	
	人間衛視	http://www.bltv.tv/	

資料來源：本書自行整理

在 2000 年，《人間福報》創辦後，即將《覺世》併入《人間福報》，成為〈覺世副刊〉。前後四十三年，《覺世》旬刊成為臺

灣佛教期刊因時代變遷而變革的歷史見證。另外，1997 年 1 月，《普門雜誌》改版；於 2001 年 1 月，為提升佛教學術風氣而轉型為《普門學報》；另在馬來西亞繼續出版《普門雜誌》，迄今不衰。而佛光山的一般性官方宣傳雜誌，轉由在 2013 年佛陀紀念館所出版的《喬達摩》半月刊雜誌所代表。此外，人間福報、人間衛視與人間通訊社，也都是這些圖書出版物重要的宣傳管道，詳細說明如下：

（1）佛光山於 2000 年 4 月 1 日創辦了《人間福報》，第一份由佛教團體創辦的綜合性日報，也於焉誕生。《人間福報》是一份多元化的報紙，不單只有報導佛教新聞，乃以推動祥和社會、淨化人心為職志，以關懷人類福祉、追求世界和平為宗旨，堅持新聞的準度與速度、廣度與深度，關懷弱勢族群與公益；強調內容溫馨、健康、益智、環保，不八卦、不加料、不阿諛，希冀藉由優質的內涵，體貼大眾身心靈的需要、關懷地球永續經營、延續宇宙無窮慧命，是一份承擔社會責任的報紙。前總統馬英九先生也肯定：「《人間福報》散播慈悲理念，淑世濟人；廣結善因善緣，蔚為社會一股清流。」可見沒有聳人聽聞政治新聞，傳遞真善美新聞的堅持，對人間仍有其特殊性。

2007 年 9 月，「人間福報電子報紙」www.merit-times.com.tw 正式上線，創報業之先河，讓全球 20 餘國讀者能同步閱讀。2011 年建置「福報購」，接引民眾上網消費之際，也能同步獻愛心，為弱勢團體盡一份心力。而「人間福報文學獎」的創設、「探索生命的閱章」系列活動、有品卡通人物票選、四格有品漫畫比賽等活動的舉行，在在揭櫫《人間福報》以文會友、廣行三好的特性，及肩負文化傳播、社會淨化的使命。自許成為「社會的一道光明」的《人間福報》任重而道遠，在秉持創辦人「傳播人間善因善緣」的

理念之際，更將堅持為社會注入清流，讓福報的發行為人間帶來祥和歡喜，具體實現「人間有福報，福報滿人間」的目標。

（2）人間衛視：星雲大師秉持傳播真善美的理念，在1998年創立了佛光衛視，默默耕耘了五個年頭，並自2002年10月起以「年輕化、教育化、國際化、公益化」為願景，更名為人間衛視，期望更能落實人間佛教的精神，為社會及世界帶來祥和與歡喜，LOGO上由內而外伸出的蓮花花瓣，象徵宏觀的國際化視野，將關懷層面觸及全世界，灑下心的種子。而包容於內的三片蓮花花瓣則分別代表蓬勃的年輕朝氣，教育理念的傳達，以及對公益的深切關懷，也是人間衛視製作節目的理念。

此外，更於1998年5月成立「財團法人佛光山電視弘法基金會」，旨在以大眾傳播方式，宣揚佛法精義，提升世人心靈、淨化社會。為了擴大業務規模與推廣各項弘法利生的事業，端為促進「人間衛視」及其他非以營利為目的之電臺成為永續經營之公益電臺，期望以社會教化、慈善公益的淨化節目，來關心大眾、服務社會。在電視弘法基金會的護持之下，「人間衛視」突破種種困難，於2001年12月正式在海外26個國家播出，在經費拮据的情況之下，戮力以年輕化、教育化、公益化、國際化四大方向，來製作清淨優質的節目，傳播全世界。這些優質節目猶如良善的種子，種在每一個人的心中，開出祥和歡喜的花朵，讓社會充滿溫馨與和樂。所有支援電視弘法基金會的會員，猶如福田的播種者，將福田的種子種在臺灣，讓福田的花朵綻放全世界，讓心靈的環保成果，嘉惠後代的子子孫孫。這項福慧雙修的公益事業，需要大眾的護持，希望大眾一起來，散播歡喜緣結千里。

（3）人間通訊社：（The Life News Agency，簡稱人間社），是首個由佛教創辦的通訊社，不僅是國內外佛教新聞資訊總匯，更

肩負起人間真善美的國際傳播角色。在資訊傳輸發達的時代，各種資訊瞬息萬變，透過平面、電子、網路等媒介，能迅速而無遠弗屆地傳達給閱聽人。為滿足人類「知」的需求，更冀盼對社會良善風俗起導引作用，佛光山於 2001 年設立人間通訊社，2012 年底正式立案，成為佛教創設的第一個新聞通訊社。

星雲大師說：「世界上每個人、每個團體，甚至是每個國家，若要全部都能達到『真善美』，又談何容易？因此希望人間通訊社能多報導社會善美的好事，多歌誦人間善美的訊息，以提升人性真善美的一面。」秉持星雲大師人文關懷、淑世化人與傳播真善美的使命，人間通訊社以網頁為宣傳途徑，輔以平面刊物廣宣，在立足臺灣，布點全球的同時，期以「文字有力量，下筆有分寸」為圭臬，報導佛教界以及各宗教界的新聞資訊，並傳播國內外藝術文化、教育人文、生活休閒、科學新知、慈善公益等訊息，讓廣大閱聽大眾得以在網路平臺，時時與真善美的新聞相會，刻刻增添心靈的能量，而產生正面積極的影響力。

5.3 出版社經營模式研究

臺灣 70 年代以來，由於戒嚴體制解除，政治環境優化，佛教團體得到相對自由的發展空間，以非營利組織之法人地位獨立從事自主的運作，加上經濟崛起發展，稅負減免政策引導民間捐款，佛教團體得到發展所需資金的活水來源，這些有利因素的具足配合，使得佛教團體從此成長茁壯並且發揮具體之社會功效。

臺灣四大佛教團體以人間佛教為核心理念，進行宣揚佛教教義、研修佛教教理、興辦公益慈善及教化社會風氣的工作，不僅在

活動空間上,由臺灣島內向世界五大洲推進;在活動的內容上更貼近民眾實際的需要進而跨越傳統的範疇,以各種志業形式深入社會的各個層面,深植慈悲於民眾的日常生活之中,造就今日臺灣人民樂善好施的文化特質;在組織運作上,充分運用現代化的經營管理模式,加上龐大志工群的支援,使得組織工作的進展更加快速有效率。

不同的佛教團體對於佈施理念的實踐有不同的側重,因此也各自發展出不同的實踐模式和濟世成果,但不懈的努力與卓越的貢獻是有目共睹的。人間佛教在臺灣已經達到初步的實現,人間佛教在臺灣也完成了理想的雛形。[240]

1987 年臺灣戒嚴體制解除,臺灣佛教逐漸脫離政治的框架,開始在組織、慈善事業、及文化上展開多元化的發展,新興的佛教組織紛紛設置,同時地區性的小團體也逐漸轉型成大組織,例如法鼓山、中台禪寺等都是在 90 年代解嚴後開始壯大。沒有外在政治禁忌的限制和干涉,佛教的學術開始活絡開展,研究的學術內涵與實踐的內容範疇更顯博大深入而創新;在加上臺灣經濟日趨繁榮,也為佛教團體的發展的需要提供無虞的經濟支援。

除了政治戒嚴鬆綁及經濟繁榮的因素外,利用非營利組織的運作模式來推動佛教事業的發展也是造就今日榮景的重要原因。非營利組織在 90 年代進入快速發展期,根據 2004 年的一項調查顯示,64.4%的受訪社會團體和 68.4%的基金會成立於 90 年代這個時期。[241]在這時期佛教事業與非營利組織的結合,使佛教團體由過去寺院的

---

[240] 楊曾文.關懷社會人生,實踐大乘菩薩之道:佛教與當代人文關懷研究論文集[C].高雄:財團法人佛光山文教基金會,2008.

[241] 官有垣、杜承嶸.臺灣民間社會團體的組織特質、自主性、創導與影響力之研究[J].行政暨政策學報,2009.

個體變成一個具有行使權利義務的法人,其行為發展的自由空間也因此而擴展。為發展非營利組織承接政府移轉的職能及協助政府公共治理的功能,政府提供符合規定的非營利組織所得稅負的優惠,這項措施更是引導民間資金大量地流向非營利組織,對佛教事業的發展更是幫助良多。經過二十年的努力,臺灣佛教事業創造出可觀的成就,造就了現今臺灣四大佛教團體——慈濟、佛光山、法鼓山及中台禪寺,佛教也因此成為了臺灣社會最具活力的宗教[242]。

　　非營利事業管理有何特點呢?非營利事業(Non-profit Sector)的人員,與政府或企業最大不同之處,是它的志願工作者極多。即使是學校中的教職員,雖亦收取薪資,但其工作動機主要並不在那份薪水,而是參與教育工作的使命與抱負,故仍具有志願工的性質。對此種人員及組織之管理,當然與政府或企業不同,而其財務管理亦必迥異。非營利事業之經費,並不適用「使用者付費」的原則,要求受益者負擔。它通常一部分來自政府,另一大部分則仰賴募款。是由社會出錢、非營利組織出力,共同創造公共利益、協助應被協助的人。紅十字會、各基金會、各救援協助團體,莫不如此,學校亦然。

　　因為非營利事業以公益服務為宗旨,所提供的正是「價值產品」,如文化、藝術、知識、宗教,而非「商品」。所以它不但本身在社會上的倫理價值十分明確,也向社會提供價值內容與方向。從業人員擔任此種工作,利潤報酬或許不高,但卻能充分獲得價值感,具有自我實現及成就社會價值之雙重意義。這些都是營利事業難以達到的。

---

[242] 張宏如.臺灣佛教團體之組織運作及佈施實踐[D].北京大學,2012.

弘揚佛法、續佛慧命是佛弟子們的責任，而流通佛書是弘法的方式之一。在眾多佛書出版單位中，有許多的出版單位是佛教所特有的，如：「印經會」、「素食館」、「文物流通處」、「放生會」、「慈善會」、「寺院單位」、「醫療單位」等，另外還有「法會」舉行之因緣，而以所舉行之法會為出版單位。這些單位印刷經費的來源大多是勸募集資，且流通方式大部分都是贈送結緣的。由此也可看出，佛書出版多以揚善、弘法的立場出發，非以謀私利為主。

　　另外，自古至今，「印經有功德」的概念，一直深植於每一位佛教徒的心中，以及有著為善不欲人知的傳統觀念，令每一位佛教徒都十分樂意奉獻發心助印經書，如上述的「印經會」，就是出版佛書的管道之一，還有彙整表中「佛弟子」一類，就是佛教徒以「十方佛弟子」、「四眾緇素」、「三寶弟子」等名義，流通經書，使佛法廣及大眾。這也顯示出，佛教徒秉持宗教熱忱，希望藉由佛書流通，弘揚佛法，並勸人為善，以達到社會教化為目的，從出版單位即可窺見一般。由上述可知，佛教出版單位之出版動機異於一般出版單位，因而產生了許多性質特殊的出版單位，成為佛教出版的特色。茲摘錄彙整臺灣 1,948 個出版單位，彙整成 29 種不同類型的佛教出版或者發行單位，詳見下表 5-5[243]。

---

[243] 釋自正.從圖書館管理角度看臺灣地區佛教出版[J].臺北：佛教圖書館館訊，2000（22）.

表 5-5：臺灣各種出版單位類型整理一覽表

出版單位類別	涵蓋範圍	列舉
出版社	出版社、事業（股份）有限公司、文化館、編撰社、編譯館、編印會	佛教出版社、佛光文化事業有限公司、法鼓文化事業股份有限公司、中華佛教文化館、中華佛教文獻編撰社、佛教編譯館
書局		瑞成書局、法輪書局、佛教書局
書院	書齋、書屋、書房	法味書院、白鄰書屋、慧海書齋、可築書房
堂		匯文堂、養正堂、樂清朱氏詠莪堂
委員會	編委會	中華佛教百科全書編委會、太虛大師全書編纂委員會、佛學教科書編委員會
印經會	印經處、印經組、印經社、印經館、印經中心、佛經處、佛書處、善書處、贈經會、贈經處、印送會、印送處、送經處	大乘精舍印經會、中國佛教文物印經會、仁王護國印經會、海藏寺清嚴肉身菩薩弘法印經會、雪廬受託印經處、普賢王如來印經會、無漏室印經組、妙法禪寺佛經處、善導寺佛經處
圖書資料中心	圖書館、佛學資料中心、圖書室	中華佛教百科文獻基金會佛學資料中心、太虛圖書館、香光尼眾佛學院圖書館、慈光圖書館、嘉義新雨圖書館
素食館	素食餐廳	如來素食樂園、松竹素食館

表 5-5：臺灣各種出版單位類型整理一覽表（續）

出版單位類別	涵蓋範圍	列舉
文物流通處		中國佛教文物中心、慈恩佛教文物中心
寺院單位	道場、寺院、禪舍、禪院、內院、別院、淨苑、蘭若、精舍、靜舍、淨舍、講堂、學舍、學苑、學社、學園、佛教堂、蓮社	農禪寺、隆峰寺、香光尼僧團紫竹林精舍、悟光精舍、西蓮淨苑、三慧講堂、般若學苑、臺中佛教蓮社、華嚴蓮社、華嚴蘭若、高雄佛教堂、圓覺學社
學會組織	弘法會、宏法會、弘法社、弘法團、念佛會、共修會、佛學會、學佛會、居士林、居士會、護法會、研究會、佛法中心、菩薩會、法施會	光照念佛會、汐止念佛會、佛教居士共修會、蓮因寺大專學生齋戒學會、臺南淨宗學會、正信佛學會、七號公園竹林禪意區促進會、中華佛教居士會、北投佛教居士林、中華佛學研究所護法會、臺北佛教利生中心、佛陀教育中心
放生會		弘光放生會、淨覺院放生會
志業中心	志業服務處、文化服務處、文化中心	佛光山佛教文化服務處、佛教慈濟文化中心、無盡燈佛教文化中心
大專院校佛學社團		文化大學智慧社、淡大正智社
紀念會		白聖長老紀念會、壹同寺玄深恩師永久紀念會
慈善團體	救濟會、慈善會、功德會	光明慈悲喜捨救濟會、廣慈僧伽醫慈藥慈善會、佛教慈濟功德會

表 5-5：臺灣各種出版單位類型整理一覽表（續）

出版單位類別	涵蓋範圍	列舉
教會團體	佛教會、協（進）會	中國佛教會、中國佛教音樂推廣協會、中國隨緣社會服務協會、關懷生命協會、世界佛教僧伽會
佛學院所	佛學院、學佛院、佛學研究所	中國佛教學院、中華佛學研究所
學校	專科院校、大學、研究所	政治大學民族研究所、清華大學、能仁家商
研究單位	研究中心、研究社	中央研究院、國史研究室、漢學研究中心
基金會		安寧照顧基金會、內觀教育基金會
印刷所	印刷（有限）公司、製版社、電腦排版打字公司、裝訂公司	世樺印刷事業、臺北印刷局、文橋彩色製版社、日星電腦排版打字公司、源太裝訂公司
法會因緣	三壇大戒會、法會	三壇大戒會、仁王護國息災法會、白公上人八秩華誕傳戒籌備會、佛光山萬佛三壇大戒法會
雜誌社	週刊社、報社	明倫雜誌社、豐餘書報社、覺世旬刊社
文具店	文具店、文具行	乙勝文具、春輝文具紙品公司
醫療單位	藥行、醫藥公司、診所、醫院	安和樂保健醫藥有限公司、佛教慈濟綜合醫院、黃則洵皮膚科診所、新富山藥行

表 5-5：臺灣各種出版單位類型整理一覽表（續）

出版單位類別	涵蓋範圍	列舉
政府單位	中央、地方	中華文化復興運動推行委員會、史博館、教育部文化局、臺南市政府
佛弟子	十方佛弟子、三寶弟子、四眾緇素	華藏法會四眾緇素、臺美加港星四眾緇素、佛教四眾弟子、祥光精舍信眾
其他	工作室、婦女會	北港朝天宮董事會、高雄宏法寺慈恩婦女會

資料來源：釋自正.從圖書館管理角度看臺灣地區佛教出版[J].臺北：佛教圖書館館訊，2000（22）.

　　臺灣佛教的文化弘法，自民國 38 年發展至今，其信仰傳佈既深且遠，其中，對佛教出版產生極大影響，就是印經事業。印經再過去的興盛時代，可說是對佛教信仰與文化起了一定的推動作用。而印經事業也從過去簡單勾勒出佛教團體對出版組織的經營與營運模式為何？其中，早期印經事業的發展，初階段都是由印刷廠代為印刷；之後隨著佛教的大量印經、單位眾多，開始出現佛教專門的印刷廠（公司），如「和裕」、「世樺」出版物從來稿、排版、版式、規劃書系到印刷品印製完成、提供結緣流通，都是有組織的管理。亦有將印刷成書的電子檔案置於網路上提供下載，如「佛陀教育基金會」，這是網路時代的「印經出版物」。因此，也催促著臺灣佛教出版事業單位的營運，是朝向現代化的出版運作[244]。

　　若討論臺灣佛教團體在出版經營型態，必須提及佛教出版物本

---

[244] 釋自正.臺灣地區佛教印經事業之發展略探[J].臺北：佛教圖書館館訊，2008（54）.

身受了「法寶無價」的觀念影響，很多出版物採用非營利方式出版及流通，而這些非營利的出版單位，又非以傳統「印經會」的名稱呈現，但所有的營運卻是採用與「印經會」相似的模式在運作——向眾人募化集資、免費提供結緣。隨著臺灣地區引進南傳佛教的禪法之後，有多個非營利的佛教出版單位開始大量出版南傳佛教書籍，著實對南傳佛教在臺灣的發展起了很大的影響力，同時也帶動了部分以營利為主的出版單位一個新的出版方向。

「出版」是一種將研究成果發表的手段，它意謂著某一領域文化的展現，透過「出版」可以累積人類的思想、觀察文化的變遷、探究人類的文明。佛教的出版一直走在各領域的先鋒，如印刷術的發明，第一部印刷的書籍即是《金剛經》，乃至當今資訊科技的進步，佛教致力於文獻數位化的數量，更是領先於各宗教。這些宗教類的書籍當中，有些是有價的出版物，有些則是出版時就以結緣、免費的方式出版，像楊惠蘭《佛教類圖書閱讀行為與消費行為關聯之研究——以高雄地區佛教道場為例》[245]與蔡月嬌《臺灣天主教出版物閱讀與消費行為之研究》[246]的研究結果中，可發現免費的結緣書，其閱聽者約占了不小的比例。

佛教徒們發心助印經書，來宣揚佛法，勸人為善的功德是非常大的，不但可以讓福報增長，讓三寶長久擁護，更可以消除業障、惡事永離，甚至智慧宏開、速成佛果，所以有很多人都很樂意來助印經書。然而印經會等出版機構，隨著時代變革也要能夠出版符合閱聽人需求的結緣書，這樣才能更普及的把佛法傳播出去[247]。

---

[245] 楊惠蘭.佛教類圖書閱讀行為與消費行為關聯之研究——以高雄地區佛教道場為例[D].嘉義：南華大學，2002.

[246] 蔡月嬌.臺灣天主教出版品閱讀與消費行為之研究[D].嘉義：南華大學，2004.

[247] 籃琇慧.佛教推廣書籍閱聽人口特徵、閱讀動機及閱讀效果關聯性[D].嘉義：南

不過，從過去佛教圖書出版的歷史來看，民國 75 年由九歌出版社所出版的林清玄菩提系列文學之著作，造成購買熱潮，一度成為榜上有名之暢銷書，引起了其他出版社的注意，並開始朝出版佛教圖書市場探路。另外，仍有一般性出版社仍有持續出版佛書之單位（不包括個人），出版種數較多者，有：東大、時報文化、圓神、文津、臺灣商務、大展、遠流、九歌等。此外，還包括有雜誌社、出版社、基金會、文化事業有限公司、印經會、寺院道場、佛研所、研究會、印刷公司、佛教文物社、同修會、佛學會、圖書館等。在這些出版社中以公司型態經營的有 30 所，基金會有 18 所。由此可知佛教出版單位的型態，已擺脫傳統出版方式，以公司化管理之營運模式為主流。

佛書出版流通方式，可依出版時標價與否，分為有價及結緣二種方式。所謂「有價」，佛書於出版時，即有訂定價格，作為販賣價格之依據；所謂「結緣」，即佛書出版時，以非賣品的形式呈現，不作為販賣之商品，完全為免費贈送的。因此，本書試從佛書流通的方式，看佛教出版單位的經營型態，茲分述如下：

（1）有價的佛書：已申請 ISBN 的專門出版單位中，佛書出版有定價者居多，其中有部分的出版單位組織由出版社改為文化事業（股份）有限公司的方式繼續經營，並運用公司經營管理的方式來更有效規劃管理佛書出版，如：「佛光文化事業有限公司」，早於民國 48 年以「佛教文化服務處」成立，民國 56 年改為「佛光出版社」，民國 85 年改為現在的名稱，成立迄今已有四十年以上的歷史了。或有部分出版單位，則另外成立基金會，作為專門出版佛書的單位。這顯示佛書專門出版單位隨著時代的進步，逐漸轉變經

華大學，2009。

營形態，運用現代化管理方式，有系統的規劃佛書出版，並改變佛書舊有的形象，將佛書轉型為具商機與市場競爭力的商品，也促使佛教出版單位對行銷方式的重視。

「行銷」對於出版有價佛書的出版單位而言，是相當重要的，這關係著產品是否可以成功的推出並達到預期的產品目標。以目前盛行的網際網路來說，就成為出版單位行銷的新手法，如：利用網路提供新書訊息，或提供查詢出版書目，或提供訂購的方式等等。從網路上查找統計發現，已經有部分佛教出版單位已設置網站，提供各種服務，包括提供網路訂書、出版物資料庫查詢、新書訊息、出版物目錄等服務。由此顯示佛教的出版業者，已將網路當成廣宣的一種工具了。

（2）結緣之佛書：若透過查詢已申請 ISBN 的佛教出版單位中，發現出版結緣佛書之佛教出版單位計有 39 所。這些結緣佛書的出版單位，探究其母體機構，大都是屬於寺院道場，因此仍然保持結緣贈送佛書的流通方式。結緣佛書的出版，基本上延續了傳統的概念，認為佛書是無價的，不可以買賣，而以「結緣」方式贈閱。這種出版結緣佛書的佛教出版單位，其經營的模式，在出版史上可說是相當另類的文化，其單位都以「印經會」或「佛寺」單位為主，出版較無計畫性，而且出版的佛書通常主動寄贈或提供索取，並不注重行銷，也很少對所出版的佛書發佈新書訊息，造成佛書出版資訊不易獲得及不完整。不過，近年來由於大力提倡 ISBN 與 CIP 的申請，部分結緣佛書的佛教出版單位也體認其重要性，漸漸為其新出版之佛書申請書號，如此可透過網路查詢，在取得資訊上較以往容易多了。

從上面文獻與各種佛教出版社類型分析可得，佛光山佛教與「人間佛教」出版物，在整體的經營型態上，可能必須先透過一個

屬於非營利組織的佛教教團，部分採取過去印經捐功德方式，部分採取現在有價圖書的出版社或者文化事業有限公司的模式，雙管齊下；一方面在大量印刷宣傳時，可達到弘揚佛法的目的，另一方面又無需太擔心整個銷售金額，是否足夠支持出版事業。而這種經營型態，在許多公司企業經營上，是比較少見的。不過，販賣「文化價值」的宗教團體，是否屬於虧本的經營模式？還是有更多的營利利潤？這對佛教教團而言，是不足以去考慮之處。

更進一步的說，佛光山所屬的各出版組織，在出版各種圖書出版物時，都是符合臺灣地區正式出版品的出版流程，包括申請ISBN、定價，以及對外透過既有通路進行發行；但是，早期佛教印經助印時代的習慣，並沒有消除，所以，會有許多信徒、或者佛光山附隨組織，主動認捐採購，並將採購的書籍捐贈給有需要的個人、機構或者學校等。若從普及與量化的角度，佛教書籍其實做的相當不錯，不只是這幾年做的好，從以前就已經做得不錯。就現今臺灣出版的一般書籍，能夠在書店體系上賣五百、一千本書，大概就足以擠上排行榜，但對佛教書籍而言，不要說幾個著名的大型道場，連一般比較小型的寺廟組織，在助印的情形下，動輒發行五千、一萬本以上，並不是很困難的事。[248]再者，宗教書籍的編輯、印製與發行，一般都有極崇高理念與樸素動機，佛教出版品也不例外，在眾多信徒支持贊助下，佛教出版品往往不會有太大的經濟壓力。所以，佛光山這種經營方式，有工商企業的管理精神，但沒有工商企業的營利目的；它是屬於非營利事業範疇，著重在社會教會與社會福利服務。[249]

---

[248] 張元隆.法鼓文化出版發展概況.[EB/OL] .[2000-11-3].http://www.gaya.org.tw/journal/m21-22/21-main2-1.htm

[249] 周慶華.佛教的文化事業[M].臺北：秀威出版社，2007:21-27.

5.4 出版物受眾型態分析

　　宗教媒體的傳播內容，除了既有的信仰價值外，開始以普世價值為核心，用另類媒體行動來回應社會文化的亂象，透過「入世／現世」、「淨化」的概念來展現自我，試圖建構出普世性道德（環境保護、和平、內心的和諧）、安全（社會秩序穩定）、慈善等普世價值。這種「入世／現世」、「淨化」的文化觀，佛教方面主要的媒體訴求是從「人間佛教」的觀點出發，以傳播打造人間淨土、淨化人心的理念、或推動「心靈環保」。

　　學者曾指出慈濟的文化論述包含四個方面：環境保護／環保意識、良善訊息的報導、創造慈濟歷史／紀錄慈濟歷史、地方文化的認定／地方意識和臺灣的認定。張婷華分析《人間福報》的新聞內容亦曾發現[250]，改版後的宗教類內容比重減少，宗教新聞逐漸從「直接」走向「間接」，其它新聞取材也由多元走向深度，以淡化宗教色彩、佛光山色彩。臺灣在解嚴後，宗教得以運用自屬的大眾傳播媒體全天候地向廣大、異質的閱聽眾傳播，傳播對象開始由針對信徒轉而擴及更廣泛的大眾，而非局限在鞏固信仰或是爭取入信為訴求。

　　首先從宗教媒體本身的內容定位來看，各宗教媒體所服務的對象，都是全面性，例如：大愛電視的傳播對象包括慈濟人與非慈濟人；好消息電視頻道除基督教友外，也服務一般觀眾，嘗試由基督教頻道轉為家庭頻道，宗教頻道的定位，轉型為能與整個社會對話，以接觸更多非基督徒觀眾。佛光衛視則於 2002 年十月更名為

---

[250] 張婷華，人間福報改版之內容分析[D].臺北市：世新大學，2008.

人間衛視以跳脫宗教電視臺的刻板形象，朝「年輕化、教育化、國際化、公益化」發展，並以多元化的觸角製作節目內容，期能擴大傳播對象，不再局限於信徒[251]。

其次，宗教媒體組織朝向專業化，透過媒體行銷專才導入行銷策略，帶動組織經營多元媒體平臺及跨傳播平臺合作，一方面促使產制端擁有多種傳播管道，將收視、收聽擴及不同的閱聽範圍，另方面也間接帶入不同的傳播對象，而非侷限於信徒。例如：慈濟人文志業出版部門透過與遠流、皇冠等出版社合作出版「看不出慈濟色彩的書」，試圖將傳播對象由慈濟人擴大到一般社會大眾。基督教好消息電視則與其他基督教機構合作，播放救世傳播協會製作的《空中英語教室》、《大家說英語》等，乃因認為這兩個節目的傳播對象較廣，跨傳播平臺合作可以吸引非基督徒觀眾以建立穩定的收視。

進一步來說，宗教與媒體的互動不一定全如媒介批判論者所言是傳遞世俗的或是庸俗的價值，呈現市場導向或以消費者為依歸，使宗教傳統與真理的地位受到挑戰；也非功能主義／工具觀所稱，媒體宛如宗教的器皿或宣教機器般僅能用在宗教範疇，做為傳遞信仰或宗教理念的工具。當臺灣宗教傳播的參與者漸由神職人員、信徒擴大到不具宗教承諾的媒體專業人士，宗教與媒體互動時並非都採取以宗教的權力結構控制媒體的互動模式，而是在宗教／教團外另行透過理性和官僚體制來運作。此一轉變擴大了宗教傳播的內容與傳播對象也不再局限於宗教的範疇；但能否讓宗教媒體以專業與非營利的角色建立媒體的公信力與形象，並讓大眾瞭解宗教的社會

---

[251] 張婉惠.臺灣戰後宗教多元化與現代化之研究——以佛光山為例[D].宜蘭：佛光大學，2010.

參與及多元實踐,進而塑造宗教／教團的公益形象,增強社會大眾對宗教的認同與支持,則仍待觀察。

對於一般人而言,佛教的文化傳播代表何種意義?是否誠如上述所言,僅是宗教內容呢?中國佛學院碩士研究生行空法師也指出[252],對居士[253]而言,學習佛法的作用有包括:「眾生愛護生命」、「促進人類文明與進步」、「理解到人生難得」、「拯救人生」、「知規・明理・解思」、「擁有智慧得到加持,生活順利」、「感覺到生命存價的價值與意義」、「擺脫煩惱」、「懂得念佛的益處」、「理解到人生無常」、「增進信願行」、「樹立人生的方向和歸依」、「懂得做人的道理」、「增進對佛教的瞭解」。這更明確告知,佛教之於信眾或一般大眾,有種類似使用與滿足的傳播效果,或者潛移默化的文化傳播或者涵化理論效果。

另,對佛教信徒而言,「佛教圖書」仍有強大的文化傳播功能;大多喜歡閱讀佛教圖書的受訪者,都是基於「想學習或者研究佛教」,或者「喜歡佛教」、「寺院或者師父推薦」等三個因素而喜歡。從閱讀動機可推斷出,喜歡閱讀「佛教圖書」的受訪者,往往剛開始是因為佛教教團或法師們的推廣宣傳;但後來持續閱讀「佛教圖書」的原因,卻是因為類似傳播效果中的「使用與滿足」,從被動接受「佛教圖書」宣揚佛法,到主動關注「佛教圖書」對自身是否有其他功能?例如:是否可解憂?或者解決生活中瓶頸等。[254]

---

[252] 行空法師.以居士教育實踐《人間佛教》──對北京市佛教文化研究所佛學培訓班的調查分析[D].北京:中國佛學院研究所,2012.

[253] 居士是一種提倡在家修行的佛教修行方式與思想的人,中文信徒稱之為在家眾。

[254] 陳建安.宗教出版品的傳播效果研究──以臺灣地區佛教雜誌為例[C].臺北:輔仁大學圖書館與資訊社會研討會,2017.

而現今「佛教」的文化傳播過程，剛開始信徒會透過佛教各種介紹內容瞭解佛教；再來，利用「佛教」內容去勸人為善；最後整個自身的人生價值與想法，完全受到「佛教」的導引。這種的傳播歷程，可謂是接近傳播大效果，亦等同於最佳的文化傳播效果。臺灣的佛教教團，透過多元媒體大量傳播佛教，期待利用媒介建構一個「擬態環境」，讓人短暫置身「人間佛國」；例如：佛教雜誌（免費月刊、大量贈閱）、佛教報紙、佛教電視臺等，利用各種故事性強的佛教內容，鋪天蓋地弘法宣教，把出世教義轉變成入世穩定力量。這種兼具宗教與第三部門的媒介使用，讓佛教文化傳播迅速在臺灣擴展普及。

最後，各種簡單不同的入世禪學故事，透過「各式佛教圖書」刊登連載，輔以大量佛教文字圖片、透過寺院法師的渲染，讓讀者與信徒不經意接觸、使用。信徒們對佛教從不瞭解到清楚，閱讀「佛教故事」從不經意使用到滿足自身需求，這種利用文化弘法的傳播效果，慢慢涉入個人行為、態度，進而認知，已經成就臺灣佛教成為僅次於民間信仰的最大信仰。

其實，因目前學術界沒有針對佛教書與閱聽人效果該部分做過大量研究，所以並沒有現成文獻可直接引用。不過，在不同研究領域中發現，女生比男生較會因為想要祈求佛菩薩保佑和希望能趨吉避凶，而去閱讀佛教推廣書籍，這和一般在寺院及道場上看到的景象是一樣的，女生較會因為某事而到寺廟裡燒香拜拜，向佛菩薩祈求保佑，甚至跟著誦經，進而閱讀佛教推廣書籍。另外，女生在生活處境上有困難時，較會去閱讀佛教推廣書籍來尋求心靈上的寄託，男生則較不會。這和一般的現象相符合，通常男生在面臨生活處境的壓力和考驗時，還是很壓抑，很少對外表達，或者較會用動態的運動來發洩，例如打球、爬山、騎腳踏車等；女生則較會去尋

求減壓的管道，或較會用靜態的方式解決[255]。而這點跟上述喜歡閱讀佛教叢書的閱聽人使用動機，是很相像的。

5.5 其他分析：非正式出版物、廣告

在本章第二節中提起的佛光山正式發行通路裡，還有一個「其他類別」。其他，主要指各式活動，例如：人間佛教讀書會，或者雲水書坊的「行動巡迴書車」；另，佛光山也有非正式出版物，例如：《喬達摩》半月刊。而這些更是在整個出版物發行行銷時，化被動為主動。例如：透過全臺灣 428 個讀書會群裡書評，或透過法師帶領信眾一起閱讀，為某些圖書出版物加分；另外，更以書車型式，讓比較邊偏遠，或者沒有書店、沒有佛光山的分別院據點的信眾們，可以透過書車，主動接觸這些書籍。當然，這些通路還包括每期平均發行 12 萬份的非正式出版物《喬達摩》半月刊。這些也都是協助「人間佛教」出版物推廣與銷售的重要方式之一。本節將茲就《人間佛教讀書會》、「雲水書坊——行動巡迴書車」與《喬達摩》半月刊進行分析。

（1）人間佛教讀書會：

星雲大師開創佛光山時，即訂定「以文化弘揚佛法，以教育培養人才，以慈善福利社會，以共修淨化人心」為佛光山的四大宗旨。其中文化、教育更是佛光山推動「人間佛教」理念的重要內涵。數十年來，信眾多以聽講作為學習的管道，但是，真正能夠以

---

[255] 籃琇慧.佛教推廣書籍閱聽人口特徵、閱讀動機及閱讀效果關聯性[D].嘉義：南華大學，2009.

自主性取代被動性的學習方式，應該是人人皆可發言的平等式學習。因此 2001 年在南非所舉辦「國際佛光會理監事會議」中，呼籲佛教應該朝四個弘化方向而努力：「寺院本土化、佛法生活化、僧信平等化、生活書香化」。為了更具體落實「生活書香化」的理想，大師更於 2002 年元旦正式成立《人間佛教讀書會》，透過計畫性的組織，期望展開全球性的讀書風氣，並將「生活書香化」視為「終身學習」的最佳途徑。

人間佛教讀書會秉持星雲大師《生活書香化》的理念，使佛弟子拾起佛教的經典，循序漸進地在佛法中找到斷惑證真的根本依據，為自己在不同階段的人生課題，創造終身學習的場域，並從對話反省中激發出集體創作的智慧，使提升宗教信仰的生命層次。《讀書》是一種享受，《深入經藏》更是讓眾生親嘗醍醐法味的最佳管道，在與讀書會友們交流討論中，開拓佛法的向度，人生有了佛法就能祥和自在，社會有了佛法就能尊重包容，世界有了佛法才能和平無爭。也因此致力於《生活書香化》的理想，不僅是《人間佛教讀書會》的使命，更是所有大眾視之為責無旁貸的努力目標。

人間佛教讀書會在全臺灣共有超過 428 個讀書會組織，透過當地的寺院裡法師們，協助信徒們自主組成；並且固定挑選一本或者數本屬於佛光山的出版物進行導讀或者討論，並鼓勵所有信眾可以響應或者發表讀書心得。在人間佛教讀書會官方網站裡（http://www.fgsreading.org.tw/main/index.aspx），會有「分享園地」，其中包括：好書分享（類似網路書店推薦好書）、文章分享（各讀書會個人的讀後心得），以及網站答客問；另外還有「閱讀交流道」，以總部管理者角度去推薦不同書籍，讓使用者可以較輕鬆挑書。至於，「讀書會家族」中，還分成「讀書會網站」與「主題讀書會」兩者。讀書會網站是這 428 個讀書會自行營運，把自身

的召開讀書會時的點點滴滴、照片等上傳展示處；至於，主題讀書會，則是大家依自身職業或者喜好所組成讀書會，例如：義工讀書會、婦女讀書會、兒童讀書會與山水讀書會等。

　　星雲大師在「生活有書香：人間佛教讀書會的故事」[256]一書中，提起現在《人間佛教讀書會》在覺培法師和幾位法師的帶領下，宣導讀書，推展各類型讀書會，十年來，在他們的努力之下，成果日益顯著，每每舉辦一場「全民閱讀博覽會」，都有數千人參加。我們有讀書的種子，有讀書人，文化就會不斷地發揚光大，永遠在世界上熠熠生輝。在今日世界，社會進步一日千里，勤讀書，求長進，就不會被時代淘汰。身為父母者要鼓勵子女多讀書，為人子女者也要送書給父母；親戚朋友往來，互相贈書勉勵。大家都做愛書人，人人都讀書。天下文化出版社的高希均社長表示，世界上沒有一個現代國家，教育落後而經濟進步的；世界上所有的文明社會，必然是一個愛閱讀的社會：自己閱讀，家庭閱讀，社區閱讀，國會議員也閱讀，媒體人也閱讀，有錢人也閱讀，每個人都是終身閱讀者。

　　環境與發展基金會董事長柴松林說，一般團體的讀書會不容易持久，成員容易流失。《人間佛教讀書會》有組織、有很多分會，有一個中央的機構有幾位專業的人在管理服務，活動時有人發動、有人推廣，如每年舉行的「全民閱讀博覽會」，人人都可以表現、參與、交新朋友、得到閱讀或人際資源，所以十年來愈加蓬勃發展。鄭石岩老師也認為，《人間佛教讀書會》所發展的「閱讀」已經不是限制在文字上，或許是閱讀人、閱讀生活，形成一種正向的精神態度的凝聚。這種文化的形成，從文化學的角度來看，說它產

---

[256] 宋芳綺.生活有書香：人間佛教讀書會的故事[M].臺北：天下文化，2012.

生了一個文化，一個讀書的文化，一個讀書的共同的氣氛。洪建全教育文化基金會董事長簡靜惠女士也說，《人間佛教讀書會》與洪建全基金會「素直友會」的宗旨理想，有著不謀而合的交融美感，也基於落實「素直」精神和生活書香化的目標，透過共同培訓讀書會領導人、栽培種籽講師、教材及經驗交流與資源分享，成為書香結盟。

　　從上述可知，知識經濟的時代使「團隊學習」成了最有效的學習方法。「團隊」離不開人我關係的互動，唯有透過全民閱讀、終身學習中所產生的共同語言，使家庭或社區降低人我之間的代溝與疏離，使城市到鄉村透過集體學習的融和效應，拉近貧富的差異。「讀書會」之所以被大眾所能接受，其主要原因來自學習者本身的基本精神必須擁有充分的「自主性」、「自發性」、「平等性」、「對話性」與「開放性」。大家不再為考試、就業而讀書，而是去除權力宰制的學習模式，純粹自覺到「學習的重要」而讀書。人間佛教讀書會所重視的教育原理，乃透過思考討論的「對話」本質，允許不同意見的表達，並鼓勵不同想法的出現。這種建構在平等的對話與互動，不僅建立了「見和同解」的人我關係，也化解了參與者過去曾經有過的疏離。

　　《人間佛教讀書會》以淨化人心為其願景，不僅致力於世間和平，並且從心地和平的修證中著手；從利益眾生的過程中利益自己的道業，也在成就大眾中完成自成就的圓滿人生。《人間佛教讀書會》所帶動的「全民教育」正是因應著快速變遷的世界，使人類透過有效的終身學習，以具備更豐富多元的生命內涵，並開創新時代的生機。「創造新時代生機」不僅是人類所共同企盼，更是實踐

「人間佛教」的共同目標[257]。

誠如負責《人間佛教讀書會》的執行長覺培法師說[258]，記得家師那幾句充滿智慧卻又輕鬆的話語，至今依舊清晰：讀書目的在於「讀做一個人，讀明一點理，讀悟一點緣，讀懂一顆心。」老人家悠悠然地指點，我一字一句牢牢的記得：「讀書會，就是要將人人視為老師，要跟生活結合、讀來歡喜受用的，可以不拘泥於教室，可以走入山林水邊閱讀的終生學習。」這些話對後來成立讀書會，實在有了莫大的功能與影響。與生活結合。

一個組織的形成，需具有其時代的需要，足以說服人的文化內涵，加上有效實務的方法。臺灣社會雖沒有閱讀風氣，但對讀書這件事，幸好仍持肯定的態度。尤其在知識爆炸的年代，大家知道買書的速度，永遠趕不上出書的速度；看書的速度，也趕不上讀書的速度；面對浩瀚無邊的書籍，不是不知道要讀書，而是找不到讀書的時間跟想讀書的動力。怎樣跟生活結合，就得看看大家平日的生活到底在忙些什麼？

星雲大師一生所提倡的「人間佛教」，強調「佛法生活化，生活佛法化」，如何將佛法運用在現實的生活課題，正是讀書會與生活結合的一個有趣的實例。從臺東三部遊覽車的思維中，聯想到在遊山玩水間，能否將閱讀帶入？喜歡登山的朋友，可以在登頂後，讀一篇好文章，沏一壺好茶，使身心充份休息。喜歡喝咖啡的人，可以在浪漫的咖啡屋，跟朋友品味一本好書，享受書中的樂趣。喜歡寧靜的朋友，可以到寺院的一角，深思經典的智慧。讀山、讀

---

[257] 覺培法師.人間佛教對全民教育的影響——以「人間佛教讀書會」為例：第五屆印順導師思想之理論與實踐——「印順長老與人間佛教」學術研討會[C].高雄：人間佛教研究院，2005．

[258] 覺培法師.人間佛教讀書會」對當代社會的教化意涵[J].普門學報，2005（23）．

水、讀書、讀人、讀自己活生生的歷程，讀書會可以走入公園、社區、公司、客廳、寺廟，只要不給自己添太多的「額外」，就在生活的各種機會中，讀書會便可以存在。掌握到這個關鍵，所有生活中加入了讀書「會」的元素，不僅拉近了人與人的距離，凝聚了團隊的共識，還結交了更多的知己。而這些就是人間佛教讀書會的最大益處。

（2）雲水書坊——行動巡迴書車：

「讀做一個人，讀明一點理，讀悟一些緣，讀懂一顆心」。「雲水書坊」的最初構想來自佛光山開山宗長星雲大師。因為星雲大師希望滿載圖書的行動書車如行雲流水般開往學校、社區，方便學生民眾就近看書、借書，同時推廣全民讀書運動，希望藉由閱讀提升生活及改變生命。秉持這樣的理念，在星雲大師的指導下，第一臺的「雲水書坊——行動圖書館」在 2007 年 1 月於焉誕生，由於服務成效卓著廣受歡迎，至 2011 年全國已有 6 臺書車，分別巡迴於高雄、屏東、嘉義及宜蘭地區的校園、社區及參與地方各項活動。

2012 年，有鑒於城鄉差距及現代社會發展所產生的教養問題，在星雲大師的支持下，佛光山同時打造 44 臺書車，屆時全國共有 50 臺的「雲水書坊」，希望提供更多資源嘉惠全國各縣市的民眾與學童，藉其機動性與便利性，將載著滿滿的圖書和無限的希望，如行雲流水、如飛鳥展翅，將書香傳送各地，傳送到每個需要的地方。佛光山「雲水書坊——行動圖書館」不僅服務社會，淨化人心，更是星雲大師「人間佛教」的具體實踐。

星雲大師在人間通訊社專欄「大師開講」談到，「貧僧的名字叫『星雲』，星星高掛在天上，白雲飄浮在空中，我也不願意登在天上，也不願意掛在空中，好在出家人一般都稱『雲水僧』。水，

流在山間小溪，匯成江河湖海，覺得『雲水僧』也非常適合貧僧做另一個名字的稱呼。」佛光山開山以來，常常要出版一些紀念刊物，尤其開山四十年的時候，徒眾說要替佛光山和貧僧出版一本影像專輯，我就把它訂名為《雲水三千》。那本書有五公斤重，大多是貧僧在世界上到處雲水的紀錄。所謂「雲水」，讓貧僧像白雲飄浮自由，像流水婉轉自在，所以一生也居無定所，真正是一個「貧僧」和「雲水僧」了。[259]

我們曾經擁有十餘部雲水醫療車，每天浩浩蕩蕩的出發到各山區服務，我辦不起大型的醫院，不過，我們希望讓健康有錢的人出錢，為貧病的人治病，將醫療送到偏遠地區，讓貧苦的居民，能因貧僧的一點心，減輕疾病輾轉周折到都市就醫的艱難困苦，也不要因為醫療而花費許多金錢。雲水醫院確實幫助過許多苦難的人士。只是政府在鄉間也設有衛生所，他們不喜歡我們參與類似的工作，因為我們施診不收費，影響他們的業績。我們不想妨礙人，就慢慢把「雲水醫院」縮小到只在佛光山下服務的「佛光診所」了。

但星雲大師對「雲水」的喜愛，不甘就此結束。在二〇〇七年發起，花了一億多元陸續打造五十部雲水書車，也就是所謂的「行動圖書館」。每一部雲水書車上，配備的圖書有數千本之多，每天穿梭在偏遠的山區，遙遠的海邊，甚至窮鄉僻壤，讓一些貧窮的兒童，也能在雲水書車裡，讀到他們喜愛的讀物。好比漫畫、童話故事、英雄傳記、列女傳，或相關科學、時代新知等各種書籍，以及報章文藝刊物。這些雲水書車歸屬佛光山文教基金會管轄，由如常法師擔任執行長，規劃相關購書、培訓、發展等事宜。我們基金會

---

[259] 星雲大師.「大師開講」「貧僧」有話四說 雲水僧與雲水書車[N].人間福報，2015-11-12.

沒有對外募捐，也沒有零星的捐款，是把滴水坊的收入，以及靠著為南華大學在校外興建的學生宿舍的房租津貼，拿來做為雲水書車經常費之用。包括圖書、油錢、車輛保養、司機的補貼等，每個月都在五百萬元左右，還有一些雜務開支，一年下來已經將近一億元。

　　如常法師經常為這許多困難愁眉苦臉，儘管如此，他對兒童的教育和我同樣熱心，每年還繼續舉辦相關兒童說故事比賽、小作家徵文比賽、兒童繪畫比賽、兒童歡樂藝術節等活動，每次參與的小朋友都有千人以上，甚至達到四、七萬名也有。現在，每當雲水書車一到達目的地，小朋友就會蜂擁而來。我們在大樹下、操場上停下來，車子裡也準備了小板凳，可以在書車旁邊坐下來看書。也有一些偏遠的學校，特別歡迎書車到他們那裡，提供學生閱讀一些課外讀物，提高小朋友的讀書興趣。我們和許多位處偏鄉、設備簡陋的中小學合作無間，希望為學生帶來智慧、帶來歡喜。

　　星雲大師之所以願意這樣做，沒有別的意思，只想到貧僧幼年失學，瞭解沒有讀書的苦處。現在能有一些辦法，為和我童年相同命運的孩子盡一點心意，這也是平生快慰之事。多年來，許多的義工媽媽，自願發心跟隨雲水書車，在臺灣各地山區海邊，為兒童講說故事，唱著歌謠；記得高雄市長陳菊「花媽」，也曾經在我們雲水書車旁，為小朋友說故事。而駕駛的海鷗叔叔們也幫腔助陣，變變魔術，來吸引兒童看書的興致。現在全省已有五百個服務點，當書車的兩翼打開，像大鳥一樣展翅，見到孩子們驚喜興奮的神情，所有的奔波辛勞，也都不算什麼了。

　　這五十部雲水書車，除了在臺灣，也開始在香港、日本、祖庭宜興大覺寺發展了，都是由我們各地分別院的徒眾、義工照顧，維持正常運作。這些雲水在全臺灣各處偏遠山區海邊的書車，偶而佛

陀紀念館有大型的集會，也會把所有的車子全部調回來，一起展翅開放，讓活動期中的大、小朋友看了都感到驚奇不已，一同在書車旁流連觀賞閱讀。慈悲喜捨熱鬧的地方去做比較容易，在冷淡寂寞的地方就不容易了。佛光山也不一定以大學、報紙、電臺做為教育文化的傳播工具，我們全臺灣的分別院都有兒童教室、兒童圖書室；而在鄉間農村、偏遠的山區，我們也願意照顧那許多缺少慈愛的兒童。所謂「自利利他、自覺覺人」，奉獻服務，都是彼此歡喜啊。其實，世間的錢財有散盡的時候，享受歡喜、享受奉獻，才是無限的。

雲水書坊近年來所服務的成績是可見的。從《佛光山 2014 年我們的報告》[260]與《佛光山 2015 年我們的報告》[261]中，近三年行動巡迴書車各地服務的次數與借閱人次等，都可以在下表 5-6 中一覽無遺。

表 5-6：2013-2015 年雲水書車服務統計表

2013 年～2014 年服務次數			
設站數	6,882	參加人次	660,954
巡迴場次	8,357	義工人次	18,789
辦證人數	16,544	里程總計	341,051
借閱人數	46,692	學校	6,744
借書冊數	180,977	社區	486
還書人數	36,035	編目冊次	483,847
還書冊數	161,721		

---

[260] 妙開法師編.佛光山：我們的報告.2014[M].高雄：人間社出版社，2014.
[261] 妙開法師編.佛光山：我們的報告.2015[M].高雄：人間社出版社，2015.

表 5-6：2013-2015 年雲水書車服務統計表（續）

2014 年～2015 年服務次數				
設站數	1,087	參加人次	307,778
巡迴場次	4,238	義工人次	19,516
辦證人數	9,968	里程總計	151,387
借閱人數	48,941	學校	1,007
借書冊數	204,176	社區	80
還書人數	52,301	編目冊次	545,693
還書冊數	226,617		

資料來源：本書自行整理

　　佛光山「雲水書坊──行動圖書館」2015 年榮獲教育部 104 年閱讀磐石獎──「閱讀推手團體獎」，並被推薦為本屆亮點推手團體。雲水書車秉持星雲大師理念，將滿載圖書的行動圖書館開往偏遠的學校、社區，方便學生與民眾就近看書、借書，藉由閱讀，提升生活，改變生命，共創書香社會。40 所獲獎的國中、小學，有 13 所學校申請雲水書車駐點，足見雲水書車巡迴對學校推動閱讀之重要。評審委員讚譽雲水書車雖為民間佛教團體，但是對於閱讀的推動不遺餘力，深入鄉鎮服務偏遠學校，自 2012 年啟動以來共嘉惠數十萬名學童，實屬不易。

　　（3）《喬達摩》半月刊：

　　《喬達摩》半月刊創刊號，在 2013 年 7 月 1 日開始發行了。這份扮演佛光山、佛陀紀念館和十方大眾的橋樑，提供深度的活動報導以及訊息的傳播。透過人間佛教的弘揚，讓佛法生活化，普及化及大眾化。《喬達摩》半月刊內容單元主要有：「人間佛國」，配合封面的故事，向星雲大師邀稿，與大師交心。「大覺有情」，

為文化、教育方面的活動報導。「禪悅藝聞」，則提供藝術、美學等展覽訊息。「漫畫朝畫」，則由佛光山僧眾將星雲禪畫以四格漫畫詮釋禪畫內容。「佛國巡禮」是佛教道場交流專欄。「雲水遊方」則是透過佛光山雲水書坊行動圖書館五十部雲水書車故事。「十方行腳」，則是分享義工感人故事。「諦聽眾生」則為佛陀紀念館參觀者所流的幸福迴響。最後則是「素味食堂」，公開佛陀紀念館裡面的各種美食（素食）食譜。而《喬達摩》電子報則是 2015 年 5 月起正式推出。該本雜誌屬於贈閱，由星雲大師創辦，發行人為心保和尚，出版單位則為財團法人人間文教基金會。

人間文教基金會自 1998 年 8 月 5 日成立以來，推動興建「佛陀紀念館」，及發揚「人間精神」，將慈悲、智慧、道德融入社會大眾生活之中，推廣心靈建設，促進人際和諧，提升人格教育及生活品質為宗旨。多年來，為傳遞「開放的思想」、「敏銳的覺知」、「內化的涵養」與「創意的學習」的理念，所以在各項活動中，讓參與者展開知、情、意的全面性互動與學習，俾使其生活或生命起一些昇華、淨化的作用；期以每個人由自己開始做到，最後締造一個祥和歡喜的社會。

至於《喬達摩》，其實就是釋迦牟尼佛的本名。釋迦牟尼佛，意為「釋迦族之聖者」），原名悉達多・喬達摩，古印度著名思想家，佛教創始人，出生於今尼泊爾南部。被尊稱為佛陀（意為「覺悟者」）、世尊等；漢地民間從明朝開始還尊稱他為佛祖，即「佛教之創祖」。悉達多是佛陀的名字，是他父母為他取的。他以喬達摩佛陀之名為世人所熟知。喬達摩是他的姓；佛陀的意思就是「覺醒者」。悉達多是他的真名，那是他父母請教了星相家之後為他取的。那是一個美麗的名字。悉達多也表示「一個達到意義的人」。悉達的意思是「一個達到的人」；多的意思是「意義」。組合在一

起的悉達多的意思是「一個達到人生意義的人」。

每半個月都會出版的《喬達摩》雜誌，目前已經出版到 87 期。因《喬達摩》屬於半月刊，加上每一期都必須發行約 12 萬份，所以，有時候也必須動員普門中學的同學協助寄送與包裝。此外，因為半月刊的緣故，在整個內容的多元上，也是相當豐富，除上面所提單位，其中有會穿插別的單位，例如：「人間佛國」、人間菩薩、佛館春秋等。其中還有項活動訊息、新書介紹等，都是用來宣傳與包裝佛光山所屬出版社的出版物。例如：「人間佛教研究院」的學術叢書、電子大藏經等。詳見下圖 5-3。

圖 5-3：電子大藏經廣告頁

資料來源：佛光山全球資訊網站（www.fgs.org.tw）

第六章　個案研究：符芝瑛《雲水日月：星雲大師傳（上）（下）》

6.1《雲水日月星雲大師傳（上）（下）》作者與內容來源分析

　　現任上海佛光山大覺文化執行長的符芝瑛女士，早期僅是一位天下文化雜誌的主編；1981 年政治大學新聞系畢業，1981-1995 年曾任臺灣聯合報系（《中國論壇》，《民生報》）記者、編輯；《遠見》雜誌編輯、資深編輯，後製作召集人；天下文化出版公司副主編、主編。1995 年移居上海後，曾任上海貝塔斯曼書友會編輯顧問、行銷顧問，貝塔斯曼亞洲出版公司高級顧問，貝塔斯曼網上書店產品部經理，麥考林國際郵購公司產品總監；《移居上海》雜誌編委，《移居上海》雜誌副總編輯，HUNTRE 雜誌編務顧問。符芝瑛女士的出版著作眾多，包括：1995 年《傳燈——星雲大師傳》、1997 年《薪火——佛光山承先啟後的故事》、《臺灣過唐山》、1999 年《今生相隨——楊惠姍、張毅與琉璃工房》（2000 年簡體字版）出版譯作、1996 年《狗兒的秘密生活》（1998 年簡體字版）；其出版少兒著作也包括：1997 年《黑桃皇后》、1999 年《孔子》；出版的兒童書包括：2004 年《十八香》（皇冠雜誌）；其他作品散見臺灣《中國時報》（人間版、家庭版、旅遊版、浮世繪版）；《聯合晚報》（專欄）等。1995 年金

石堂書店最暢銷女作家，目前定居上海。[262]

在 1995 年出版《傳燈：星雲大師傳》之後，隔了十年再度出版《雲水日月：星雲大師傳》後，已經全心全意致力為佛教服務，更服膺星雲大師的「人間佛教」。短短十年時間，前後出了《傳燈》與《雲水日月》兩個版本的星雲大師傳，是大同小異，可是也是大異其趣。其實，符芝瑛女士在重新撰寫「星雲大師傳」時，她已經有所轉變，而這些轉變，也可以從她下面《雲水日月：星雲大師傳》的自序中可以窺見一二[263]。

一九九四年夏末，為了寫《傳燈——星雲大師傳》一書，遠赴美國西來寺採訪，工作接近尾聲，我獨自徜徉在哈仙達崗的陽光下，諦尋這座寺院的長廊蜿蜒、碧草芳華，緊繃的心弦舒緩下來，開始有點思鄉情緒。就在這時候，三兩個人以內斂的小碎步迎面而來，口中念叨著「馬上開始了！快要來不及了！」同時加快速度，與我擦身而過。什麼事？去哪兒？為什麼著急？他們是誰？新聞記者的訓練立刻在腦中生成一連串問題，本能衝動，跟著他們，去探個究竟。跟著跟到了大雄寶殿，門口一位法師迎上來，「皈依嗎？請來這裡寫下名字，快開始了，進去吧！」

一連串溫柔的指令，聽著舒服，卻仍然糊塗。依言走進大殿，只見已經整整齊齊跪滿了數十人，引禮法師帶我走到第一排最中央的拜墊，面對佛陀聖像，我不由自主雙膝跪下。

接下來的情節是，星雲大師緩緩走進大殿，主持莊嚴肅穆的皈依三寶典禮。當我離開大雄寶殿，腕上多了一串念珠，手上拿著一

---

[262] 天下遠流編輯部．符芝瑛作者簡介。

[263] 該自序並未直接刊登在紙本書籍內，僅是符芝瑛女士為陳述自己身為作者內心改變所寫的「後序」，以及在本章節中會出現透過人間福報刊登的簽書會紀錄等文章。而這些文章都明白反映符芝瑛女士的前後心態轉變。

本皈依證書，皈依名「和元」。真是莫名其妙！

對啊！這一段過程用「妙」不可言形容再恰當不過了。

妙在因緣，妙在佛法，妙在不可思議。

還記得我接到為大師寫傳的任務之後，第一次上佛光山就向他「攤牌」：

（1）我不是佛教徒，也沒打算成為佛教徒（不要向我傳教）。

（2）我們公司會負責一切差旅費用（不要對我懷柔）。

（3）寫完之後可以看不可以改（不要影響我的專業）。

一年多之後，繞了半個地球，以大師為證明師，我，符芝瑛，多麼「鐵齒」的一個傢伙，竟然皈依為佛教徒。

《傳燈——星雲大師傳》出版之後，我即因為先生工作的關係，「嫁雞隨雞，嫁狗隨狗」，成為早期移居上海的臺胞之一。暢銷書作家的頭銜對於適應新環境毫無意義，但佛教信仰對我幫助很大，我用隨緣生活、隨心自在的態度工作、交友、融入當地社會，十年過去，在異鄉打造了第二個家園，身心安頓。

幾個常常聽我師父長、師父短的上海朋友，早就希望一睹星雲大師廬山真面目。二〇〇四年秋末，我權充領隊，帶他們到香港紅磡體育館聽師父的佛學講座。講座當然非常成功，朋友們法喜充滿而歸，我的行囊裡更多了一項艱困而興奮的使命——再寫「星雲大師傳記」。這本書被安排在二〇〇六年出版，有著重大的意義，欣逢佛光山開山四十週年紀念；星雲大師八十華誕。作為獻禮，也作為一個歷史階段的紀錄，我定當全力以赴。

一開始就陷入掙扎，是只寫續集呢？還是全部重新來過？

前者容易，後者困難，我發心全部重新來過。

既為了讓沒機會接觸前書的人可以首尾相連、連貫有序地閱讀；也為了試練自己十年來有無長進。

一頭栽進浩瀚資料大海。大師半個多世紀以來，雲水弘法，筆耕不輟，累積的各種演講集、對談、座談、論文、專著、文集、隨筆、散文、小說、日記、書信、教科書等，不下數千萬言；有關佛光山及大師的報導、評論、書籍、訪談等，即使是只搜集比較有代表性的部分，也有數十種之多，加上影音、電子資料，其龐雜分散，撲面洶湧，幾乎讓人滅頂。隨著時間過去，我書房裡資料成堆成迭的長高起來，電腦裡檔案點點滴滴的充盈起來。縱使如此上窮碧落下黃泉，仍然怕掛一漏萬。

　　同時採訪工作密集展開。我又能夠親近大師當「會跟」了。

　　因為要在大師百忙行程中安排第一手對話，我從臺灣頭跟到臺灣尾，又跟到新加坡、馬來西亞、香港、大陸參與觀察弘法講經、座談會、青年成年禮、三皈五戒、道場破土、會見媒體訪客、師徒接心等等，往往邊用餐、邊乘車、邊走路，答錄機、筆記本隨時待命，捕捉每一句話語，每一個神態，每一個動靜；睜大雙眼、豎起雙耳、打開心房，烙下深刻的撼動。

　　側訪的對象遍及海內、海外，出家、在家弟子，佛教徒、非佛教徒，共七十七位，平均每人一小時，共累積錄音帶九十分鐘十五卷，六十分鐘卷五十五卷。多少次，談到欲罷不能，他們開心，我跟著笑；他們激昂，我亦覺振奮；他們流淚，我感同身受。

　　寫作並不是一氣呵成的，配合資料到手的時間及採訪進度，寫好又刪掉，搭起又推倒，屢見不鮮。最大困難在於取捨，許多金玉之言、珠璣之文，反反覆覆推敲琢磨，實在限於篇幅，只好忍痛割愛，甚為遺憾。如有未盡之處，還望讀者鑒諒。一年多時間，我可以說是「日日抱佛起，夜夜伴佛眠」，身心浸淫其中。有人問我壓力大不大？總想起佛光山新任住持心培法師的話：連我們呼吸的空氣都有氣壓了，什麼事沒有壓力呢？因此回答：誠然壓力不小，但

唯有更加努力！由於佛光山生機勃勃，運轉不歇，每天都有新的資料、新的活動、新的變化，但為了此書出版，必須定下一個截止統計的時間，否則永遠不能上印刷機。這個截止時間是二〇〇五年十二月，書中資料以此為準。

夜深人靜，過去曾經不止一次捫心自問，佛光山在家、出家弟子筆陣如林，智慧如海，替大師立傳的，為什麼會是我？說真的，憑我一人之力，真的難以完成這本書，藉此一角感謝大師及佛光山上下對我的信任支持，謝謝大師親筆為封面題字；謝謝滿義法師、如常法師、書記室、妙廣法師、妙昕法師及碧雲師姐等鼎力協助，謝謝所有提供寶貴資料及時間的朋友、善知識。是你們，手把著手，教導我寫出一筆一劃；是你們，心印著心，指引我描摹刻畫出永遠敬愛的大師；是你們，燈連著燈，照亮我每一寸前進的道路。謹以此書，獻給普天下善男子、善女人，十方佛土有情眾生。[264]

符芝瑛女士是臺灣政治大學新聞系畢業的學姊，正也是筆者的學姊。為了更瞭解佛光山「人間佛教」出版所產生的效果，特別前往上海當面採訪。符芝瑛女士針對十年兩版本星雲大師傳記，她說：「1995 年出版《傳燈》到 2006 年再度出版《雲水日月》，主要原因是佛光山與臺灣的發展飛速。1995 年正面臨佛光山開山三十周年，而 2006 年剛好遇到佛光山開山四十年。這個十年內，臺灣經濟與政治穩定，直接影響佛光山的發展。其中最有利的證據在於，從地緣來看，佛光山利用這十年向海外發展，正所謂的『國際化』；而國際化的最大效果，就是讓佛教信仰遍及五大洲，代表『人間佛教』的星雲大師，也成為許多佛光人的主要精神依託。」

---

[264] 天下遠流行銷網.雲水日月特價組合銷售[EB/OL].[2006-04-3].https://bookzone.cwgv.com.tw/books/details/BGB234X

她又表示，「一開始寫《傳燈》是很辛苦的，從各地搜集資料，並且到處去採訪訪問；而這個動作也提醒了佛光山，並刺激佛光山開始去搜集並保留屬於佛光山的文物與回憶。1967-1995 年間，許多資料與文物是在的，但是都是原始資料（row data），但因為我寫了《傳燈》，等於在 95 年以後，資料才開始有計畫地去保存，甚至有系統地去整理。」

　　「為何寫了《傳燈》，還會再寫《雲水日月》呢？主要原因是，當時 1995 年所搜集的資料是大大不夠。資料未完整，寫的都是表面東西（outsider），在這十年來，資料根本應該再更新，而且應該完整化。1995-2006 年這十年發展的太快，而且最大不同在於佛光山星雲大師的境界提升太多。所以，身為一個作者，有必要從外面到裡面，更深入且詳盡地去介紹與報導。當然寫這兩本傳記，到目前尚未被讀者挑戰其客觀性，不過，這 20 多年來，已經是非佛不做了。」

　　從這位作者來看，符芝瑛女士的確是見證佛光山出版產業的飛快發展，尤其是以 2000 年的組織改革；更是在星雲大師退下佛光山管理位置之後，跟隨星雲大師身旁，瞭解與接觸「人間佛教」是如何在星雲模式下發展的。某位佛光山叢林學院男眾學部部落客作者「無門」[265]曾說：「2006 年是佛光山開山 40 周年，對於星雲大師這位弘法半世紀，將光榮歸於佛陀，成就歸於大眾的傳奇人物，在《雲水日月——星雲大師傳》一書裡有更深度的介紹，然而每一個人對於此書的作者符芝英小姐的認識彷彿隔了一層面紗，好奇的想知道這位隔行如隔山的記者出身，如何從一個鐵齒的人蛻變成一

---

[265] 天下遠流行銷網.雲水日月特價組合銷售[EB/OL].[2006-04-3].https://bookzone.cwgv.com.tw/books/details/BGB234X

位體驗佛法的虔誠佛教徒,更將星雲大師為佛教和佛光山的血脈奮鬥史描述的如此傳神」、「在檀信樓大禮堂舉行『雲水日月專題演講』,然而一切的答案就如同符芝英小姐在看待生命的意義時所展現的智慧一般,無求,隨緣自在過生活。」

「門裡及門外」是符芝英女士對於《傳燈》到《雲水日月》傳寫時心境上最大的不同,對於傳燈的寫作過程彷彿隔了一層玻璃來看待,在《傳燈》中是沒有作者出現的,因為當年還是媒體人的她以觀察者的角色來側寫一代大師,因此對她來說資料即是資料,但物換星移,歷經十年的佛法薰習,她自己則有了深刻的人生體驗,在拿掉玻璃板後,符芝英女士形容猶如小草向陽般的心情來揣摩這些年來從星雲大師身上所學習的一切,對於《雲水日月》選在此時此刻來發表,符女士表示,從未想過立功立德立言,或者是替星雲大師重新定位,因為她深知星雲大師為了佛教的廣大胸懷是沒有框架的,因此雲水日月一書只想呈現最真實的給大眾,並藉此建立善良社會普世價值。

而在寫傳燈時,星雲大師也已經表示,「負責為我寫傳的是主編符芝瑛小姐,與她一起工作近兩年,我愈來愈相信自己所托得人。她謙虛中不失獨立思考,積極但不咄咄逼人,非常技巧的引領我回顧敘述平生經歷,另外在資料搜集、研究上也很用功。初次捧讀書稿時,發現她頗能捕捉我性格、思想、精神上的特質,並以流暢清新的文字表現出來。其實我這關還算容易通過,難得的是佛光山幾位大弟子看了之後,也都一致肯定。」可見當時符芝瑛這位作者其實已經對星雲大師的刻畫相當精準;不過,「門裡門外」,筆者也親耳聽到,符芝瑛女士認為在寫《雲水日月》時,已經從 outsider 轉成為 insider。

符芝英女士說道,「她希望這是一本案頭書,因為每一章節都

有獨立的起承轉合，因此不用重頭讀到尾，期藉由此書中的文字化為佛法，開起讀者們心中暗夜的明燈。」另外一提的是，她表示，「寫作的本質比什麼都重要，有時最沒有雕刻的反而是最真實的東西，就如同符芝英小姐雲淡風清的人生觀一樣，完全沒有媒體人的犀利與架子，留給在場的每一位老師同學們平易近人的印象，在書中最後的一首偈語中對於每一個人的未來也預留了伏筆，因為人生是現在進行式，而歷史還是要不斷的寫下去的。」

此外，因應《雲水日月》在 2006 年 3 月甫一出版即榮登【誠品書店暢銷書】排行榜第一名，符芝瑛也應各方邀請，展開一系列作者讀者見面會與簽名會。繼《傳燈──星雲大師傳》之後，符芝瑛女士再度費時一年餘，完成《雲水日月──星雲大師傳》一書，做為佛光山開山四十周年紀念及星雲大師八十華誕的獻禮。佛光山人間福報特別邀請符芝瑛女士記錄各場簽書座談會的「所見所聞」、「所思所感，不定期刊出，以饗讀者」。其中也有許多記錄顯現出作者「門裡門外」的感覺。

符芝瑛女士說，「《雲水日月──星雲大師傳》出版至今將近兩個月，常常有人問我，書名是否有特殊含義，我是這樣回答的：『雲水』代表空間上的廣大無礙，『日月』代表時間上的綿延賡續，前者是橫坐標，後者則是縱坐標，一橫一縱，借此建構立體的、全方位的面向，來呈現佛光山四十周年的軌跡，以及星雲大師八十人生壯旅。用佛教的語言形容就是『豎窮三際，橫遍十方』。」「作為書名，這四個字非常詩意，富含想像空間；作為現實，這四個誠然是星雲大師一生的寫照，為弘揚佛法，為利益眾生，他自謙一介平凡出家人，卻做出了許許多多不平凡偉業。」[266]

---

[266] 天下文化行銷網.雲水日月特價組合銷售[EB/OL].[2006-04-3].http://www.bookzone.com.tw/event/gb234/book_outside.asp

何其有幸，憑著一份文字因緣，我認識了佛光山與星雲大師，也得到一個「會跟」的外號，這些年下來，我不但會跟，而且跟得興味盎然，法喜充滿。現在，如同離開母親翅膀呵護的雛鳥，我也有機會搭著「雲水日月」的氣流，獨立振翅飛翔了，一方面到各地分享寫作心得，一方面參學充電。既興奮又忐忑。符芝瑛女士舉了個例子，她說：「第一站簽名會是由『人間福報』所舉辦的素食博覽會開始，立刻給了我無比的信心與動力。」那天午後，在熙熙攘攘的人群中，一位比丘尼筆直朝簽名處走來，人還沒站定就開口：「你就是符芝瑛，我找你十年了！」當時心中升起一連串問號：這位出家人素未謀面，為什麼找我，而且已經十年了？還來不及回答，他又接著說，我是馬來西亞人，十年前是因為讀了你寫的《傳燈》一書才開始親近佛法，後來發心剃度出家。短短幾句話，猶如一把大鐵鎚，重重撞擊心頭，一念閃過：以前讀到「諸供養中，法供養第一」，這時才明白其中含義，文字的力量竟然可以超越時空，改變了人的一生。同時瞭解到佛光山四大宗旨中「以文化弘揚佛法」的密密深意，原來，看似寂寞又漫長的文化道路，正是一生所呼喚渴求的。

　　上述所提的，不就是透過實踐與貫徹文化弘法最重要的例子，透過一本書或者一句話，不僅傳遞的佛教正確教義，也把佛光山《星雲大師》畢生所貫徹的「人間佛教」理念徹底執行。符芝瑛女士說，「所謂千里之行始於足下，經過這幾天，更能體會星雲大師雲水度眾的甘苦。未來一年，我發願以區區之身，行千里，結萬緣，效法星雲大師『雲水日月』」也正是另一種貫徹與實踐。

6.2 《雲水日月星雲大師傳（上）（下）》內容型態與主題分析

「我一生中最大的幸福是當和尚，但願來生，還能再作和尚，甚至生生世世我都要作和尚。」星雲大師自己於《雲水日月：星雲大師傳》封底文章中，表示這是自己畢生心願。

星雲大師從十二歲時的殊勝因緣，星雲大師自己做了出家的決定，皈依三寶。歷經戰亂年代下的十年佛門修習，他從揚州到臺灣，從宜蘭雷音寺到高雄佛光山寺，他積聚眾人的願力，四十年間遍灑佛法僧於五大洲。當年的一位平凡和尚，成就了如今不凡的志業。六祖慧能大師說：「佛法在世間，不離世間覺」，星雲大師從「艱困開創佛光山」、「教育僧才俗眾」、「廣設全球道場」到「弘揚人間佛教」，他將佛門傳統與現代生活相結合，釐訂儀制，有破有立，入佛法於生活的喜怒哀樂之中，「給人信心、給人歡喜、給人希望、給人方便」，體現「佛」於人間。

1995 年《傳燈》出版，星雲大師的事蹟首度面世，已有百萬讀者的見證與感動。而 2006 年的《雲水日月》版本，在雲與水交織而成的空間、日與月更替輪轉的時間裡，十年一瞬，再次讓讀者從書中同感星雲大師的悲心與願力。2006 年《雲水日月》所描述的內容與主題，是否有別於 1995 年的《傳燈》版本呢？天下文化出版社高希均社長曾經為文如下說明：

對佛光山創辦以來，大師宣導的四大宗旨：以文化弘揚佛法、以教育培養人才、以慈善福利社會、以共修淨化人心，也有更生動的與延續的記述。自己是研習經濟與管理的，用我們的言語來問是：星雲大師用什麼「經營策略」、以及什麼「商業模式」，創造

了遍及海內外的「佛光事業」？更具體的問，「星雲大師如何把深奧的佛理變成人人可以親近的道理？」、「星雲大師如何再把這些道理變成具體的示範？」、「星雲大師又如何把龐大的組織管理得井然有序？」、「星雲大師又如何能在五十八歲就交棒，完成佛光山的世代交替？」、「又如何在交棒之後，再在海外另創出一片更寬闊的佛教天空？」最後，「星雲大師又如何以其願力、因緣、德行，總能『無中生有』，把佛教從一角、一地、一國而輻射到全球？」[267]

其實，符芝瑛女士在《傳燈》版的星雲大師傳內容中，因時間因素的限制，整個對星雲大師的描述止於 1995 年。換句話說，傳燈版本的星雲大師傳，對於星雲大師的過去生平、渡海傳教與建立龐大的佛光山教團、四大宗旨與弘法利生等工作，均已經多所著墨；但，1995 年以後，佛光山邁開步伐將佛教傳遞到五大洲，且側重於在中國大陸宣揚，成立分支機構，例如：在上海成立大覺文化傳播有限公司等；加上《星雲模式》的學說加上實踐，落實「人間佛教」，讓佛光山徹底發揮文教弘法功能。而這些內容，都可說是 2006 年版本星雲大師傳《雲水日月》與《傳燈》不同之處。

關於上述《雲水日月》版本的星雲大師傳的內容中，仍有些不同之處，例如：《雲水日月》是上、下兩冊，共 9 部 24 章，比原來《傳燈》的 6 部 21 章多出三章，至於多出那些章節？與多出哪些內容，可詳見「傳記內容比較表」。另外，《雲水日月》共計 660 頁，比《傳燈》432 頁多出了約 230 頁左右；而在序言中，《雲水日月》並無星雲大師與作者符芝瑛女士所寫的序，而《傳

---

[267] 高希均.「藍海策略」先行者、《人間佛教》第一人：《雲水日月：星雲大師傳》序言[C].臺北：天下文化，2006.

燈》都有；在《雲水日月》這套書出版後，星雲大師才在封底頁陳述自己對該書的期許；而符芝瑛女士也是在推廣或者簽書活動期間，陸續撰文來行銷或者描述自己在撰寫《雲水日月》期間的改變與想法；比較特殊的是，不管是《雲水日月》或者《傳燈》，都非佛光山所屬出版社出版，則是由天下文化出版社出版；而天下文化出版社高希均社長則兩次都有位著作寫序，體現對這兩本書的重視。

此外，《雲水日月》的撰寫過程中，多了一個「會跟」（符芝瑛）。作者在撰寫《雲水日月》時，屏除僅採訪星雲大師的心態，或者僅瀏覽靜態紙本文獻；而更是大量的去涉入星雲大師的各項生活事物、各種弘法活動；採訪的人物遠比《傳燈》時，多出一倍，從原本在撰寫《傳燈》時，僅採訪 38 位，但是到了撰寫《雲水日月》，卻高達 77 位，卻仍嫌不足。而被運用來採訪的錄音帶，從過去 90 分鐘 32 卷的長度，更延伸多達 90 分鐘 15 卷、60 分鐘 55 卷；不過，在整個附錄中，《雲水日月》僅有四個附錄，少掉佛教名詞釋義這部分，可能與作者已經完全融入佛教生活有關，對於各種佛教名詞瞭解與運用，都了然於心。最後，雖然是同一個作者所撰寫前後時間的星雲大師傳，但卻因為作者本身從一個非佛教徒的主編記者，漸漸內化成為一虔誠信仰佛教、推崇佛光山佛教義信眾。所以，在撰寫星雲大師生平時，自然切入角度有所不一。

表 6-1：兩本星雲大師傳記內容比較表

\multicolumn{3}{c}{星雲大師兩本傳記比較}
項目	1995 年版本	2006 年版本
書名	傳燈：星雲大師傳	雲水日月：星雲大師傳
作者	\multicolumn{2}{c}{符芝瑛女士}
型式	單冊	上下兩冊
出版日期	1995/1/30	2006/3/31
出版社	\multicolumn{2}{c}{天下文化出版社}
頁數	432 頁	660 頁
章節	6 部 21 章	9 部 24 章
定價	新臺幣 360 元	新臺幣 600 元
序言	《燈燈相續照大千》星雲大師、《集改革、創意、教育於一身的星雲大師》高希均、《寫在《傳燈──星雲大師傳》出版前》符芝瑛	《精進不懈的創格完人》柴松林、《「藍海策略」先行者、「人間佛教」第一人》高希均、《後記：筆墨之外》符芝瑛（未收錄至紙本）、《雲水日月》外一章《第一篇 千里之行始於腳下》符芝瑛（收錄到人間福報與行銷網頁）
附錄	附錄一 星雲大師大事年表 附錄二 佛光山派下海內外道場分佈狀況 附錄三 國際佛光會世界分佈圖 附錄四 常見佛教名詞淺譯 附錄五 星雲大師文集	附錄一 星雲大師弘法大事紀 附錄二 星雲大師著作彙整 附錄三 國際佛光會全球各協會 附錄四 佛光山派下海內外別分院

表 6-1：兩本星雲大師傳記內容比較表（續）

星雲大師兩本傳記比較		
過程說明	1.第一手訪問大師十九次，每次二～三小時。累積九十分鐘錄音帶三十二卷。 2.側訪大師的親屬、師長、弟子、信徒、朋友、佛教界學者、宗教界人士（佛教及非佛教）、媒體記者等中外人士共三十八位。 3.文字資料：大師著作十九種，演講集四大冊、日記全集、信箋、筆記、剪報（國內部分自民國五十七年開始，國外則包括香港、美國、德國的報刊雜誌），《普門》雜誌、《佛光世紀》、《覺世》旬刊等。參考書目計《高僧傳》、《臺灣的佛教與佛寺》、《禪宗與道家》、《佛光大辭典》等十餘種。	1.累積的各種演講集、對談、座談、論文、專著、文集、隨筆、散文、小說、日記、書信、教科書等，不下數千萬言。 2.有關佛光山及大師的報導、評論、書籍、訪談等，即使是只搜集比較有代表性的部分，也有數十種之多，加上影音、電子資料等。 3.成為大師的「會跟」。因為要在大師百忙行程中安排第一手對話，從臺灣頭跟到臺灣尾，又跟到新加坡、馬來西亞、香港、大陸參與觀察弘法講經、座談會、青年成年禮、三皈五戒、道場破土、會見媒體訪客、師徒接心等等，往往邊用餐、邊乘車、邊走路，答錄機、筆記本隨時待命，捕捉每一句話語，每一個神態，每一個動靜；睜大雙眼、豎起雙耳、打開心房，烙下深刻的撼動。 4.側訪的對象遍及海內、海外，出家、在家弟子，佛教徒、非佛教徒，共七十七位，平均每人一小時，共累積錄音帶九十分鐘十五卷，六十分鐘卷五十五卷。

表 6-1：兩本星雲大師傳記內容比較表（續）

星雲大師兩本傳記比較		
意義說明	第一本由非佛教徒撰寫星雲大師傳記	為慶祝佛光山開山 40 周年與星雲大師 80 歲生日
開本大小	15 x 21cm	14.8 x 20.5 cm

資料來源：本書自行整理

　　另外，若再深究《雲水日月》內容與主題是否有別於《傳燈》的內容？從目錄就可以很明顯看出《雲水日月》的星雲大師傳記內容的差異。首先《雲水日月》第一部星雲輝耀共計 4 章節，與原本《傳燈》第一部宿世佛緣共計 3 章節是雷同的；而第二部傳燈之旅的第 5、6、7 章，是與原本第二部渡海傳燈內容是大同小異的；第三部佛光世紀第 8 章到第 12 章，約略等同於原本第三部紹隆佛種；第四部的雲水三千（第 13 章到第 15 章），也大致與原本第四部弘法度眾（第 13 章到第 15 章）內容相仿；當然，這邊提到內容大同小異或者相仿，其實若仔細比對，很明顯發現《雲水日月》所描寫的角度似乎更貼近星雲大師與佛光山，並且也更大量使用採訪或者他人言語來佐證作者的觀點與看法。

　　而《雲水日月》真正與原本《傳燈》版本的星雲大師傳記最大不同，其實表現在第五部的人間佛教。原本《傳燈》在第五部的是佛光普照，內容著重在於佛光山邁向國際化，讓整個國際佛光會可以全球連線，實踐了太虛大師的「人間佛教」。而這部分在《雲水日月》卻有較大的差異。這個差異其實指的就是「佛光學」，或者說《星雲模式》雛型已具備。符芝瑛女士自己也認為，佛光山近十年來（從 1995 年到 2006 年），發展飛速；星雲大師更為了實際「人間佛教」的理念，卯足力氣四處奔波。所以，「人間佛教」已

經完全被星雲大師所傳承。之所以能夠如此發展快速，除了基本理念「佛說的，人要的，善美的，淨化的」之外，現代化與創意化的佛教（第七章）、集體創作與制度領導（第十一章）、文心與佛心（第十九章）與道藝合一（第二十章）等內容，都在在證明「佛光學」以集大成（第十七章）。

此外，還有部分內容在《雲水日月》該版本中著墨較深，包括：「第十五章一脈法乳潤兩岸」、「第十九章文心與佛心」與「第二十章道藝合一」等新的內容，都是舊有《傳燈》版本的星雲大師傳記所較少涉獵與記錄的部分。詳細的章節內容，請見下表6-2分析。

表 6-2：兩本星雲大師目錄比較表

傳燈目錄	雲水日月目錄
第一部 宿世佛緣	第一部 星雲輝耀
第一章 嘹喨嬰啼，諸佛歡喜	第一章 千載一時，一時千載善法緣起
第二章 千金一諾上棲霞	第二章 小小佛種降人間
第三章 亂世考驗僧青年	第三章 割愛辭親入棲霞
第二部 渡海傳燈	第四章 以佛教興亡為己任
第四章 唐山僧過臺灣	第二部 傳燈之旅
第五章 宜蘭，搖籃	第五章 臺灣，斯土斯人
第六章 佛教界創意大師	第六章 宜蘭──根本源頭
第三部 紹隆佛種	第七章 現代與創意的佛教
第七章 南進拓荒創新局	第三部 佛光世紀
第八章 佛光世紀半甲子	第八章 大哉人間淨土
第九章 佛門龍象	第九章 佛法弘揚億萬國中

表 6-2：兩本星雲大師目錄比較表（續）

傳燈目錄	雲水日月目錄
第十章 傳統叢林現代版	第十章 四大宗旨，慧炬長明
第十一章 佛法不離世間覺	第十一章 集體創作，制度領導
第十二章 廣結善緣滿天下	第十二章 法將燃薪火
第四部 弘法度眾	**第四部 雲水三千**
第十三章 交棒與接棒	第十三章 不捨一個眾生
第十四章 忙而不苦雲水僧	第十四章 靈山海會佛光人
第十五章 臺灣情，中國心	第十五章 一脈法乳潤兩岸
第五部 佛光普照	**第五部 人間佛教**
第十六章 大法西行	第十六章 佛說的，人要的，善美的，淨化的
第十七章 全球連線佛光會	第十七章 佛光學集大成
第十八章 心包太虛大格局	**第六部 法幢高舉**
第六部 乘願再來	第十八章 出世精神，入世事業
第十九章 大丈夫，赤子心	第十九章 文心與佛心
第二十章 非佛不作	第二十章 道藝合一
第二十一章 生生無悔	**第七部 真如本性**
	第二十一章 有情有義，吉祥共生
	第二十二章 人間行者
	第二十三章 心中自有大千世界
	第八部 以教為命
	第二十四章 燈燈相映五大洲

資料來源：本書自行整理

6.3 《雲水日月星雲大師傳（上）（下）》發行方式與行銷策略

　　臺灣地區圖書行銷傳播通路可概分為團購、實體書店、郵購、直銷、網路書店與數位出版物流通販賣平臺（簡稱數位平臺）等商務交易管道。實體書店係指擁有實體銷售門市之書店；直銷則指直接由業務人員或推銷人員將書直接或郵寄送達消費者；郵購、團購與網路書店乃指透過型錄或網路等方式銷售圖書；數位平臺則指藉數位服務平臺系統銷售或租賃數位出版物。前述各類書籍行銷傳播路徑，以實體書店所據市場份額最高，網路書店最具規模效應，數位平臺為當前新興趨勢且深具發展潛力。

　　根據財政部營利事業家數及銷售額統計之「書籍、雜誌零售業」資料，截至 2015 年末，我國實體書店共 2,202 家，較 2007 年 2,603 家衰減 15.41%，計 400 逾家書店結束經營。而近年來臺灣地區實體書店削弱趨勢仍未顯改善，2014 年與 2015 年減少家數總計逾百家，部分業者預估至 2020 年實體書店家數恐將低於 2,000 家以下。若進一步檢視各縣市實體書店與人口數間之相對比例，該資料顯示每人平均可分配實體書店家數持續遞減，就 2013 年各縣市實體書店數及人口比例觀之，臺北市實體書店 504 家，而人口數計 268.7 萬，平均 5,330 位臺北市民可分配一家書店；然於 2015 年，該年度臺北市實體書店 473 家，而人口數 270.5 萬人，該資料已升至 5,670 位臺北市民可分配一家書店；儘管臺北市實體書店呈逐年遞減趨勢，但實體書店數量仍位居全國首位，中南部區域實體書店總量與其相較下數量益形懸殊更少，部分縣市甚至未有實體書店存在。

僅就臺灣本島而論，2013 年臺東縣實體書店為 16 家，敬陪臺灣地區實體書店數末座，該縣人口 22.4 萬人，約 1.4 萬位縣民方可分配至一家書店；而對照截至 2015 年末資料觀察，臺東縣實體書店僅剩 14 家，而人口數計 22.5 萬人，平均 1.6 萬位縣民方才分配至一家書店，蟬聯臺灣本島實體書店最少縣市。至於臺灣地區的外島實體書店數量部分，近年來該區域無明顯波動，2013 年金門縣內計 14 家實體書店、澎湖縣 10 家，而連江縣（馬祖）未有實體書店存在；2015 年金門縣擁有實體書店降至 13 家、澎湖縣 9 家，而連江縣仍未有類似業態出現。[268]

整體而言，臺灣地區書店深受網路書店通路益趨蓬勃發展、圖書銷售通路折扣廝殺愈形劇烈，以及店面租賃支出、與經營成本日漸高漲等相關因素衝擊，諸多實體書店面臨營業額衰退與資源耗盡無以為繼之窘境，最終僅得宣告歇業或倒閉。

不過，在符芝瑛女士出版《雲水日月：星雲大師傳》的 2006 年時，臺灣圖書產業的市場與實體書店數目，雖然比 2015 年市場多出一倍，但是對當時圖書產業來書，也是不容樂觀。依據臺灣行政院新聞局《2007 圖書出版及行銷通路業經營概況調查》推估，2006 年圖書出版產業產值約為 250.70 億元，與 2004 年（306.68 億元）相比，整體產業產值呈現衰退現象。另，根據《全國新書資訊月刊》資料顯示，2006 年新書出版種數為 42,735 種，較 2005 年微幅成長了 1.83％，可見當時圖書出版業仍不斷地推出新書，但是市場卻不見得改善；再者，新書種類產量的提升，讓圖書呈現多元及豐富的面貌，滿足了消費讀者的需求，但在臺灣大環境不景氣的

---

[268] 臺灣文化部.104 年臺灣出版產業調查報告[EB/OL] .[2016-05-10.]http://mocfile.moc.gov.tw/mochistory/images/Yearbook/2015survey/book1/chapter2.html

氛圍下，消費者反而在購書的預算上更是顯得精打細算，並曾一度盛行「低價書店」，以及隨後各圖書行銷通路業的折扣戰，打亂了原先市場的行情價格。[269]

臺灣圖書的售價其實並不算高，但在整體經濟結構快速 M 型化的狀況下，中產階層的家庭會劇減，而中產階層在閱讀上的花費亦最易受到景氣的影響，面對物價的上漲、經濟不景氣等現象，使國人的荷包大量縮水，即使想要買書可能也是心有餘而力不足。另外，國人閱讀之樂亦逐漸被其他娛樂所取代，在讀者人數及花費皆降的狀況下，勢必造成圖書出版業之整體產值下滑。由上述推估結果可判斷，臺灣圖書市場發展似乎已遇到一個瓶頸，2006 年圖書出版業的營收成長率僅有 1.24%，對出版業而言是一項警訊。每年新書出版量高達 4 萬多種，再加上網路資訊的發達，造成閱讀時間被分食的現象，以及大環境經濟不佳的情況下，以國內 2,300 萬人口論，驚人的生產量，造成市場供過於求，低迷的景氣加上網路資訊的發達，結果導致高退書率，使圖書出版產業陷入慘澹經營的惡性循環。

加上 2006 年圖書消費成長空間有限，除傳統經銷通路（藉由經銷商銷售給最終零售店，如書店）外，在全球邁向數位時代的來臨，數位出版將成為未來圖書出版的新紀元。美國出版印刷顧問 Andrew Tribute 的調查，現階段全球電子書每月銷售量 40 萬本，每月增加 5-7%，預計到 2020 年，數位資料的市場佔有率將達 65%。所以，面對不易經營的圖書出版產業，預期未來仍有持平或狹幅成長空間，但需積極地開創重量級的圖書出版與行銷平臺，才

---

[269] 梁德馨.從 2007 圖書出版及行銷通路業經營概況調查，看臺灣圖書出版產業的未來[J].全國新書資訊月刊，2008（4）.

能解決整體產業的現象。若如上述所言，透過《星雲大師》這位暢銷作者，加上佛教信眾的大平臺，就可能成為〈天下文化〉出版社再度商請符芝瑛重新撰寫星雲大師傳的動機。因為積極開創重量級的圖書出版與行銷平臺，是 2006 年當時圖書出版業所努力的方向之一。

所以，當《雲水日月：星雲大師傳》出版時，除了星雲大師本身就是暢銷主題外，天下文化出版社採傳統發行管道，加上新興網路管道與佛教專有管道三方面同型並進；並且透過大量名人進行寫序言、書評方式，增加該本書籍曝光；更安排符芝瑛女士全臺灣佛光山道場巡迴，進行簽名分享會。當然，更善用佛光山的自家媒體，例如：《人間福報》、《人間社》與《人間衛視》等，以及全臺灣的人間讀書會進行推廣。

在新書發表會與名人加持部分，因星雲大師本身就是名人，天下文化出版公司在當年四月份，在臺北市誠品信義旗艦店舉行新書發表會。而與會嘉賓包括天主教樞機主教單國璽、高希均教授、立法院副院長鐘榮吉、人間福報發行人柴松林教授、佛光大學趙寧校長與作者符芝瑛女士等。在新書發表會現場，該書作者符芝瑛特別指出，新書書名「雲水日月」為星雲大師所取，雲水是空間，日月是時間，她以時空兩個軸線，寫出大師一生。符芝瑛表示，《雲水日月──星雲大師傳》的付梓是整個佛光人集體創作。

樞機主教單國璽現場亦表示，他欽佩大師為佛教界創造新的奇蹟，大師「心懷四海，志在八方」，在四十年之中，將人間佛教推廣到兩岸，更帶至五大洲，是跨越歷史性的一位宗教家。而立法院副院長鐘榮吉表示，1994 年曾邀請星雲大師演講，大師所開示的「老二哲學」至今仍受用不盡，他也經常提出大師的哲思與人分享。他說，一個人的一生，用文字是寫不完的，而十一年後的今

天，符芝瑛小姐能將星雲大師歷年來推展人間佛教的努力，在書中完美呈現，難能可貴。而佛光大學校長趙寧也表示，星雲大師創造臺灣的奇蹟，世界的奇蹟，更是人類的奇蹟。

天下文化發行人高希均教授除現場致詞時表示，這本書的出版以星雲大師宏觀的視野，與微觀的深入，記錄大師弘法大業、創造人間佛教的傳奇、對華人及兩岸的影響力，以人間佛教的模式，影響西方甚至是世界五大洲外；高希均教授亦替該本新書寫序，推崇星雲大師是藍海策略的先行者，無我無私之心深植人心，令人敬佩。該序文中表示：

「藍海策略的精義，就是跳脫傳統的惡性競爭，刺激企業（或組織）去追求一個完全嶄新的想像空間與發展方向。它不再堅守一個固定的市場，也不是在圍城中搏鬥，更不能對舊市場、舊產業緊抱不放；而是勇敢的另外建舞臺，另尋市場，另找活水，透過「價值創新」在新創的環境中大顯身手。」

事實上，人間佛教的推廣早已默默的在運用這些藍海策略，在大師身體力行下，佛光山一直在努力開創宗教的「新市場」，例如：不與其他宗教競爭，使「競爭」變得不相干；創造出信徒及社會的新需求，追求持續領先；同時維持信徒的信任及社會的信賴；調整內部人才的培育與作業系統等。

歸納起來，大師對於傳統佛教的陋習勇於改革，使佛教能夠擺脫守舊、落伍，進而「與時俱進」、與眾不同、貼近生活、見人所未見、做人所不能做、不敢做。這正就是「藍海策略」中的「價值創新」。是這些做法提升了人間佛教的競爭力與差異性，這也真是臺灣社會向下沉淪之中，向上提升的最大力量。

一九四九年一位二十三歲法名「悟徹」的大陸人，來到臺灣，身無分文，不諳臺語，但腦無雜念，心無二用，花了半世紀的心

力,開拓了無遠弗屆的人間佛教。「千山我獨行,身影遍四海!」或許是大師部分的縮影。二〇〇六年,大師八十大壽。昔日那位十二歲的揚州小和尚,此刻已是「雲水日月」:「如雲之飄逸,如水之清澈,如日之燦爛,如月之圓滿。」

另一位名人,柴松林教授表示,星雲大師出身於戰亂時代,受教育困難,他為弘法努力學習新知;大師將佛教西傳,更創造了佛教的歷史;他對宗教一律平等,不因宗教的不同,而有分別待遇;更創造有史以來的民主傳承制度。柴松林教授同樣也為《雲水日月》寫序,他認為,星雲大師是精進不懈的創格完人,部分內文摘錄如下:

「高希均先生將星雲大師推動的人間佛教,視為一場寧靜革命;使人想起基督教周聯華牧師,在介紹基督教神學家田立克教授時所用的話語:『保羅‧田立克是一位為傳統神學家所攻擊,而又為一般大眾所歡迎的宗教哲學家。傳統神學家攻擊他,因為他脫離了傳統;一般大眾歡迎他,因為他沒有傳統神學家那些生硬的術語和固執的成見。』星雲大師推動人間佛教的際遇,正如同田立克教授,堅持對真理的信念,雖遭極權的壓迫,永不屈服師;且受到大眾的景仰,與日俱增。」

「宗教家的責任是雙重的。一方面要守住真理,予以宏揚;一方面要招徠群眾,給予救贖。也因此,星雲大師對佛法真義的體驗與理解,雖然深刻而精微,但在宏揚佛法時所宣講的內容,卻易為現代人瞭解和接受;更以其智慧與對世事洞明和對人的體諒,能以愛心、耐心、同理心,找到與人的接觸點,讓他和群眾能產生共識,發出共鳴;這個接觸點是普遍存在的,也就是能以『人,與我一樣的人』這個開頭的想法作為起點。」

「袪除人生的疑惑憂慮,星雲大師自認為是他最大的責任,他

胸有成竹的表示，要給人信心，給人希望，要激起人的生之勇氣。他對弟子說：『我不怕死，死是非常自然的事，我們有信仰的人，不是不會死，而是面對死亡，會認識清楚，知道死亡不是結果，而是另一期生命的開始。』正如蘇格拉底對道德生活的追求，星雲大師一方面基於責任感，一方面基於佛法的信心，不單相信其弟子，也相信任何人，長久以後，必能成就他自己無法在短時期內做到的事。他不單是講經說法，更能以身作則，躬親示範；他更鼓勵人規劃自己成聖成賢的法門；他期望大眾不把他視為一位上師嚮導，而是成就獨立自主的、以自己的良知為嚮導，樹立了一種前所未見的處世為人的新典範。」

「在這一點上，星雲大師是愛爾蘭歌手也是哲學家波諾說的：『說到底，你自己必須變成你想要在這個世界上看到的那種變化本身。』他是當代最符合知行合一的聖雄甘地期待的：『我們自己必須是自己所想望的那種世界的變革』。星雲大師和蘇格拉底一樣都沒有用這麼多文字來表達這個觀點，但是他們是用自己一生的行誼將其表達出來。」

「星雲大師在《星雲日記》中，曾寫下如下的詩句：『心懷度眾慈悲願，身似法海不繫舟；問我平生何功德，佛光普照五大洲。』所以從根本上，他是將自己定義為一位宗教家，一位『血液與大眾分不開，脈搏與群眾共跳躍』，以『給人信心、給人歡喜、給人方便、給人希望』為宗旨的人間佛教宣導者、設計者、推廣者、護持者。佛教自佛陀迄今兩千五百餘年，論其規模之宏大、信徒之眾多、事業之多元、僧伽素質之高、服務範圍之廣、服務對象之眾、影響之深與貢獻之大，當以今日為最。推佛教之能有今日盛況，固集合眾人之力；但若論其間貢獻最大的領袖，非星雲大師莫屬。」

《雲水日月：星雲大師傳》，在整個發行通路上，先以天下文化本身的發行經銷商「大和書報圖書股份有限公司」所負責的[270]。透過大和書報，基本對外發行到全臺灣的 250 多家圖書據點；此外，博客來網路書店、金石堂網路書店與誠品網路書店等三大通路[271]，都是該書對外推廣銷售的重要通路。而這些通路的基本需求，大致等於該本書第一刷的印量。此外，天下文化也將該本書鋪貨到佛光書局與佛光山旗下的各道場寺廟中進行推廣銷售。正因為傳統通路結合佛教寺院通路，讓該書出版不到兩周的時間就盤據書店暢銷榜，直到 2006 年 5 月底仍是誠品書店人文科學類中的榜首。[272]

出版業者分析，宗教類書籍的讀者小眾但卻非常忠誠。尤其是宗教界的精神領袖一旦出書，首刷量一定超過 1 萬本以上，在出版低潮的市況下，只有一線明星或大作家才有這種市場行情。如果作者又配合演講、簽書會等活動，追加印量超過十刷以上的機會非常高。若依照上述文章推斷，能夠登上誠品五月底的銷售排行兩周總冠軍，該書在當年的銷售量應該不低於 10 萬冊以上。不過，這個資料應該只是傳統商業銷售管道，其餘的應該比較難計算。整個發

---

[270] 民國三十八年（1949）十月，創辦人陳福順先生於臺北市萬全街（雙連火車站邊）創立，並由零售進入自行出版，採產銷一體的作業方式，直接發行全省各零售點計約千餘家。民國四十八年（1959）曾創下每月出版六十餘種各類新書、新刊的記錄，並精心編輯全套（計 46 冊）中國古典文學及通俗文學，讀者群自小學生起至社會各階層人士皆有出版，並深受各界肯定。後因出版同業的支持（如新女性雜誌、皇冠等），繼而擴展承接總代理經銷的業務，再逐步結合中、南部地區報紙經銷商，而建立了現行的全省發行網路。基於出版產業分工合作的需求，及產銷分離時代的來臨，本公司於民國六十五年（1976 年）毅然改變經營策略，停止出版事業，成為專業化的圖書、雜誌總代理的發行公司。

[271] 這三大通路，除博客來之外，金石堂與誠品兩家，都是虛實整合的銷售通路。

[272] 札誌.出版界正掀起一股宗教風潮[EB/OL].[2007-07-02].http://blog.udn.com/jason080/335456

行與行銷通路，詳細如下表 6-3 說明。

表 6-3：《雲水日月》該本書銷售通路一覽表

種類	通路	銷售據點	備註
一般通路	經銷商	大和書報	約 250 多處零售報攤與書店
	網路（虛實）	金石堂網路書店、誠品網路書店	金石堂 47 處＋誠品書店 41 家，共約 88 家
	網路	博客來網路書店	市占率占臺灣圖書銷售 30%↑
佛教通路	寺院	包含臺灣、金馬、澎湖	77 間
	讀書會	人間佛教讀書會	428 個
	行動書車	雲水書坊	50 輛
	佛教組織	國際佛光會	451 個
	書店	佛光書店（包含流通處）	臺灣地區 43 處
			非臺灣地區 39 處

資料來源：本書自行整理

第七章　宗教與傳播的出版效果

7.1 宗教本身的社會化角色

　　「宗教」是人類自古以來即有的一種社會現象，宗教對於人類的生活而言有著極重要的意義，每當人們遭逢無法解決的人生困厄時，總是會寄託於宗教，藉由宗教人們希望能得到唯一正解；然而要得到正解之前，人們是得付出一些代價的，不同的宗教需要付出不同的代價，可能是必須扮演某種角色，可能必須從事某些活動，可能必須進行某種儀式，也可能必須有勞力或金錢上的付出，隨著不同的宗教信仰而各自相異，不管上述的種種可能為何，其皆是一種信仰的必經過程，此一過程也應是一種「社會化」的歷程。

　　「社會化」（socialization）是社會學中的一個重要概念，其用以解釋人類如何由自然人而成為一個社會人的歷程，由兒童以致成人或老人，人一生都在不斷的社會化當中，且隨人的際遇不同（或說不同的社會），接受社會化的機構與方式亦不盡相同，此一歷程的目的最重要的就是讓社會中的個別成員能有再有效率、效能的情形下，加入社會結構體系的正常運作之中，其最終的目的便是提供社會整體結構在一穩定的基礎中進行社會發展或進步。

　　人類經由社會化，發展出獨一無二的人格與自我，成為社會人，因而能再社會裡擔任適當的角色與工作，從兒童的養育、正是學校教育、文化價值極角色學習，都是社會化的過程，這些過程塑造個人成為符合社會與文化所期望的型式，同時也產生最為社會接

受的行為模式並學習扮演社會角色。雖接受宗教信仰的歷程可說是一個社會化歷程,但就另一方面而言,它也是一種再社會化的歷程。因為,在兒童期所學得的價值,到成年時有了顯著的改變,並不是一般成年人社會化的一部分,當這一種變遷發生時,此過程被稱為再社會化(resocialization),即角色行為與價值的極端改變,一種新的生活方式與舊的生活方式模是不一致時,再社會化即發生[273]。

宗教對社會具正面或負面的作用?它有穩定、整合社會的功能,還是統治者用來麻醉人民反抗意識的工具?宗教社會學和社會學關係密切,是一門非常新的學問,發展至今不過一五〇年左右,發起人是法國的孔德(A.Comte)。十九世紀中葉以後,因資本主義的崛起與多元化的鼓吹,宗教思想與體制加速走向世俗化。當時西方發生工業革命,社會的變動讓人們意識到個體與群體之間的關係,因為傳統農業社會較安定,人與人關係簡單,要融入社會並無困難,尤其在中古基督教世界的結構中,社會階級劃分明顯,人一出生即瞭解自己在社會的定位,但工業革命完全打亂了這個秩序,在急速轉變的社會中如何尋求自己的定位,個體與群體間如何對應,成了人們關心的課題。所以有學者開始把社會當作有機體,用邏輯的概念來研究它,這可溯源到西方自希臘斯多葛學派起就認為有一個法則貫穿在宇宙間,塑造了西方傳統注重法則、定理、秩序的思想特色,因此他們假設社會是個轉動的有機體,其演進變化有一自然法則在運作著,而把社會當作客觀存在的、可供尋找法則的對象。

自然法則可以運用在解釋社會、經濟現象,如果宗教也是社會

---

[273] 謝高橋.社會學[M].臺北:巨流出版,1982.

萬象之一，當然也可以成為被研究、分析的對象，宗教社會學就在這種思潮背景下孕育而生。若以社會學研究宗教有幾個基本原則[274]：

（1）以群體當作對象：在分析社會結構時，常以群體或部門當作基本單元，而不是研究個人，如果有的話是以此個人代表群體，因此宗教團體與其他團體或整體社會的關係，為宗教社會學家關注的所在。這也是當我們研究「佛光山」或「人間佛教」該主題時，就只需研究《星雲大師》即可。因為《星雲大師》已經成為佛光山與人間佛教的代表。

（2）以類型作研究：宗教社會學家會提出很多主題當作「類型」，這是從原始資料中提出的一個觀念，以作為研究時的假設，來研究某個宗教團體在社會中的運作。例如，韋伯研究西方近代基督教教派的發展和行會有無特定的關係？某一行會的人有無特殊宗教傾向？傳統基督教禁酒，他們的職業倫理和此一宗教禁忌有無衝突？又例如：「人間佛教」等同於現代或當代佛教的主題類型，而這類型剛好被佛教教團用來與社會互動的重要連結。

（3）注重群體間的關係：衝突與對立、抗爭與複合，是宗教學者最著力的地方，例如，因財富分配不均、意識型態迥異、社會地位懸殊、種族分佈失衡等因素，所引起的緊張對立關係，會導致宗教團體內信徒資格的決定、權威與權利的行使、俗聖領域的區分決定等等問題。所以探討對立衝突的發生及發生的性質來源，也是宗教社會學家常處理的問題。

（4）以組織當作對象：例如研究某個宗教團體或原始部落，它若能存在一段時間，表示內部定有個法則，那麼它的權利如何安

---

[274] 蔡彥仁.社會的宗教·宗教的社會：宗教社會學[J].嘉義：香光莊嚴雜誌，1996（47）．

排，在轉型時應如何承傳？在日常生活中如何運作？這些便成為宗教社會學家注意的問題。所以，某一個群體出現，宗教學者注意的是其中扮演的角色，整個社會可視為一舞臺，要觀察的是各個演員如何飾演自己的角色？

（5）喜用量化：這是很大的特徵，不只宗教社會學運用此種研究方法，許多現代宗教科學領域也是如此，由量化中可看到趨勢。因此宗教社會學家較不注重孤立或特殊的事件，反而集中在多次、重複出現的事件上，因為事件發生頻率的多寡，有助於觀察者描述、統計，決定不同團體間的對應關係。

馬克思，韋伯（M.Weber）的宗教理論在當今宗教社會學的領域裡，他的影響力之大，幾乎無人能及。韋伯對宗教的興趣，在於觀察它在社會演變過程中，到底扮演了什麼角色？他研究宗教是從歷史的縱軸和社會的橫切面二層次著手，他認為一個宗教團體是社會性的，但必須從歷史的演進來看待，他的宗教社會學可說是「歷史的社會學」，注重歷史發展是韋伯重要的貢獻。而臺灣佛教的寧靜革命成功，讓臺灣社會充滿佛法環繞，其實是有其歷史背景的。

從歷史的縱軸來看，對於宗教（尤其是大傳統的宗教）的發展，韋伯提出「理性化過程」的理論，他發現每一個宗教（其實是以猶太——基督教傳統為例），特別是大的宗教，剛開始是小的團體，有個天縱異能的領袖登高一呼，聚眾招徒，很多人信服他、跟隨他，逐漸形成小的宗教社群，由小教派逐漸發展擴大。一旦第一代領袖離世，便發生繼承的問題，他在宗教歷史的觀察中得到一個規律，第一代有天縱的吸引力，第二代則要靠推舉，看誰才有資格帶領這宗教團體。這牽涉到權威和合法性的問題，這問題在每個宗教團體都無法避免，這是「理性化」的開始。再過數代甚或更短的時間後，此一教派的傳統自然生成，剛開始追隨大師是由於他的吸

引力，可是形成一個宗教團體後必須落實在生活中，因此須透過一套制度，把此一已龐大的宗教社團納入科層結構中，將它規格化、制度化，這就形成宗教的「例行化」，這種現象對當初教派的創立者來說，是一種無意的結果。

　　整個的流程代表宗教理性化的延續，所有的宗教並不是一開始就有人用理性來設立，佛陀悟道時也沒有說我要設立一個宗教，可是他天縱的英明，將所悟出的真理，提出告訴大家，聽到的人因感受到那磅薄的力量而跟隨他，人多以後，眾多長老就要開會決議什麼是佛說、什麼不是佛說？宗教一定會經歷這樣各種不同的層次，韋伯說這就是理性化的過程。諷刺的現象是，到最後定型的宗教和原來大師要設立的宗教完全不同。所有的宗教皆須經歷這種歷程，到例行化、公式化時，又有人天縱英明開始改革，又開始另一個理性化的過程。這是宗教歷史時常發生的現象。

　　在方法學上，韋伯是以世界各大文化傳統為架構，作社會──文化上的分析。他採用「理想類型」的方法，「類型」是從搜集的資料中建構起來的一種運作假設，宗教資料素材太多了，只好從一個類型下手，取出理想的類型，當作從事研究的一個假設。例如韋伯把「先知」當做類型來研究宗教，他根據猶太、基督教傳統，而說世界上很多宗教傳統中在某個情況下會出現「先知」，「先知」的功能是改革宗教等等，此外他也把聖職人員當作一種類型來研究，相對於其他宗教參與者的關係如何？當然，這方法的適用與否，和研究者資料搜集的多寡及分析的恰當與否有關。韋伯也提到知識份子，他認為中國儒家知識份子都附屬在科舉制度之下，和政權有密切關係，這些知識份子不像西方先知有超越人間世的能力，他們的關注完全是今生今世，沒有超脫今生今世的理想，沒有內在超越特性。他這種論點受到今天很多人的攻擊，很多新儒學者們認

為韋伯不瞭解中國，中國傳統知識份子有很多內在的修身養性，如陽明學派常注重內在的心性，他們有一套超越的理想。今天很多人對韋伯的「理想類型」不斷修正、補充、加強，肯定他或反駁他，但都無損類型的功能。

此外，在美國宗教社會學界最能繼承德國韋伯的是帕森斯（D.T.Parsons），他融合涂爾幹與韋伯的理論，對宗教抱著肯定的態度。他認為宗教在社會中有積極而正面的功能，它提供了價值觀念，也塑造人們的行為準則，對個人人格或整體社會有導發性的作用。今天研究宗教的大部分社會學家，尤其在美國社會學領域，學者們喜歡用量化。但是，也有不少學者，把宗教當作是社會組成的重要要素而積極研究，帕森斯是一個很好的代表。涂爾幹、馬克思、韋伯三人是傳統宗教社會學奠基的宗師，今天宗教社會學家很多只是在重新解釋他們的理論，以後發展出的只是些小流派。

以社會學觀點來檢視宗教現象自有它的長處，例如對社會組織、制度的分析，而知宗教在社會的功能及與其他文化層面的關係，這樣的分析提醒我們：宗教無法脫離人群而獨立存在，絕對須在社會中才能產生、繼續發展，否則只是個人信仰，最後一定消失，它讓我們瞭解宗教的社會性和社會整體的關係。可是宗教社會學也很容易忽略幾個重要層次，例如大部分宗教社會學家會忽略歷史的承傳、流變與宗教的關係，而把宗教當作是一個靜止的東西，以為把握幾個要點，就可以整合分析，而沒有注意到宗教團體的形成，其背後有很長的延續性。

依據上述理論來檢視臺灣佛光山的人間佛教，人間佛教的人間化模式，首先對應的是其社會化模式。走出寺廟，主動積極地與社會其他群體、組織進行平等互惠地彼此溝通，它就必須獲得一種進入社會的組織形式。這就是人間佛教在人間化基礎之上的社會化要

求。這就是說，人間佛教的社會化形式，重要的在於，如何能夠以人間功德式的象徵式社會關聯方式，在以寺廟僧團為基礎的人間佛教模式裡，建構出團體信仰、或信仰群體的社會關聯結構，以中國佛教固有的穩定性而建構一種符合人間佛教的「組織體」，從而在完成半個世紀之前太虛大師提倡的制度革命。

人間佛教的「組織體」建構，在某種程度上就是宗教與社會的制度分殊。既非對國家權力的制度依賴，亦非對經濟市場的過度投入，而是自為社會組織。即是在社會化的進程之中，真正把人間佛教落地社會，進入人際交往結構，組織人們的精神生活。所以，佛教信仰之制度化、組織體的一個最大好處，就是它能夠把人間佛教予以具體的自我定義方式，不是抽象地以一個「人間」概念來表達，而是具體地社會呈現了。至於那已成為人們思維定式的世俗化批評，最後也會在社會化的過程中被漸漸地消化。

至此，世俗化，還是神聖化，如果還是一個與中國佛教發展緊密相關的議題的話，那麼，它就可能被轉變為人間化與社會化的關係了。一個社會化、組織化的定義方式，無疑會使人間佛教的「人間」概念，落實在佛教信仰群體、或群體信仰的組織層面。所以，中國佛教的社會化形式，並非佛教本身的簡單關係。當國家話語完全出離了神聖的領域，僅僅與社會公共事物關聯的時候，中國佛教的社會化邏輯才能得以基本呈現。所謂牽一髮而動全身。如果單純以一個泊來的「世俗化」概念來批評中國當代佛教的人間化模式，這僅僅指出了問題的一方面，而無法揭示其中的被限制的「世俗化」現狀。總的來說，人間佛教如欲在實踐層面開拓一條社會化路徑，關鍵是它進入社會的合法身份和神聖資源配置，既不與國家話

語相悖，亦不深陷市場運作的邏輯之中[275]。

　　此外，宗教還具有教育性。在中國歷來的家庭中無論拜什麼神，信什麼宗教，無不具有宗教之教育性，這是家庭教育中最重要之一環。另外，宗教活動常常受到一般社會團體乃至政府之贊助、支持與協助，甚至合作，使宗教逐步走上社會化。當宗教社會化愈深、愈廣，社會同時亦宗教化愈深、愈廣。[276]

7.2 宗教出版物對社會產生的效果分析

　　宗教是人類最原始的社會現象，在人類的發展歷程中起著重要的作用。社會學的三位大師馬克思、涂爾幹和韋伯都就曾從不同角度研究過宗教。馬克思關注宗教所包含的強烈的意識形態要素，認為宗教對社會中存在的財富和權力的不平等提供了正當理由。涂爾幹認為宗教的重要性是它存在凝聚的功能，尤其是能保證人們定期集結在一起鞏固共同的信念和價值觀。韋伯則探討了宗教在社會變遷中發揮的重要作用，尤其是對西方資本主義發展的作用。宗教在人類發展史上曾經有著極為崇高、神聖的地位。然而隨著科學技術的不斷進步和現代政治與社會管理的不斷發展，迫使宗教從原有的神聖地位逐漸走下了神壇，正呈現著不斷世俗化的與被世俗化的趨勢，或言走向現代化的過程中，宗教似乎正在轉變[277]。

　　在今日社會現代性、理性突顯的技術官僚時代，伴隨著宗教傳

---

[275] 壹讀「神聖化」或「世俗化」的雙重悖論[EB/OL].[2015-11-24].https://read01.com/AxNk0J.html

[276] 李志夫.論宗教在新世紀所應扮演之角色[J].宗教哲學，1998（4）：1-8.

[277] 戴康生、彭耀.宗教社會學[M].北京：社會科學文獻出版社，2000.

統意義的消解，道德與倫理的基礎慢慢弱化；科學理性精神固然不可缺少，但涉及理想、精神等問題，科學又無法給予我們欲知的答案，現代科學技術在滿足人性需求方面顯得蒼白無力，它無法為人類生存提供意義，也無法滿足個人價值、自由等超越性的要求，世俗化的負面效應隨之呈現。人類社會陷入世俗化的悖論之中。所以，現代社會離不開宗教，宗教必須在現代社會的運行中發揮其積極作用。於是，當代宗教如何正當的實現其積極的社會功能又成為一個新的課題，而通過大眾傳媒使當代宗教的正面功能得以彰顯似乎是一條快捷方式。

從傳播學重視媒介作用的角度來看，大眾傳播媒介在宗教世俗化的過程中起了很重要的作用。大眾傳媒的不斷發展，為宗教世俗化提供了武器和平臺。隨著文化工業的不斷前進，大眾媒介的傳播形式塑造了我們的思想、文化和關係，不過，與此同時大眾傳媒本身的不斷「世俗性」的舉動，又深深的傷害著當代社會內部賴以生存的理性精神和對「終極關懷」的渴望。而宗教活動，卻因為使用媒介這個過程中，慢慢彌補了社會化所依賴的穩定來源。所以，研究宗教與傳播媒解過程中，必須注重宗教存在的社會功能與意義，而這種從原本政教合一，到世俗化，最後轉變利用現代化媒介的過程中，讓宗教再度站上社會穩定的重要來源，正是為什麼臺灣會有這麼多宗教出版物與雜誌、電視臺與媒介的緣故。

臺灣宗教多元，宗教出版物眾多，是不爭事實。根據美國研究機構皮尤研究中心（Pew Research Center）提出的「宗教與公眾生活計畫報告」（Religion and Public Life Project），在全球宗教多樣性指數（Religion Diversity Index）最高的國家中，臺灣名列第

二。[278]位居第二的臺灣,最大的宗教族群是民間信仰,比例高達45%,而佛教則以超過 20%的比例緊接在後,獨立宗教和其他宗教的比例在 13%-15%之間,基督教則大約占 7%。

　　深究臺灣宗教與宗教文化對臺灣社會的影響,除臺灣信仰人口眾多、信仰多元化之外,臺灣宗教之於臺灣社會來說,具有相當教化意義,而其中不難發現,大部分的宗教,均習慣透過媒體力量,例如:電視、雜誌、出版物或者弘法活動,進行教義傳佈與教化人心。沈孟湄[279]指出,如何善用媒體以實踐信仰傳播,一直是各宗教致力的傳播目標。以臺灣地區而言,1996 年解嚴,臺灣宗教管制政策與傳播法規鬆綁之後[280],宗教和媒體的互動關係甚至逐漸由「購買媒體」的買賣關係,轉變由「經營媒體」的代理關係。傳播者從以前的宗教內部神職人員、信徒,漸漸擴大到不具宗教承諾的媒體專業人士,例如:慈濟慈善事業基金會(以下簡稱慈濟功德會)所經營的「大愛電視臺」,除部分屬於神職人員與信徒外,大部分都屬於電視臺營運所需的專業人士。

　　不過,仍有神學家與學者對於宗教與媒體緊密結合提出質疑。質疑有效而媒體曝光顯著的傳播,是真的宗教傳播,抑或是根本與宗教無關的商品傳播活動與消費文化呢?為突破現有爭辯框架,部分學者力陳宗教傳播並非僅是分送資訊的行動,宗教和大眾媒體或

---

[278] 關鍵評論.全球宗教多樣性指數,臺灣排第二,梵諦岡墊底[EB/OL].[2014-04-16].https://www.thenewslens.com/article/3235

[279] 沈孟湄.從宗教與媒體互動檢視臺灣宗教傳播之發展.[J].新聞學研究,2013(117)。

[280] 臺灣宗教傳播的發展背景,根據沈孟湄,《從宗教與媒體互動檢視臺灣宗教傳播之發展》,2013 年發表在新聞學研究第一一七期提到,臺灣宗教傳播主要是分為三期,分別是「明鄭、清領、日據時期」(宗教伴隨殖民地勢力而生)、「戒嚴時期」(宗教傳播進入廣播電視媒體)與「解嚴後」(宗教投入媒體經營)等三個時期。

動後衍生媒體仲介的宗教（mediated religion），促使宗教與媒體間的範疇漸趨模糊。這種經過媒體仲介的宗教，不再限於宗教的範疇，而是進入一個製造文化論述象徵的場域，涉及更為廣泛的社會文化整合發展（Hoover & Lundby, 1997, pp.298-309）。

簡言之，宗教傳播不能局限在宗教實踐的狹隘角度，改由社會實踐多元性，把宗教傳播延伸到「社會的意義」，而這就是種「文化傳播」。

所謂「社會的意義」，就是主張以社會服務或者社會改革為主的，在從事宗教傳播時，少提及信仰問題，主要強調人道關懷與社會參與。而這類觀點在基督教與天主教相關的宗教傳播出版物中，主要是關注教育、醫療、社會改革與政治參與。而佛教在「入世佛教」興起後，傳播內容更強調社會參與，超越明清佛教遁世而超生死得解脫的自利行為。而這部分的佛教出版物，傳播對象早已由信徒取向，擴大到大眾取向，例如：慈濟功德會下面的的人文志業出版，也部分透過與遠流、皇冠等出版社合作出版「看不出慈濟色彩的書」，這正式慈濟功德會提到：「運用當代發達的科技，就能真正在二十億佛國，現廣長舌相」。

媒體結合宗教究竟有無效果？媒體是社會皮膚（social skin）是無庸置疑的，而大眾透過媒體瞭解世界，更是媒體最大功能；換言之，「媒介真實」往往被大眾視為瞭解這世界的真正真實。所以，閱聽大眾或言受眾、讀者在面對媒體時，往往會從全盤接受到慢慢考慮那些內容是真的？那些內容適合他或她的需求？這正是媒介大效果到有限效果，最後用轉變成使用滿足、效果萬能論等。

若單就佛教與社會大眾之間關係而論，張強[281]指出，如何透

---

[281] 張強.世俗世界的神聖帷幕──從社會控制角度看人間佛教的社會承擔[D].南京大學，2012.

過宗教力量疏導大眾,以及成為每個人的心理慰藉而言,佛教主張通過心靈的解脫消解現實的苦難,尤其注重對信眾心裡的舒緩和引導,進而進行社會控制或言社會教化;就社會控制而言,佛教具體表現為人本精神、內化理念與包容意識。人本精神,是佛教社會控制的基本立場;而內化理念,是佛教社會控制的實現方式,強調通過心實現轉變,看重對信眾精神世界的改造與重建。佛教本身是開放的、發展的,總是隨著變動的處境不斷成全著自身,順應時代、適應社會,以便更好的發揮社會控制功能。這種例子,明顯就佛教善用媒體,以針對大眾需求進行疏導的最佳方式。

當代社會的發展有兩個重要的特徵。其一,是伴隨著後現代思潮蔓延的社會結構多元化趨勢。其二,社會各個多元部分之間產生了高度的關聯性。與此同時,宗教賴以依附的總體性社會結構也相應地出現了變化,演變為多個子系統的成立和整合。作為社會總體,它在各自的互動系統、組織制度和社會結構之間,不斷分化、相互分離;各個子系統也逐步形成自己的運動機制,以借助有限可能性原則,按照分割、分層和功能分化三種分化方式發展起來。在此過程中,社會的總體性結構之中的層次或分層也逐漸明晰起來。每個社會子系統的自身同一性和邊界一方面得以明確,另一方面則借助於更高層次的功能分化,取得社會進化的效果。特別是其中的功能分工,可以促使總體社會的每一個子系統,明確自己的存在或發展的邊界,趨向自理自治,與整個社會保持共存和預設的關係。附著於總體性社會結構的宗教,隨之在存在及其形式的層面上,產生了相應的功能分化。

同時,市場經濟全球化的發展趨勢,帶動了社會在其相對於國家和市場的層面上呈現出多樣化的態勢,國家與社會的互動關係發生了深刻的變化,新的權力架構和體制得以形成。宗教與現代社會

公共生活的關係同漸複雜，其有別於政治性、國家上層建築性質的社會性得以體現，當代宗教的邊界日益明確。就當代宗教的功能和邊界而言，其致力於社會慈善、民間互助，其有利於國家（政治）、市場的「第三部門」的社會特徵已浮出水面。

　　作為「第三部門」的宗教在當今社會中的首要功能便是維護社會的穩定。這種功能既是宗教不斷世俗化，作為組織、部門參與社會活動的必然選擇，也是當代社會對宗教（組織）必然要求。而當代宗教的社會穩定功能具體表現為兩個方面，其一，通過一系列動作與措施，在信徒內部對共同的宗教理念進行了建構，使信眾緊密團結在宗教（組織）理念的周圍，約束和規範其行為，使之符合宗教理念的要求；其二，通過媒體的擴張，使自身宗教理念與當代社會主流價值觀相融合，努力維護當代社會的集體無意識，影響非信眾的心理和行為，使之有利於社會系統的穩定運行。

　　就現況來說，臺灣宗教呈現多元發展，整個臺灣的社會穩定與文化傳承似乎被大量宗教所主導，佛教四大教團的影響力，更是除民間信仰以外最大的宗教勢力。為何佛教與佛教媒體會如此發達呢？誠如《星雲模式的人間佛教》[282]一書中指出，「弘揚〈人間佛教〉，就是為了重整如來一代時教，要讓佛法落實在人間，發揮佛教的教化之功，使能對人有用。為了發揮佛教的功能，確實把佛法落實在人間，大師主張，舉凡著書立說、講經說法、設校辦學、興建道場、教育文化、施診醫療、養老育幼、共修傳戒、佛學講座、朝山活動、掃街環保、念佛共修、佛學會考、梵唄演唱、素齋談禪、軍中弘法、鄉村布教等，這些都是人間佛教所要推動的弘法之道，也是人間佛教的修行之道。」這就是文教弘法。為何強調文

---

[282] 滿義法師.星雲模式的人間佛教[M].臺北：天下文化，2005.

教弘法呢？為長久以來，一般社會人士總把佛教定位於慈善工作上，總認為佛教之於社會的主要功能，應該是從事恤孤濟貧的慈善救助。星雲大師表示，「佛教最大的功能，應該是宣揚教義，是以佛法真理來化導人心、提升人性的真善美，帶動社會的和諧安定，繼而促進世界的和平，這才是佛教最終的職責所在，這才是最究竟的慈善救濟」。這正是臺灣佛教發展之於媒體緊密結合的最大原因。

在近年不景氣衝擊下，臺灣大部分出版物首刷印行數量較以往明顯下降，但宗教出版物卻沒有因而減少，仍然不斷推出新的書籍，以多元化出版選題創造讓讀者有更多的選擇機會。例如：早期1994年佛光山的「傳燈：星雲大師傳」，因熱賣而於2006年改版為「雲水日月：星雲大師傳」等。雖然，這些出版物內容與佛教的信念與想法不可脫離，但在佛教團體大力推廣下，這些出版物不僅盡到弘法利生的目標，也借著內容刊行，將佛教中文化的、知識性的資訊與理念精神，傳遞到一般大眾。所以，佛教出版物對於信徒的影響，在佛教組織弘法過程中扮演著關鍵性的角色。[283]

星雲大師說：「佛教要有前途，必須發展事業」。而《星雲模式的人間佛教實踐》一書中[284]，星雲大師又提起，「文化是宗教的一大命脈，也是佛教前途之所繫。」該書更指出，「星雲模式之所以可以成功傳播〈人間佛教〉的過程中，主要是運用四大面向進行，包括：佛教藝術、傳播媒介、學術研究與增加對話。」其中所謂利用「傳播媒介」與資訊科技的發展，以今人熟悉方式弘法於人間，正是佛光山弘法成功之處。其中方法靈活、管道多樣，讓弘法

---

[283] 李懷民.宗教團體出版問題研究——以佛教慈濟文化為例[D].嘉義：南華大學，2002.

[284] 滿義法師.星雲模式的人間佛教[M].臺北：天下文化，2005.

工作更是不斷現代化,例如:成立出版社、圖書館、佛光翻譯中心,出版一系列有關〈人間佛教〉的書籍,流通於世界等。另外,為讓宗教出版物在文化弘法過程中具有其圖書分類,正視宗教出版物的存在地位,佛光山也順利讓美國國會圖書館正式把佛光山及星雲大師作品在國會圖書分類法之佛教分類法,設立單獨的分類號,並將〈人間佛教〉與佛光山教團正式納入《國會圖書館主題標目》之中。

佛門常言,「弘法為家務,利生為事業。」「弘法利生」因而成為佛家的口頭禪。據《眾許摩訶帝經》記載,佛陀菩提樹下悟道,初度五比丘,標誌著佛陀弘法之始;佛陀培訓出六十位大阿羅漢後,對他們說,「我從無量劫來勤行精進,乃於今日得成正覺,正為一切眾生解諸系縛,汝等今日悉於我處得聞正法,漏盡解脫,三明、六通皆已具足,天上、人間離其系縛,可與眾生為最福田,宜行慈湣隨緣利樂。」巴厘《相應部》說明每一位弟子都是沿不同的路線雲遊,以便最大限度弘法利生。佛陀為什麼如此強調遊化?原因之一是,佛陀在雲遊過程中,走入人群,無數苦難眾生才有機會向他請教。佛陀如同世間良醫,針對眾生不同的煩惱,對症下藥,隨機說法,引導人們步入正確的人生之路。「走入人群,隨機施教」,成為歷代佛教所遵循的最重要的教育原則[285]。

六祖惠能大師臨終時囑咐弟子以三十六對法說法度眾生,「若有人問汝義,問有將無對,問無將有對,問凡以聖對,問聖以凡對;二道相因,生中道義。」三十六對法的核心是說無定說,對機而說。惠能的弟子深得其精髓,針對每一個人特有的問題,依據其

---

[285] 健釗法師.健釗法師宣講紀錄[EB/OL].[2012-09-20].http://www.plm.org.cn/pdf/talk_kc_7.pdf

根基、成長環境、教育水準和具體情境，個別開導，逐漸形成各自的家風：「示言句」、「逞機鋒」、「解公案」、「參話頭」、「德山棒」、「臨濟喝」、「雲門餅」、「趙州茶」、「慈明罵」等。這一切都體現了禪宗隨機施教的獨特教育風格。

　　鑒於以上分析，清楚瞭解佛教的根本問題，不是一個理論的問題，而是一個如何實踐的問題。弘法僅僅是一種手段，其真正的目的是引導人領悟佛法的精髓，了知宇宙人生的真相。這才是弘法的目的，針對當今人的問題，對症下藥，再充分利用媒體與高科技成果，運用人們喜聞樂見的方式，隨機施教，或許就是新的弘法模式。而並非僅佛光山單一教團所關注的問題，舉凡所有臺灣各種宗教教團，均致力於如何透過最佳途徑，完成弘法利生的目標。出版，就成為這些宗教教團的首選利器。

　　當然，現代化出版傳播特性，也讓宗教弘法無遠弗屆，主要是導因於現在出版傳播，不在單只是傳統紙本，更有其他載體形式出現，這種新型態載體形式的出版，容易讓各種內容全球化、影響普及化。若再加上網路傳播特性，例如：互動、即時，讓單一主題的媒介真實，例如：宗教教義的弘法，輕易地到達全球任一處。此外，出版傳播中「故事性」的運用，更容易讓傳播過程產生強人吸引力與傳播效果，不僅讓出版物具強大的可讀性與感染力，更讓傳播效果更具深層，讓傳播效果並不只局限於直接受眾，而更能形成二次傳播或者多次傳播，從而在傳播的廣度與深度方面形成不可比擬的優勢[286]。這點也是為何佛教教團，通常會以傳統出版物方式，初期以大量故事或傳記方式推廣弘揚教義。

　　在多元宗教（religious pluralism）現代化與多元文化

---

[286] 穆雪.淺析故事性在圖書出版傳播過程中的運用[J].出版發行研究，2011（10）.

（multicultural）的社會中，宗教傳教工作必須現代化的發展，如何舉辦吸引信徒參與的傳教策略，藉此讓他們對宗教產生興趣，是宗教發展的課題。傳統宗教若想永續發展，宗教必須回歸到宗教自身的獨特性，以新的語意形式來替現代人找出可被接受的生命意義。而佛教在社會變遷中，佛教教團多元化發展、現代化弘法布教、佛教服務模式創新、佛教事業化與國際化發展與各宗教間融合交流等，均可瞭解佛教發展是朝「動起來」、「走出來」方向邁進的。那要達到上述目標，首先透過出版物，是最容易的。因為透過圖書出版物，更容易與社會連結，在理念上與現代社會相應，這就是目前佛教出版物蓬勃發展的主要因素。[287]

7.3 臺灣地區宗教出版物的發展分析

二十世紀後半以來，人類社會文明快速轉變。臺灣佛教在這六十多年發展中，經過三代人的許多努力，總算通過時代試煉，成為世界佛教中適應時代的典範。但面對廿一世紀，社會變遷更快速、更多元、更嚴峻時，臺灣佛教能不能再次開創新時代的佛教典型？此則寄望於佛教下一世代全體佛弟子的努力[288]。政經、教育、學術、科技、商業等社會潮流變化；節慶、婚喪、祭祀等風俗習慣改變，都會影響整體佛教發展。但這些社會潮流、風俗習慣，是每個時代、每個地域都存在的客觀因素，也是每個團體都同樣要面對的

---

[287] 張婉惠.臺灣戰後宗教傳教多元化與現代化之研究——以佛光山為例[D].宜蘭：佛光大學，2009.

[288] 惠空法師.臺灣佛教發展脈絡與展望：臺灣〈佛教面對新世代之挑戰〉研討會[C].臺北：弘誓佛學院，2014.

眾生機感。國家、社會如此，公司、企業如此，佛教、基督教也是如此。但是有的團體在時代洪流中淹沒，有的團體卻能力抗洪流而綿延茁壯，此即看出生命力的強弱。而此生命力，表現在人才的質與量上，須有大量優秀人才，才能順應時代潮流，掌握時代契機，在時代中立足生存。

宗教與現代社會的關係如何呢？學界對這個問題頗感興趣，有不少宗教社會學家提出各種詮釋理論，企圖解釋宗教在現代化社會中的角色與功能問題。這些理論也是相當多元，各自有其自圓其說的詮釋架構，但是利用這些理論來解析臺灣社會的宗教與新興宗教卻難免有些格格不入的感覺。目前臺灣學界引用的詮釋理論也相當多樣，最常見的有：「宗教世俗化」、「宗教私人化」、「宗教反世俗化」等多元詮釋觀點。而這些理論正也是臺灣地區佛教出版物所要面對的問題。例如：佛教叢書是否需要有大量行銷與推廣？佛教是否需要有偶像等。[289]

在現代社會與教育世俗化的趨勢下，降低了宗教獨佔的神聖性格，使人們跳脫出既有的宗教規範，有不少人自認為沒有宗教信仰，助長了人們游宗的可能性，在其往後的社會經驗中，可以依這樣的世俗人文主義自由地接觸與出入各種宗教團體，且各依其知識與教育的水準，親近與其相應的宗教系統，形成民眾在信仰上有多元分化的趨勢，造成各種小眾宗教的流行，各自有其文化的區隔與群眾的區隔。現代社會將民眾從傳統宗教規範中擠了出來，卻投入到新的宗教情境之中，形成了宗教重新洗牌現象，各自吸收不同教育水準或生活階層的民眾。在這樣的情況，宗教尋找與其「合緣」的民眾，同樣地，民眾亦尋找與其「合緣」的宗教。社會則是一個

---

[289] 鄭志明.臺灣「新興宗教」的文化特色[M].嘉義：南華大學，1999.

動態的場域,提供了民眾與宗教相互流動的機會,促成「合緣」與「共振」的可能性。而促使臺灣宗教合緣共振的最佳橋樑,其實就是各個宗教媒體所應該去思考的。綜合上述,臺灣宗教出版物的未來發展,目前已經遇到編輯與出版人才是否足夠?內容如何避免世俗化,但卻又如何到目標讀者,或者是否可以打造暢銷書,與讀者共振等問題。

宗教類型的出版社,往往因為人手有限、出版量有限,甚至不知道出版哪種書籍,方可以達到弘揚佛法的目的。其實,若把宗教類型的出版社,也是為出版產業的一環,想要在出版市場上活下來,最重要的不是金錢,也不是人才,而是認清自己後所作出的非常專業或特殊的自我定位。宗教出版物最主要的目的是為了弘揚佛法以及服務僧伽法師們。至於那些對於宗教不感興趣的一般大眾,其實一開始是可以不用去太在意他們的想法。

我們很清楚,宗教組織在未來會接受大量的傳播媒體,一方面從傳播媒體去獲取其他宗教及整體社會的內容,以作為自我調適的參考,另方面繼續利用傳播媒體去「推銷」的宗教教義。這些包括書刊、電影、錄影帶、電視頻道、磁片、錄音帶、人造衛星、網際網路,這些產品將會更快速的傳播,更精緻的製作,使用讓人更容易瞭解的語言和解釋方式。另外,宗教多元化與因應解釋的不同、社會需求的差異、及新的認知、政府對宗教的尊重,使教派更趨多樣化,數量上也會增加。傳統的大型宗教就會面臨挑戰,而宗教傳播的能力就會必日趨重視。所以,臺灣地區的宗教出版物,我們相信只會愈來愈多,而不會愈來愈少。

針對上述問題,其實佛光山隸屬各出版社,從很早開始就在因應。其中透過教育培養法師們擔任主編,所以,佛光山轄下的出版社主管均為「官派」;自 2000 年起,開始透過統一的「佛光山文

化發行部」，組建屬於自己的發行團隊、傳播管道與發行據點；為了吸引更多信眾，在出版社的定位與功能上，也有所區分，例如：佛光文化出版社主要出版經藏、教理與儀規等內容，而香海文化則主打文學、散文；另外，部分出版社也開始出版童書漫畫與繪本，例如：百喻經漫畫版本；以及也有專門出版 CD、DVD 的「如是我聞」。

當然，佛光山雖然已經有因應之道，但是出版產值還是遇到難處，畢竟宗教類書籍有其局限。這各問題或許在電子化版本，以及有新的媒體科技出現後，應該有所解套。在當前數位資訊無遠弗屆的環境下，佛教教義、禪修的精華以及數位化弘法和學習，正以不同的面貌在世界各先進國家展開。此一趨勢的最大特色在於佛教資源可以超越時空，和全球分享為首，此一趨勢的發展將會猶如第二次工業革命一樣，對人類的價值、知識和生活產生全面地改變。身負弘揚佛陀教法的佛教宗教師，對於數位化發展的效應需要有全面性瞭解，更需要將數位化視為未來弘揚佛法的一種新的場域。

新的世紀是電腦科技與網際網路的資訊時代，其影響力與日俱增。數位化的資訊或電子媒體的取得、記錄、整理、搜取、呈現、傳播的效率，史未曾有。佛教已廣泛運用資訊科技媒體與工具，有效地管理文獻資料，改進佛教的教學、研究、服務、行政等各層面，使宗教走入新潮流──網路科技的發展，帶動佛教界人士投入佛典電子化的。目前，漢、英、日、韓、巴、梵等語文的藏經等，都在進行佛典數位典藏計畫。順應時代的演進與需求，將流傳二千五百多年的佛教經典文獻電子化，是現在佛教發展的重要課題。

目前出現的電子出版物，除了各種語言藏經的數位化外，還有個人專集及佛學機構出版的數位佛教典籍。個人的專集，如：印順法師佛學著作集、法鼓全集、智諭法師佛學著作全集、淨空

大師全集等。相關佛教機構出版的有：佛光文化事業公司的佛光大辭典及星雲大師著作、日本花園大學禪學研究所的禪知識庫、法鼓山中華佛學研究所的中華佛學研究所專輯、京都本願寺的淨土真宗聖典、日本大津市睿山學院的天臺電子佛典、美國紐約世界宗教研究所的電子佛典、大陸的中華佛典寶庫等，如雨後春筍，美不勝收。[290]

一千三百多年前，玄奘大師為求佛經從東土西行，之後百千餘年，亦有無數高僧大德不遠千里而行，為的就是廣傳正法；直至今日，僧侶背著書筐的佝僂身影不復存在，更多的無盡法音，正透過網際網路暫態且無遠弗屆地傳遞。而佛教自佛陀創教以來，也無不隨著時代，配合當時風尚廣為弘傳。比如在佛陀時代，經典流傳以口授傳法；佛涅盤後，出現貝葉抄經乃至後來的刻經、印經，發展到現今電子版大藏經等，都是由於「現代化」形成各個時代不同的弘法方式。而隨著科技日新月異，如今佛教發展邁向「數位弘法」新時代。宗教團體掌握新媒體，就等於擁有與世界對話的媒介。

近二十年前，佛教界就致力推動數位弘法工作，國內、外佛教團體、組織和個人紛紛架設網站，近年更推出多款 App，佛光山至今就擁有《星雲文集》、《星雲大師雲端隨身聽》、《福報即時報》、《佛館 360》等十餘款 App，為有志認識、瞭解乃至研究佛法者，提供方便快捷、豐富詳實的佛教資訊。早期佛教電視頻道，有法師講經、佛教故事、朝暮課誦等內容，乃至把佛學院搬上電視，稱為空中佛學院，因此也有法師提倡「客廳即道場」。隨著網路興起，打破以往辦媒體的高門檻，相較籌辦電視臺巨額資金，網

---

[290] 釋永本.看佛典數位化：第二屆世界佛教論壇論文集[C].高雄：人間佛教研究院，2011.

路算是平民化媒體,近來社群網站、FB 直播、自媒體平臺大量崛起,亦改變了媒體的溝通效果與使用環境,佛教數位弘傳又面臨新一波挑戰。正因自媒體傳播門檻降低,名不見經傳的素人也能講經說法,恐影響閱聽人對佛教認識偏差;加上新媒體欠缺守門人機制,佛教資訊以碎片化、淺碟式的模式傳播,接收訊息的網友若沒有足夠的佛學底蘊,來辨識內容是否如法,久而久之,容易對佛教產生誤解,對佛教文化傳播也將造成扭傷[291]。

　　自媒體蓬勃發展已勢不可擋,佛教界是否備好因應對策?隨著傳播科技日新月異,寺院僧信首要能完全掌握趨勢及運用媒體平臺,且產制內容及平臺經營者,更要符合佛教核心精神及宗教情操;傳播形式理當不隨波逐流,不違背宗教莊重風格,又能貼近現代人語言與生活,方能達到教化人心的宏願。如何建立佛教自媒體傳播觀念、培養內容產制人才、有效結合運用現有資源,用契理契機的現代化傳法方式,將正信佛法讓人接納,是身處瞬息萬變時代的教界人士,當須思惟的課題;弘法者也應秉持「佛法為本,科技為用」原則,回歸發展數位化的度眾初心,方是維繫佛教源遠流長的不二法門。

　　透過媒體仲介的宗教,不再限於宗教的範疇,而是進入一個製造文化論述象徵的場域。簡言之,宗教傳播,誠如佛光山「人間佛教」的文教弘法,絕不能局限在宗教實踐的狹隘角度,改由社會實踐多元性,把宗教傳播延伸到「社會的意義」,而這就是種「文化傳播」,更是種效果。媒體結合宗教究竟有無效果?媒體是社會皮膚(social skin)是無庸置疑的,而大眾透過媒體瞭解世界,更是

---

[291] 郭書宏(2016),摘錄人間福報「論壇」,《看人間新媒體崛起,佛教界準備好了沒有?》。

媒體最大功能；換言之，「媒介真實」往往被大眾視為瞭解這世界的真正真實。所以，閱聽大眾或言受眾、讀者在面對媒體時，往往會從全盤接受到慢慢考慮那些內容是真的？那些內容適合他或她的需求？這正是媒介大效果到有限效果，最後用轉變成使用滿足、效果萬能論等。

世界上恐怕沒有哪一項文化傳播，如宗教傳播那樣成功。自人類有了宗教那天起，便有了宗教傳播，否則宗教意識也僅於個人的思想意識，而並非一群人的共同信仰，所以，沒有傳播，便沒有宗教。宗教是什麼？宗教是神與人的神聖交往活動，是人與神的溝通行為。宗教的語言學內涵就是「聯繫」，古人用「聯繫」一詞來概括宗教。而宗教傳播就是溝通人神之間關係的象徵性互動行為，這種互動行為，本質上就是一種傳播活動。所以，可說沒有傳播就沒有宗教，傳播更是構成宗教文化變遷，進而導致社會變遷的一種力量。[292]

文化傳播，指的是一定主體通過言語或姿勢、表情、圖像、文字等符號系統，傳遞或交流知識、意見、情感、願望等信息，並使一定的受眾得到影響的過程。施拉姆把這一定義概括為：A 通過 C 將 B 傳遞給 D，以達到效果 E。這裡 A 是資訊發出者，B 是資訊，C 是通向資訊接受者，D 是途徑或媒介，E 是傳播所引起的反應。因為文化傳播其中有一項很重要的功能，與宗教息息相關，就是社會教化功能。社會化是社會溝通的直接目的，文化傳播作為人的社會溝通，不僅在溝通人們的關係，更主要的是在協調和統一人們的社會行為，確定人們的行為規範，達到社會化。人們從家庭走向社會，從個體走向群體，要不斷地通過文化接觸瞭解這些文化內容，

---

[292] 袁愛中.宗教與傳播關係探析[J].西藏民族學院學報，2010（32-2）.

以防止違反社會規範，而人的社會化過程又不是一次所能完成的，要通過文化傳播不斷地接受社會教化。反之，如果人們不進行文化溝通，就不可能完全擺脫「自然人」而成為「現代人」。

從傳播效果角度分析文化傳播，可清楚知道文化傳播對於人們的影響可以分成認知、態度與行為三個層次，這三層效果是一個不斷累積、層層遞進的過程[293]。其中認知層次效果主要表現在資訊對人們認知系統的作用。李普曼在 1922 年《公眾輿論》中就提出了「擬態環境」的概念，他認為我們所說的媒介環境，並不適現實環境的「鏡像」的再現，而是大眾傳播媒介通過象徵性的事件或者資訊選擇與加工，重新加以建構後再向人們提示的環境；在態度層次部分，大眾傳播媒介在傳播過程中，通常包含著各種價值判斷，對形成和維護社會規範和價值體系起著一定的作用；行為層次，則是說明大眾傳播媒介的影響除表現在認知與態度領域同時，還通過一些具體行為示範直接與間接影響人們的行為模式。

上述文化傳播所產生的影響與效果，似乎與佛教出版物出版流通期望達到的目標是不謀而合。星雲大師曾在 2013 年提到[294]，人間佛教就是要從淨化心靈的根本之道做起，這點與希望達到認知層次相當；但，也不是因此而偏廢物質方面的建設，而是要教人以智慧來運用財富，以出世的精神做入世的事業，從而建立富而好禮的人間淨土，這是與態度層次相當，以入世的態度與人間大眾配合。所以，人間佛教是佛說的、是人要的，是淨化的、是善美的。最後，為順應時代與眾生的根基，早在 1954 年開始，發起暢印精裝本的佛書，讓佛教成為大家都看得懂的讀物，這又是與行為層次相

---

[293] 謝精忠.基於受眾的美劇跨文化傳播效果探析[D].江西師範大學，2014.

[294] 星雲大師.人間佛教的發展[M].臺北：佛光文化，2013.

當。從上述推論很清晰指出，宗教與媒介關係密切，而宗教使用媒介衍生的文化傳播，其效果明顯影響人們的認知態度與行為等層面。

誠如上面所言，佛光山堅信「人間佛教」會替佛教與信徒們帶來人間淨土，在星雲大師的努力促成下，在臺灣社會產生一定效果，甚至被譽為另類的「寧靜革命」，完全符合上述宗教傳播應該所擁有的社會化，以及穩定社會的功能；甚至，佛光山教團所做到的，似乎已經不止於臺灣地區；最後形成了《星雲模式》、「星雲學說」。本書仔細彙整，並描繪關於佛光山為實踐「人間佛教」的大力弘揚佛法，而產生文化傳播的可能效果，請詳見下圖 7-1 所示。

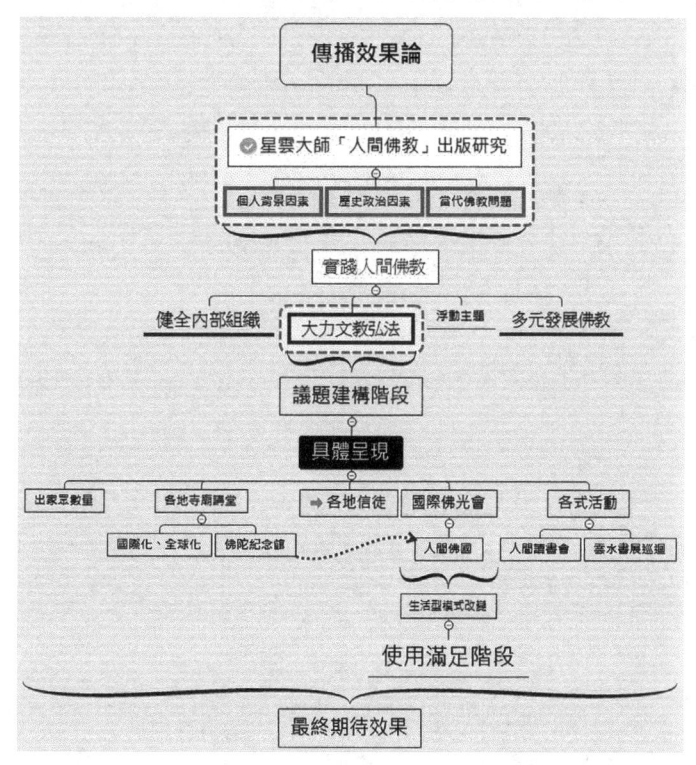

圖 7-1：佛光山人間佛教產生的傳播效果圖

從上圖中可清楚理解，整個佛光山「人間佛教」的文化弘法模式，整個都與文化傳播是相關的。初期為實踐人間佛教，透過出版物進行「人間佛教」這信念的議題建構，塑造「人間佛教」就是「人間佛國」的唯一途徑；這信念更是利用出版物廣為傳佈到各地寺廟講堂、國際佛光會與各式活動；因大力文教弘法，讓許多信眾的生活形態與模式受到改變；而當信徒開始改變生活，或者一般民眾嘗試去接受這樣的佛教傳播模式，就已近邁入使用與滿足的階段；當信徒或者一般民眾在過程中，因為「人間佛教」滿足了個人心理或者生理的需求後，慢慢也會回饋給佛光山與整個社會，而形成一種良性的文化迴圈。這樣的迴圈就可以說是佛教文化傳播產生的效果，更可以說是穩定社會的重要力量。

第八章 結論

8.1 研究結論

　　佛光山成立五十年，從高雄開始，影響擴及世界五大洲，創造人間佛教弘法奇蹟，開山宗長星雲大師說，「有你們大家，才有佛光山」，「不只看今日的金碧輝煌、雕樑畫棟，更要回顧五十年來的披荊斬棘」。國際佛光會中華總會榮譽總會長吳伯雄與星雲大師的因緣始於一九四九年。吳伯雄說，星雲大師在兵荒馬亂中來臺，暫時寄身中壢圓光寺，卻因沒有身份證件，無法報戶口，眼看必須離臺。當時吳伯雄父親吳鴻麟是中壢警民協會理事長，出面解決問題，星雲大師方得以繼續留在臺灣，展開弘法大業。回顧往事，吳伯雄感性說，「他父親一生行醫從政，都不算什麼，巧遇大師，施予援手，才是最大功德。」

　　高雄市市長陳菊說，佛光山對臺灣地區貢獻極大，推動正面、善良和慈悲等好事，市政府有必要力挺到底。星雲大師說，「四十四年前，朝山會館剛建設完成時，有位美麗小姐走進來，在當時種下因緣，這位小姐當選高雄市市長。」星雲大師表示，陳菊帶領市府團隊協助平安燈會、國際書展、高雄小巨蛋召開佛光會會議等活動，更是協辦佛光山、佛館建設合法化相關程式的重要功臣，不但帶給佛光山方便，也帶來榮耀。陳菊說，「一切都是佛祖最好的安排，佛光山對於文化、教育等方面著力深遠，人間佛教影響已擴及世界五大洲，儼然成為高雄、臺灣的重要資產。」

鳳凰衛視董事局主席兼行政總裁劉長樂回憶說,「1987 年,星雲大師和中國佛教協會會長趙樸初首次見面時,趙夫人咳嗽,大師隨即示意徒眾拿顆羅漢果給她,因而止咳,也因此搭起兩岸佛教界一連串的和諧交流往來」。「如果要捨棄所有的東西,只能留一樣的話,你會留下什麼?」星雲大師一句「留下慈悲」,開啟劉長樂將人間佛教、中華文化理念透過電視,傳播五大洲的使命。劉長樂表示,當年鳳凰衛視主持人劉海若在英國嚴重車禍而生命垂危,大師親自寫下「妙吉祥」一筆字,他立刻將大師的祝福送到北京,置於劉海若住院病房的床頭,沒多久她奇蹟般甦醒了,令人感受佛法的力量與大師的慈悲。[295]

當星雲大師提倡的「人間佛教」,透過各種直接與間接方式、宗教與非宗教活動走進人群、走進社會、走進生活以及走向國際時,追隨的人——信徒以及非信徒,都被大師提倡的信念所感動:「給人信心、給人歡喜、給人方便、給人希望。」星雲大師又深知人生離不開金錢、愛情、名位、權力,因此又不斷提倡「要過合理的經濟生活、正義的政治生活、服務的社會生活、藝術的道德生活、尊重的倫理生活、淨化的感情生活」[296]。他自己則從不間斷著述立論、興學育才、講經說法、推廣實踐,五十年如一日。他的辛苦沒有白費;他的成就幾乎難以概括,其中在文教領域,更是令人讚賞,其中包括了:

「一九六七年創建佛光山,啟動了『人間佛教』弘法之路」、「創辦了十六所佛教學院。」、「在美、臺創辦了三所大學」、「在臺灣另有八所社區大學,在世界各地有五十所中華學校」、

[295] 江迅.佛光山人間佛教 50 年[J].亞洲週刊,2016(30-22).
[296] 高希均.臺灣的「星雲奇蹟」——人間佛教在寧靜中全球興起[EB/OL].[2016-04-10].http://www.bookzone.com.tw/event/gb226/index-in-1.asp

「重編藏經,翻譯白話經典」、「成立出版社、圖書館、電臺、人間衛視、《人間福報》等」、以及「海外已有兩百多個別分院與道場、九個佛光緣美術館」、「一年旅程大約繞地球兩圈半,平均每天一百六十公里。」等等。

根據佛光山內部自我評估,屬於佛光山信眾(徒)預計約有400萬人左右,占全臺灣地區廣義佛教徒920萬人口的43%左右;透過文教弘法的力量,讓佛光山教團的佛法散佈五大洲,其成功因素大致有下列幾點,更符合本書研究結論,詳細敘述如下:

(一)佛教其實等於文化傳播,一個完整、完美且堅強的信念,支持並提供佛光山僧眾與佛光山信徒一起打拚的重要目標:「人間佛教」、《人間淨土》這兩個最終目標,就佛光山與星雲大師所理解的,就是佛陀本身希望目標,打破原本虛無且在天上的佛國,建立徹底在人世間的淨土,而這就是佛光山與星雲大師畢生努力的目標。佛教透過各種多元模式進行佛教弘法,而文教弘法更是星雲大師努力的重中之重,這種做法讓佛光山的理念起了加乘效果;換句話說,佛教弘法等於文化傳播,這樣的傳播在一個完整且完美的理念加持下,讓各式多元的傳播方式,或者各種佛教弘法模式,變得更有效果,更有成效。換言之,佛光山或者星雲大師懂得運用媒介,並且將「人間佛教」白話化,通俗易懂,容易接近信徒;然後,再利用出版物繼續昇華「人間佛教」理念,讓信徒協助推廣,建立龐大的傳播體系,達到文化弘法的目標。

(二)佛教,就過去歷史因素導致,成為臺灣人潛意識中份量最重的宗教。加上透過慈善與公益、教育等溫和手段,讓臺灣佛教的寧靜革命,分外重要:有人說,星雲大師是「人間佛教」的第一人;星雲大師的人間佛教模式,讓臺灣不平靜的政治氛圍中,多了一種「寧靜革命」。而這種氛圍的塑造下,更讓佛光山與星雲大師

所建構的《星雲模式》，或者「人間佛國」，更讓臺灣人民趨之若鶩；而這樣的佛國，也在佛光山建立「佛陀紀念館」之後，更加在參訪人數上體現出來。佛教，也在歷史渲染下，讓佛光山的《星雲模式》更加成功。此外，多元且自主發行通路，更讓佛光山「人間佛教」理念更大擴大，例如：透過佛光緣美術館、國際佛光會、人間佛教讀書會、以及全世界各地寺院等通路等。

（三）星雲模式，等於現代化的經營策略，結合星雲大師本身偏愛文教性格，讓星雲大師的文教版圖，在臺灣眾多佛教教團中，獨樹一幟：星雲大師自小偏愛閱讀，更自小受太虛大師影響；從雜誌編輯一職，到出版「釋迦摩尼傳」、「玉琳國師」起，星雲大師已經將佛光山的「人間佛教」，帶往文教弘法之徒。若仔細剖析〈星雲學說與實踐〉，不難發現，星雲大師是將佛教帶往現代化經營第一人，理由如下：

（1）星雲大師透過白話化佛典與說故事方式，讓信眾（徒）能夠理解「人間佛教」的原理。並且堅信「人間佛教」就是佛陀本身最終目標。

（2）星雲大師建構現代化僧伽教育，從教育落實與培養文化出版人才；這點從佛光山下屬各出版社的主管職，均為出家僧眾可見一般。

（3）星雲大師以「成功不必在我」的概念，以集體領導方式，讓佛光山如此龐大的佛教教團更有制度；並透過各種基金會或者財團法人的運作，讓資金透明，人力更充裕。

（4）最後，星雲大師以身作則，著作等身，其自身學說著述立論外，還將自己喜好建立「佛光緣美術館」，以及「一筆書法」等文化藝術，讓佛光山充滿文化氣息。而各地的佛光圖書館、雲水書坊等，更是星雲大師本身以身作則後所產生的效果。

其實，早在 2012 年時，星雲大師《人間佛教》的推廣早有成效。天下文化出版社創辦人高希均鑒於臺灣在前進中進入「另一個年代」，發起另一種理性的呼喚，出版「前進的思索」十本自選集[297]，將開創「人間佛教」的星雲大師列入第一本：「人間佛教何處尋」。從十本自選集編輯的目的來看，固然從臺灣社會長期發展來做觀念、政策、主張來思索。這當中考慮因素，把長期以來，被忽視的或者邊緣化或是誤解的「宗教情懷」，納入這套書中。最重要的關鍵性，正是可讓臺灣從新時代的迷惘或改變中，重新躍動於世界的版圖裡，而星雲大師提出「前進的思索」，表明「人間佛教」的弘揚，對內不僅可因應時代、國家、族群各異的需要，對外可以不斷求突破、進步與發展[298]。

星雲大師本深具領導魅力與風骨，釋妙牧依據韋伯（Max Weber，1864-1920）的領導人權威三型理論，指出星雲大師的宗教傳道的「理念系統」，就是明確的佛光山宗風，包含佛光人精神、形式規範、四大工作信條等。此等正是團體組織的靈魂核心，價值和目標是一體的共識[299]。星雲大師弘法超過六十年，在時代動脈中，符合社會大眾人心之需求，且不背離佛教的傳統精神，卻以創新、改革和多元的思維和方式呈現。更核心的體系是，星雲大師領導佛光山僧團和國際佛光會走向全球化跨越東西方，建構「集體創

---

[297] 另外，其他九位作者是社科人文兼備之沈君山、報人張作錦、法律專家陳長文、「永遠站在病人這邊」的黃達夫，「教育創造未來」的洪蘭，充滿「臺灣想像」的嚴長壽，「星空之下永遠有路」的姚仁祿，「與時代的對話」的王力行，以及自己的「寧靜革命不寧靜」。

[298] 釋覺明.星雲模式《人間佛教》在「全球化」時代的討論[D].嘉義：南華大學，2015.

[299] 釋妙牧.從宗教社會學觀點論析星雲大師的領導法.[J].普門學報，2007（40）：172-185.

作，制度領導，非佛不作，唯法所依」的統馭原則，不僅形塑完整的佛門寺務之行政體系，又將佛法內涵融攝其中

此外，星雲大師的領導風格，還有兩點特色值得注意，也是星雲大師針對傳統佛教陋習之革新的高明處。第一、提出「權和錢」平衡分治的財務管理模式——「掌權不掌錢，掌錢不掌權」及「大職事有權，小職事有錢」，以防堵權錢壟斷，或造成腐敗之嫌隙。第二、傳燈制度是僧團永續經營，續佛慧命的重要關鍵。早在1972年「佛光山組織章程」，明文訂定佛光山住持的任期和任命產生方式，也制定最高集體領導核心——宗務委員會及宗長選舉制度。佛光山沒有「萬年住持」或是廟產不清之嫌，並無信徒委員會把持任免信眾之憂。[300]星雲大師從1985年住持退居後，交棒給心平和尚（第四、五任1985-1995）、心定和尚（第六任1995-2005）、心培（第七、八任2005-2013），以至第九任心保和尚（現任2013-）。佛光山宗長交替是法脈傳承，大師主張佛光山宗長之產生條件不一定是佛光山弟子或是非男眾不可，以因緣、道心、能力、正見，獲得佛光山大眾公推而出。[301]

2013年更創立「傳法大典」，傳承臨濟宗第49代弟子，佛光山第2代法子海內外心保等72位法子[302]。星雲大師體察佛教衰微要害之一，就是臺灣佛教界缺少完整的章程制度，正足以削弱佛教整體力量，宗風不同產生抗衡牽制之局，亦障礙整體的發展。他說，制度好像階梯，讓人拾級循序漸進。唯有制度，健全組織，始

---

[300] 星雲大師早期在宜蘭時期，即深感佛教頹敗原因之一，即缺乏組織和制度，1953年在雷音寺內即有寺務法規，1964年壽山寺時期就草擬寺院規範組織和辦法章程，1967年開闢佛光山，成立「佛光山宗務委員會」組織，以避免佛教一盤散沙，各自為政的弊端。

[301] 星雲大師，佛光山宗長依法轉移[N].人間福報，2005-1-16.

[302] 妙開主編.佛光山我們的報告[M].高雄:人間出版社，2013：24.

能帶動佛教的復興。[303]正是如此，星雲模式「人間佛教」之現代化、民主化、制度化成為華人佛教全球化之典範轉移。星雲模式更不只是針對佛光山與佛教內部變革，為了讓臺灣民眾容易懂的佛教教義，以及可隨處取得並瞭解何謂「人間佛教」、《人間佛國》，更不餘遺力進行文教弘法，甚至以身作則，著作等身。所以，佛光山的星雲大師於此締造了臺灣社會的「宗教人文奇蹟」

最後，本書在結論部分，試圖將星雲模式的「人間佛教」理論和實踐的層面描繪成圖，以利瞭解星雲模式成功之處，請詳見下圖8-1。不過，依照星雲大師本身所描繪的「人間佛教」的整體宗教觀，絕非僅適用於文教弘法，更非僅止步於臺灣地區。雖然佛光山「人間佛教」出版產生如此巨大的影響，有其歷史因素，但理解真正「人間佛教」深層涵義之後，星雲模式人間佛教仍有更多面向值得去爬梳，例如，生死議題、生態議題等，都是人類所面對的挑戰下，佛教能否提出因應之道呢？倘若人間佛教無法改變人們的生活方式，就無從改變人心，無法改變人心，世界將也無從改變。而這點，似乎背離宗教等於文化傳播的最基本說法；所以，本書認為佛光山人間佛教出版研究是可以被複製，是可以被模仿的。

---

[303] 佛光山宗務委員會編.佛光山開山二十周年紀念特刊[M].高雄：佛光山宗務委員會，1987：37.

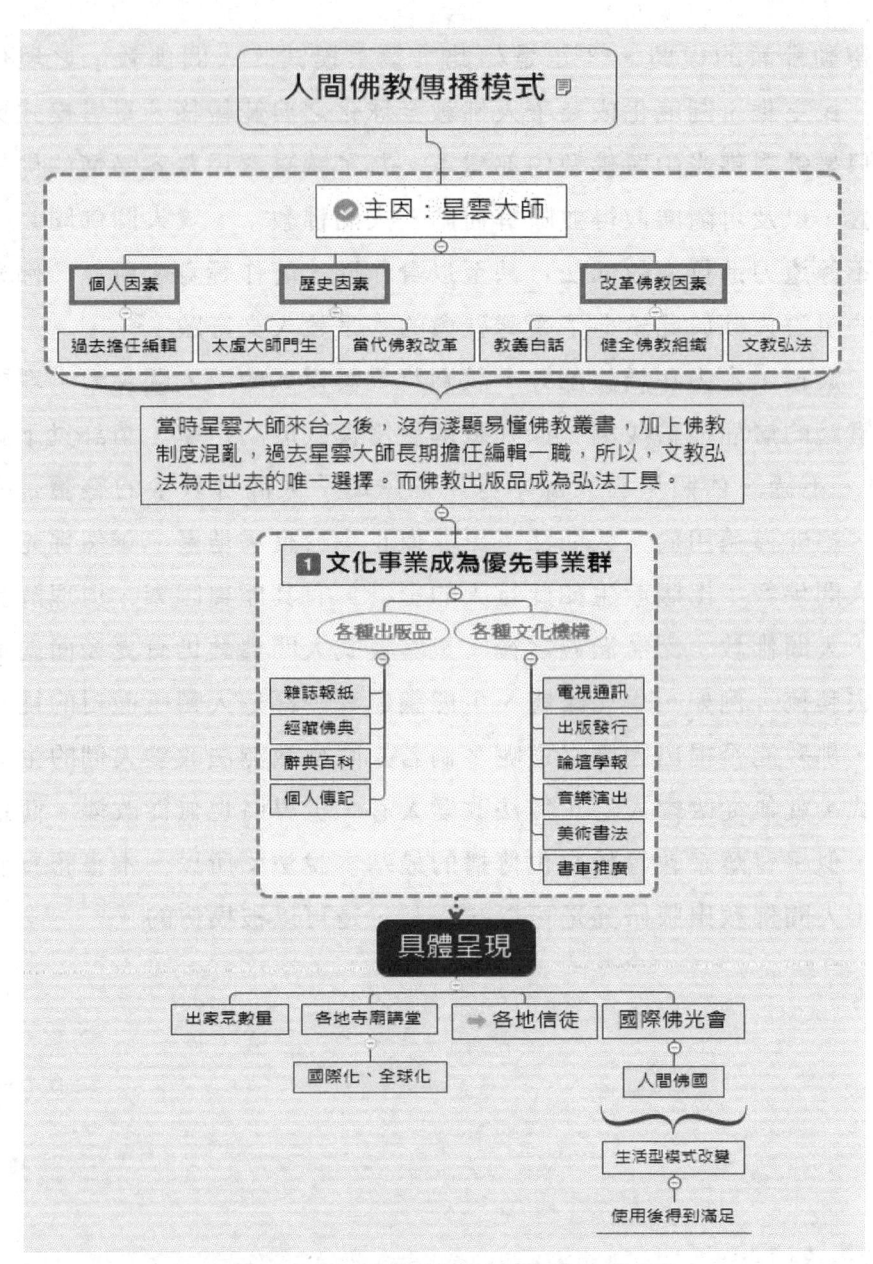

圖 8-1：人間佛教出版傳播模式圖

資料來源：本書自行整理

8.2 研究限制

　　2015 年，臺灣慈濟功德會因捐款引發爭議，各方排山倒海對證嚴法師撻伐，星雲大師則是以一篇「我還是以貧僧為名吧」認為，證嚴法師個人的生活淡泊、節儉，相信一切都是為了社會。星雲大師勸那些好發表議論卻又不瞭解的人，應該多做一點研究功課、多瞭解一些這些貧僧們的身心、思想、生活天地。星雲表示，為了佛教許多「貧僧」，為了他們未來的生存形象，我不得不在這個時候，以自己為例，代表他們說幾句公道話。

　　「享受貧窮也是一種快樂」，星雲大師回憶五十年前開創佛光山，就誓願不積聚金錢，「以無為有、以空為樂」，信徒給的紅包都拒絕，很安然的做一生的「貧僧」。並解釋外界質疑的「星雲公益信託教育基金」有十多億，並不是自己的，那些款項屬銀行代為管理，私人不能動用，必須經過委員會會議，用於公益才可以支出。

　　星雲直指，「大家安貧樂道，還要為社會服務，那許多好發表議論卻又不瞭解的人，為什麼不對這些時間、空間因緣做一點研究功課、多瞭解一些呢？難道都沒有看到這些貧僧們的身心、思想、生活天地嗎？」

　　星雲大師感歎說，「媒體把宗教罵得一錢不值，假如臺灣沒有這許多宗教裡的寺院、教堂、宮廟、道觀，還是多采多姿、安定和樂的美麗寶島嗎？」「臺灣是一個富而好禮的地方，希望我們愛臺灣的人們，不要嫉妒別人所有，不要仇視富者，不要排斥宗教，不要詆毀信仰，我們的文化是寬容的、是厚道的。為了佛教許多『貧僧』，為了他們未來的生存形象，我不得不在這個時候，以我為

例，代表他們說幾句公道話。」[304]

　　臺灣佛教，因為發展較其他相同地區而言，是發展相當良好；尤其是以星雲大師為首的「佛光山教團」與證嚴法師為主的「慈濟功德會」；前者因為與政治關係過於密切受人批評，後者則以巨量捐款遭人非議；其實，誠如星雲大師所提，許多人根本不去瞭解當下時空背景，更不清楚「貧僧」們是如何奉獻的？只一味批評，讓整個佛教汙名化，這是非常很不中肯的。當然，佛教本身從一個單純的社團組織，為了讓佛教經營現代化，而轉向非營利團體，例如：基金會或者財團法人，許多成果不能以產值計算，而這點也正是許多研究宗教或者非營利團體所遇到的最大困難；換句話說，產值、母數或者經濟效益等，根本無法適用在佛教團體研究上。所以，在研究佛光山「人間佛教」出版研究過程中，同樣也會遇到類似的研究限制，詳細敘述如下：

　　（1）臺灣佛教的各種非營利組織，功能很大，但是很難資料化；何者為收入？何者為成本？莫衷一是。誠如：2014 年「獻給旅行者的 365 日」與 2015 年「貧僧有話要說」這兩本書，大多屬於捐贈。各方信徒或者團體對這兩本感興趣，均可以附上回郵索取，或者到佛光山各大道場取閱。當然，這兩本書也提供熱心信眾以成本價格進行大量採購而轉贈。但其中，編輯、排版與印刷等相關成本是否與信眾熱心支持的金額相等；又實際上有多少的數量正式對外發行？有多少數量屬於捐贈？這些數字都不得而知。非營利組織，尤其指宗教團體，還有更多屬於無形支出，其中義工、免費物資等，若沒有清楚仔細造冊，其實是無法從外面可瞭解得知。而

---

[304] 三立新聞網.臺灣若沒有宗教，還是美麗寶島？[EB/OL].[2015-04-02].http://www.setn.com/News.aspx?NewsID=68559

這點,也是本書最大研究限制之一。

(2)臺灣佛教之所有成為臺灣重要心靈依靠與撫慰力量,本身還存在著歷史因素;從 1949 年國民黨政府播遷來臺,透過政府力量扶持臺灣佛教;在經濟起飛的臺灣奇蹟時,佛教更透過白話佛典,鼓勵人們向善,而成為「寧靜革命」;臺灣,本身長期屬於殖民性格,一開始都沒有「根」或者「家」的文化。但標榜一脈相承,從中國大陸來的佛教大師們,貢獻自身努力,更努力為臺灣民眾建立《人間淨土》、「人間佛國」,讓臺灣民眾扶植佛教發展蔚成風潮。這點,可以從佛光山「萬人興學」與慈濟功德會「海外救濟」兩件事可見一般。所以,就研究結果的普世性來問,《星雲大師》所建構「人間佛教現代化模式」,或說「透過文教弘法落實人間佛教理念」的方式,是否可以複製到其他區域?本書就目前研究成果來說,應該是「沒有辦法完全複製」,因為,在特殊的時空,特殊的人,《星雲模式》只可能在臺灣成長,而推廣到其他地方。根,還是只能在臺灣。

(3)佛光山文教弘法無法完全證明,「文化傳播」力量,似乎比「慈善」或「教育」更有效。文化傳播,就理論來說,可以透過「使用與滿足」解釋,更可以透過「議題建構」、「議題設定」等理論說明;或者,有人認為,佛教更是透過「面對面傳播」、或者「名人效應」等,讓佛法弘揚更加迅速。其中以《星雲大師》本身著作等身,信徒受到的是大師的名人效應,還是閱讀大師出版物後得到的效果回饋呢?無法清楚釐清。這點正是本書的第三個研究限制所在。

(4)其實,最後的研究難處,也在於研究方法。本書是社會科學研究類型,從事社會科學研究時,在研究最初設定所要討論的主題,以及研究的過程中,必定有其局限性,而無法展現全面性的

研究成果，本書也是如此。其中最直接面對的是，個案研究法所遇到的瓶頸。個案的研究在學術研究上來說，就有指標性的意義，研究者透過對個案的研究與探討，可以理解相似個案的發展趨勢。本書透過深度訪談，訪問了多位佛光山與出版相關的領袖，去理解佛光山在從事「人間佛教」出版時所遇到的喜怒哀樂，進而去推論佛教出版裡面的編輯政策與宗教對出版的影響為何？但是相對上來說，個案研究也可能會造成以偏概全的偏差[305]。

另外，本書由於研究時間、資料搜集與筆者的學識涵養等限制，無法從事更多個案研究的比較分析，展現研究中更為客觀的結果，實為本書之缺憾。期望在未來能夠有機會，以本書的相關發現為基礎，針對更多的佛教相關出版進行更普遍性的調查與研究，進行深入的探討及理解，將有幫助在更加的理解臺灣佛教出版的發展。

當然，更因為無法直接與星雲大師或者佛光山當家的法師們最更深入的對談，僅針對佛光山所屬出版社或者發行單位的負責法師或者師姑們面對面採訪，在整個研究過程中，總覺得還有更深層的內涵與意義無法得知，而這點正是本書最大遺憾與限制所在。

不過，就本篇佛光山「人間佛教」出版研究的整體來說，以《星雲大師》個人因素，結合當時漢傳佛教來臺深根，星雲大師以「人間佛教」為根基，透過文化出版物大力推廣，並且以身作則，著書立傳；在現代化的佛光山教團支持下，各種出版物如雨後春筍般問世，讓大師的學說與立論，成為「佛光學」的核心意識，最後慢慢演變成《星雲模式》。從早期的模式，演變到學說，星雲大師

---

[305] 林俊立.臺灣地區佛教徒政治參與之研究——以人間佛教為研究焦點[D].新北：真理大學，2008.

與佛光山完整改變佛說的「人間佛教」，成為人世間的「人間佛教」，也讓星雲大師成為近百年來「人間佛教」最佳代言人。歷史背景、自身經驗、人間佛教理念、佛光山集體領導，到模式演變成為學說，實踐帶來信徒，這些，就是佛光山「人間佛教」出版的最佳效果體驗。

參考文獻

[1] 佛光山宗務委員會編.我們的報告.佛光山做了些什麼？[M].高雄：佛光山，1991.

[2] 跨世紀的悲新歲月.走過臺灣佛教五十年寫真[M].高雄：佛光文化，1996.

[3] 佛光山開山 48 周年年鑒[M].高雄：佛光文化，2014.

[4] 我們的報告.佛光山做了些什麼？[M].高雄：佛光山，1995.

[5] 佛光山開山紀念 30 周年紀念特刊[M].高雄：佛光文化，1997.

[6] 佛光山開山紀念 31 周年年鑒[M].高雄：佛光文化，1999.

[7] 星雲大師等人著.人間佛教的發展[M].高雄：佛光文化，2013.08.

[8] 星雲大師.出自人間佛教序文[M].高雄.佛光文化，2008

[9] 星雲大師.出自傳燈序文[M].臺北：天下遠見文化，1994

[10] 星雲大師.出自佛教序文[M].高雄：佛光文化，1995.

[11] 星雲大師.中國佛教經典寶藏序[M].高雄：佛光文化，1996.

[12] 星雲大師.摘自佛光山開山廿周年紀念特刊序.佛光山的性格[M].臺北：佛光山宗務委員會.

[13] 星雲大師.星雲大師演講集（四）[M].高雄：佛光文化，1991.

[14] 星雲大師.我對人間佛教的思想理念.摘自佛光學序[M].高雄：佛光山，1997.

[15] 星雲大師.星雲法語序文[M].臺北：佛光文化，2005.

[16] 星雲大師.往事百語（1）：心甘情願[M].臺北：佛光文化，2006.

[17] 星雲大師.2008 年佛學研究論文集：佛教與當代人文關懷序[M].高雄：佛光山人間佛教研究院，2008.

[18] 星雲大師.人間佛教何處尋？[M].臺北：天下遠見出版，2012.

[19] 星雲大師.星雲四書[M].臺北：天下文化出版，2012.

[20] 星雲大師.我究竟用了多少錢？[M].高雄：喬達摩，2015.

[21] 星雲大師.「貧僧」有話四說[M].臺北：人間通訊，2015.

[22] 星雲大師口述.貧僧有話要說[M].臺北：福報文化，2015.

[23] 星雲大師等人著.人間佛教的發展[M].臺北：佛光文，2015.

[24] 星雲大師編著.佛教叢書（十）·人間佛教[M].高雄：佛光山宗務委員會，1995.

[25] 星雲大師編著.佛光學·人間佛教的經證[M].高雄：佛光山宗務委員會，1997.

[26] 滿義法師.星雲學說與實踐[M].臺北：天下文化，2015.

[27] 星雲大師.星雲智慧[M].臺北：天下文化，2015.

[28] 星雲大師.獻給旅行者 365 日[M].臺北：中華佛光傳道協會，2015.

[29] 學愚、賴品超、譚偉倫編.人間佛教研究叢書（六）——人間佛教的社會角色及社會承擔[M].香港：中華書局，2012.

[30] 張強.世俗世界的神聖帷幕——從社會控制角度看人間佛教的社會承擔[D].南京：南京大學哲學系，2012.

[31] 康豹、高萬桑編. 改變中國宗教的五十年（1898-1948）——Jan Kiely 在菁英弟子與念佛大眾之間——民國時期印光法師淨土運動的社會緊張[M].臺灣：中央研究院近代史研究所，2015.

[32] 張宏如. 臺灣佛教團體之組織運作及佈施實踐[D].大陸：北京大學哲學研究所，2012.

[33] 張婉惠.臺灣戰後宗教傳教多元化與現代化之研究——以佛光山為例[D].臺灣：佛光大學社會學系，2009.

[34] 張婷華.人間福報改版之內容分析[M].臺灣：世新大學新聞研究所，2008.

[35] 梁崇明.E 時代臺灣佛教出版社面臨的挑戰與改革[J].佛教圖書館館刊，2013（57）[36]梁德馨.從 2007 圖書出版及行銷通路業經營概況調查.看臺灣圖書出版產業的未來[J].全國新書資訊月刊，2008（4）.

[37] 許勝雄.中國佛教在臺灣之發展史[J].中華佛學研究，1998（2）.

[38] 郭書宏.摘錄人間新媒體崛起.佛教界準備好了沒有？[M].臺北：人間福報，2016.

[39] 郭顯偉.出版社的運作邏輯——書名、標題與公司經營[EB/OL].[206-12-01].http://www.tpro.ebiz.tw/news_detial.php?news_id=376.

[40] 陳佳君.人間佛教的具體實踐——以基隆極樂寺為例[D].臺北：華梵大學東方人文思想研究所，2015.

[41] 陳定蔚.佛教媒體定位策略之研究——以慈濟月刊及佛光山人間福報為例[D].臺北：文化大學新聞所，2015.

[42] 陳玫玲.人間佛教修行生活的食、衣、住、行 四個面向之研究：以佛光山為例[D].臺灣：南華大學宗教研究所，2016.

[43] 陳建安.宗教出版物的傳播效果研究——以臺灣地區佛教雜誌為例：2017 年輔仁大學圖書館與資訊社會研討會論文[C].臺北：巨流出版，2017.

[44] 惠空法師.臺灣佛教發展脈絡與展望——摘錄佛教面對新世代之挑戰[J]研討會，2014.

[45] 曾國仁. 透視星雲法師的媒體經營學[J]今週刊，2000（12）.

[46] 曾堃賢. 近十年來臺灣地區佛教圖書出版資訊的觀察研究報告：以 ISBN/CIP 資料庫為例[J]佛教圖書館館訊，2000（22）.

[47] 黃瀞儀.宗教旅遊體驗與情感依附對幸福感之研究——以佛光山佛陀紀念館為例[D].臺灣：嘉義大學，2016.

[48] 楊永慶. 臺灣佛教發展略說 1-7[EB/OL].[2016-10-11].http://blog.xuite.net/yanggille/twblog?st=c&p=1&w=4137546

[49] 楊惠南. 當代佛教思想展望[M]臺北：東大圖書股份有限公司，1999.

[50] 楊惠蘭.佛教類圖書閱讀行為與消費行為關聯之研究——以高雄地區佛教道場為例[D].臺灣：南華大學，2000.

[51] 楊曾文. 關懷社會人生,實踐大乘菩薩之道：佛教與當代人文關懷～佛學研究論文集[C].高雄：財團法人佛光山文教基金會，2008.

[52] 聖嚴法師.淨土在人間[J].法鼓文化，2003.

[53] 江燦騰.臺灣佛教史[M].臺北：五南，2009.

[54] 星雲大師.星雲大師生平介紹[EB/OL].[2014-11-1].https://www.facebook.com/IIsingyunDashi/

[55] 人間道場[EB/OL].[2016-10-20].http://www.ibps.org/newpage55.htm.

[56] 龔鵬程.星雲大師與人間佛教[J].天下文化，2014（04）.

[57] 天下文化行銷網頁[EB/OL].[2016-12-21].http://www.bookzone.com.tw/event/gb234/book_outside.asp

[58] 健釗法師宣講紀錄[EB/OL].[2017-01-03].http://www.plm.org.cn/pdf/talk_kc_7.pdf

[59] 滿義法師. 星雲模式的人間佛教實踐[J].天下文化，2005.

[60] 臺灣印經處出版經書目錄[J]菩提樹月刊，1964（25）.

[61] 臺灣國家圖書館.102 年臺灣圖書出版現況及其趨勢分析[M].臺北：國家圖書館書號中心，2013.

[62] 趙淑真.星雲大師對「人間佛教」理念的詮釋[D].臺北：佛光人文社會學院宗教研究所，2005.

[63] 劉泳斯.文化佛教是弘揚人間佛教的有效途徑——佛光山教團模式研究綜述[M].香港：中華書局，2007.

[64] 蔡月嬌.臺灣天主教出版物閱讀與消費行為之研究[D].臺灣：南華大學出版事業管理研究所，2004.

[65] 蔡彥仁.社會的宗教，宗教的社會[J].香光莊嚴雜誌，2006（47）.

[66] 鄭志明.臺灣「新興宗教」的文化特色[D].臺灣：南華管理學院宗教文化研究中心，2011.

[67] 盧盈軍.圖書價格構成與定價策略[J].中華讀書報，2013（05）.

[68] 穆雪.淺析故事性在圖書出版傳播過程中的運用[J].出版發行研究，2010（10）.

[69] 戴康生、彭耀.宗教社會學[M].北京：社會科學文獻出版社，2007.

[70] 謝高橋.社會學[M].臺北：巨流出版社，1982.

[71] 謝清俊.佛教資料電子化的意義[J].佛教圖書館館刊，1999（18）.

[72] 謝精忠.基於受眾的美劇跨文化傳播效果探析[D]南昌：江西師範大學傳播學院，2014.

[73] 簡逸光.佛光山星雲大師「人間佛教」的精神：2014 星雲大師人間佛教理論實踐學術研討會[C].臺北：佛光山人間佛教研究

院，2014.

[74] 藍文欽.佛教圖書分類法（2011年版）[J]佛教圖書館館刊，2011（53）.

[75] 藍吉富.近三十年來臺灣的佛書出版概況[J].內明雜誌社，1982（118）.

[76] 藍吉富.臺灣佛教發展的回顧與前瞻[J].當代，2014（11）.

[77] 藍吉富.新漢傳佛教」的形成——建國百年臺灣佛教的回顧與展望[J].弘誓雙月刊，2011（112）.

[78] 藍吉富.新漢傳佛教的形成——建國百年臺灣佛教的回顧與展望[J].弘誓雙月刊，2011（120）.

[79] 籃琇慧.佛教推廣書籍閱聽人口特徵、閱讀動機及閱讀效果關聯性[D].臺灣：南華大學出版與文化事業管理研究所，2012.

[80] 覺培法師.人間佛教對全民教育的影響——以《人間佛教讀書會》：第五屆印順導師思想之理論與實踐——「印順長老與人間佛教」學術研討會[C].臺北：巨流出版，2005.

[81] 覺培法師.人間佛教讀書會」對當代社會的教化意涵[J].普門學報，2005（23）.

[82] 釋永本.看佛典數位化：第二屆世界佛教論壇論文集[C].2011.

[83] 釋永芸.佛教期刊必須與時俱進——談佛光山期刊的時代影響與未來發展[J].佛教圖書館館刊，2012（05）.

[84] 釋自正.從圖書館管理角度看臺灣地區佛教出版[J].佛教圖書館館訊，2008.

[85] 釋自正.臺灣地區佛教印經事業之發展略探[J].佛教圖書館館訊，2008.

[86] 釋自正.概述佛教相關博碩士論文提要彙編之編制[J].佛教圖書館館刊，2008（47）.

[87] 釋宏印.臺灣佛教的過去現在與未來：臺灣佛教學術研討會論文集[C].1996.

[88] 釋見碩.初期佛典不淨觀禪法之研究——以《長老偈》、《長老尼偈》為主[D].臺北：法鼓文理學院佛教學系，2005.

[89] 釋知軒.星雲大師的現代戒律新解研究——以怎樣做個佛光人為主[D].臺灣：南華大學宗教學研究所，2015.

[90] 釋昭慧.當代臺灣「人間佛教」發展之回顧與前瞻（上）[J].弘誓雙月刊，2006（81）.

[91] 釋堅慧.西藏佛教二種菩薩戒之傳承與其發展之研究[D].臺北：法鼓文理學院佛教學系，2015.

[92] 釋聖嚴.今日臺灣的佛教及其面臨的問題：中國佛教史論集（八）臺灣佛教篇[C].臺北：大乘出版社，1978.

[93] 釋道安.1950年代的臺灣佛教：中國佛教史論集（八）臺灣佛教篇[C].臺北：大乘出版社，1978.

[94] 釋滿義.星雲學說與實踐[M].臺北：遠見天下文化出版，2015.

[95] 釋覺明.星雲模式「人間佛教」在「全球化」時代的討論：2014星雲大師人間佛教理論實踐學術研討會[C].臺北：佛光山人間佛教研究院.，2014.

[96] 闞正宗.臺灣佛教一百年[M].臺北：東大出版社.1999.

[97] 闞正宗.解嚴前（1949-1986）臺灣佛教的印經事業——以「臺灣印經處」與「普門文庫」為中心[J].佛教圖書館館刊，2008（48）.

[98] 龔鵬程.共創人間淨土～佛教的非營利事業管理及其開展性[J].法鼓文化事業，1998（05）.

[99] John Milton Yinger.The scientific study of religion[M]. Joronto, Ontario :Collier-Macmillan Ltd.,1970.

[100] Shiner, Larry. "The Concept of Secularization in Empirical Research"[J]. Journal for the Scientific study of Religion, 1967:6:207-220.

附錄 A：星雲大師主要著作一覽表

表 1：星雲大師主要著作一覽表 1

序號	書名	作者	出版者	出版年	數量統計
1	修行龍	星雲大師	香海文化	2001	1
2	迷悟之間套書典藏版（12冊）	星雲大師	香海文化	2004	12
3	人間佛教系列套書（10冊）	星雲大師	香海文化	2006	10
4	當代人心思潮（中、英文）	星雲大師	香海文化	2006	1
5	佛光菜根譚——珍藏版（4冊）	星雲大師	香海文化	2007	4
6	人間佛教的戒定慧	星雲大師	香海文化	2007	1
7	星雲法語 1——修行在人間	星雲大師	香海文化	2007	1
8	星雲法語 2——生活的佛教	星雲大師	香海文化	2007	1

9	星雲法語3——身心的安住	星雲大師	香海文化	2007	1
10	星雲法語4——如何度難關	星雲大師	香海文化	2007	1
11	星雲法語5——人間有花香	星雲大師	香海文化	2007	1
12	星雲法語6——做人四原則	星雲大師	香海文化	2007	1
13	星雲法語7——人生的錦囊	星雲大師	香海文化	2007	1
14	星雲法語8——成功的條件	星雲大師	香海文化	2007	1
15	星雲法語9——挺胸的意味	星雲大師	香海文化	2007	1
16	星雲法語10——歡喜滿人間	星雲大師	香海文化	2007	1
17	人間佛教叢書第一集：人間佛教論文集（上、下冊）	星雲大師	香海文化	2008	1

18	人間佛教叢書第二集：人間佛教當代問題座談會（上、中、下）	星雲大師	香海文化	2008	1
19	人間佛教叢書第三集：人間佛教語錄（上、中、下）	星雲大師	香海文化	2008	1
20	人間佛教叢書第四集：人間佛教序文選、人間佛教書信選	星雲大師	香海文化	2008	1
21	人間萬事套書典藏版（12冊）	星雲大師	香海文化	2009	12
22	無聲息的歌唱	星雲大師	香海文化	2010	1
23	般若心經的生活觀	星雲大師	香海文化、有鹿文化	2010	1
24	成就的秘訣：金剛經	星雲大師	香海文化、有鹿文化	2010	1
25	人海慈航：怎樣知道有觀世音菩薩	星雲大師	香海文化、有鹿文化	2011	1
26	合掌人生全集（4冊）	星雲大師	香海文化	2011	4

27	往事百語有聲珍藏版（1）有佛法就有辦法	星雲大師	香海文化	2011	1
28	往事百語有聲珍藏版（2）這是勇者的世界	星雲大師	香海文化	2011	1
29	往事百語有聲珍藏版（3）滿樹桃花一棵根	星雲大師	香海文化	2011	1
30	往事百語有聲珍藏版（4）沒有待遇的工作	星雲大師	香海文化	2011	1
31	往事百語有聲珍藏版（5）有理想才有實踐	星雲大師	香海文化	2011	1
32	佛光祈願文	星雲大師	香海文化	2011	1
33	十種幸福之道：佛說妙慧童女經	星雲大師	香海文化、有鹿文化	2013	1

表 2：星雲大師著作一覽表 2

《人間佛教小叢書》書目單							
期數	書目	期數	書目	期數	書目	期數	書目
1	佛教的慈悲主義	31	佛教對「青少年教育」的看法	61	人間萬事（選）（3）成就的條件	91	迷悟之間——選（4）橫豎人生
2	佛教對「修行問題」的看法	32	比丘尼僧團的發展	62	生命的萬花筒	92	證悟之後的生活
3	中國佛教階段性的發展芻議	33	佛教對「政治人權」的看法	63	人間佛教語錄（1）禪門淨土篇	93	迷悟之間——選（5）微笑之美
4	佛教對「安樂死」的看法	34	佛教對「素食問題」的看法	64	人間佛教語錄（2）生活應用篇	94	星雲說偈選（1）
5	從四聖諦到四弘誓願	35	佛教叢林語言規範	65	人間佛教語錄（3）宗門思想篇	95	人間佛教的思想
6	佛教對「身心疾病」的看法	36	佛光菜根譚（選）（繁．簡）	66	迷悟之間——選（1）度一切苦厄	96	星雲法語選（2）
7	論佛教民主自由平等的真義	37	佛教對「應用管理」的看法	67	迷悟之間——選（2）和自己競賽	97	生活與道德

8	佛教對「女性問題」的看法	38	星雲大師文選（4）梅約醫療中心檢查記	68	迷悟之間——選（3）人生加油站		
9	佛教對「宗教之間」的看法	39	佛教對「環保問題」的看法	69	佛陀紀念館緣起		
10	人間佛教的藍圖（上）	40	佛教的生命學	70	人間佛教的人情味		
11	人間佛教的藍圖（下）	41	佛教的生死學	71	奇人的修證		
12	佛教對「人生命運」的看法	42	佛教的生活學	72	佛教與生活		
13	六波羅蜜自他兩利之評析	43	佛教對「戰爭與和平」的看法	73	生活與信仰		
14	佛教對「生命教育」的看法	44	星雲大師文選（5）佛門親家	74	學佛前後，孰先孰後		
15	宗教立法之芻議	45	我對「世代交替」的看法	75	求法的態度		
16	佛教對「自殺問題」的看法	46	佛陀的樣子（繁.簡）	76	佛陀的宗教體驗		
17	佛教興學的往事與未來	47	偉大的佛陀（繁.簡）	77	禪與現代生活		

18	佛教對「民間信仰」的看法	48	佛光菜根譚（中英對照）（繁.簡）	78	佛教的福壽觀		
19	佛教與花的因緣	49	星雲法語（選）（繁.簡）	79	佛教對社會病態的療法		
20	佛教對「臨終關懷」的看法	50	禪師與禪詩	80	佛教的未來觀		
21	佛教與自然生態	51	佛教對「喪葬習俗」的看法	81	十數佛法		
22	佛教對「經濟問題」的看法	52	菩薩的宗教體驗	82	談迷說悟		
23	佛教對「殺生問題」的看法	53	人生十問	83	佛教的特質是什麼		
24	人生百事（中英對照）（繁.簡）	54	如何度難關	84	談禪		
25	星雲大師傳奇的一生	55	佛教的財富觀	85	往事百語有聲珍藏選（1）有佛法就有辦法		
26	宣傳影印大藏經弘法日記	56	談情說愛	86	往事百語有聲珍藏選（2）忙就是營養		

27	星雲大師文選（1）——1 在南京，我是母親的聽眾——2 母親，大家的老奶奶	57	佛教的圓滿世界	87	合掌人生選（1）我的新佛教運動	
28	星雲大師文選（2）榮總開心記	58	學道者的魔障	88	合掌人生選（2）向佛陀訴說	
29	星雲大師文選（3）恭迎佛牙舍利來臺記	59	人間萬事（選）（1）向自己宣戰	89	佛光祈願文選（1）	
30	佛教對「家庭問題」的看法	60	人間萬事（選）（2）前途在哪裡	90	佛光祈願文選（2）	

附錄 B：1939-1993 年佛教暢銷書單

時間	書名	出版處
1939	以佛法研究佛法	正聞出版社
1941	佛在人間	正聞出版社
1942	心經講記	正聞出版社
1942	金剛經講記	正聞出版社
1943	中國佛教史略	正聞出版社
1944	中國佛學史論集	大乘出版社
1944	性空學探源	正聞出版社
1949	佛法概論	正聞出版社
1950	大乘起信論講記	正聞出版社
1950	中觀今論	正聞出版社
1950	中觀論講記	正聞出版社
1950	太虛大師全書	太虛大師全書出版委員會
1950	太虛大師年譜	太虛大師全書出版委員會
1950	初機佛學課本	正聞出版社
1950	勝鬘夫人經講記	正聞出版社
1950	藥師經講記	正聞出版社
1952	大乘起信論科判	臺灣印經處
1952	地藏本願經	臺灣印經處
1952	佛說無垢稱經	臺灣印經處
1952	佛說觀無量壽經	臺灣印經處
1952	梵網經	臺灣印經處

時間	書名	出版處
1953	大薩遮尼幹子受記經	臺灣印經處
1953	金剛經	臺灣印經處
1953	長阿含經	臺灣印經處
1953	增一阿含經節本	臺灣印經處
1953	雜阿含經節本	臺灣印經處
1954	大正新修大藏經	中華佛教文化館影印大藏經委員會
1954	中阿含經節本	臺灣印經處
1954	慈航法師全集	慈航法師永久紀念會
1955	大唐西域記	臺灣印經處
1955	玉琳國師	建康書局
1955	佛化基督教	臺灣印經處
1955	佛教研究法	臺灣印經處
1955	佛教科學觀	臺灣印經處
1955	佛教聖歌集	建康書局
1955	佛教與科學	臺灣印經處
1955	法華經	臺灣印經處
1955	唐玄奘大師傳	臺灣印經處
1955	菩薩學處	臺灣印經處
1955	萬法歸心錄	建康書局
1955	禪學講話	建康書局
1955	翻譯名義集	建康書局
1955	釋迦牟尼佛傳	建康書局
1956	中華大藏經	經藏委員會
1956	佛教人生觀	中國佛教雜誌社
1956	佛教日用大全	佛教青年雜誌社

時間	書名	出版處
1956	佛教與基督教之比較	鳳山蓮社
1956	煮雲法師講演集	鳳山蓮社
1956	藏經總目錄	建康書局
1960	一夢漫言	菩提樹月刊代理
1960	了凡四訓白話解釋	菩提樹月刊代理
1960	八識規矩頌釋論	菩提樹月刊代理
1960	十二門論	菩提樹月刊代理
1960	十善業道經、善生經（合訂本）	菩提樹月刊代理
1960	大方廣寶篋經	菩提樹月刊代理
1960	大乘大集地藏十輪經	菩提樹月刊代理
1960	大乘本生心地觀經	菩提樹月刊代理
1960	大乘伽耶山頂經	菩提樹月刊代理
1960	大乘起信論直解	菩提樹月刊代理
1960	大乘起信論附科判	菩提樹月刊代理
1960	大乘緣生論	菩提樹月刊代理
1960	大唐西域記	臺灣印經處
1960	大薩遮尼幹子受記經	臺灣印經處
1960	大寶積經三律儀會	菩提樹月刊代理
1960	大寶積經佛說入胎藏會	菩提樹月刊代理
1960	大寶積經彌勒所問會	菩提樹月刊代理
1960	中阿含經節本	臺灣印經處
1960	中論	菩提樹月刊代理
1960	仁王護國經	菩提樹月刊代理
1960	六妙門、小止觀（合訂本）	菩提樹月刊代理
1960	六祖壇經	菩提樹月刊代理

時間	書名	出版處
1960	天臺四教儀、始終心要、天臺八教大意（合訂本）	菩提樹月刊代理
1960	心經添足	菩提樹月刊代理
1960	心經通釋	臺灣印經處
1960	王龍舒居士淨土集	菩提樹月刊代理
1960	占察善惡業報經	菩提樹月刊代理
1960	弘一大師別集	菩提樹月刊代理
1960	弘一大師演講集	菩提樹月刊代理
1960	未曾有因緣經	菩提樹月刊代理
1960	永嘉大師禪宗集	菩提樹月刊代理
1960	玄奘大師傳	菩提樹月刊代理
1960	印光大師嘉言錄	臺灣印經處
1960	在家必讀內典	臺灣印經處
1960	在家學佛法要、在家士女學佛程式、人生之最後	菩提樹月刊代理
1960	地藏十輪經	臺灣印經處
1960	地藏菩薩本願經	臺灣印經處
1960	地藏菩薩本願經（梵本三冊）	菩提樹月刊代理
1960	竹窗隨筆	普門文庫
1960	佛化基督教	臺灣印經處
1960	佛法要領	普門文庫
1960	佛法與科學	臺灣印經處
1960	佛法導論	菩提樹月刊代理
1960	佛教初學課本批註	菩提樹月刊代理
1960	佛教是否較耶教更高尚之論辯	菩提樹月刊代理

時間	書名	出版處
1960	佛教研究法	臺灣印經處
1960	佛教科學觀	臺灣印經處
1960	佛教略述	臺灣印經處
1960	佛遺教經、四十二章經、八大人覺經（梵本合定本）	菩提樹月刊代理
1960	妙慧童女經	菩提樹月刊代理
1960	沙彌十戒威儀錄要	菩提樹月刊代理
1960	沙彌律儀、學佛行儀	菩提樹月刊代理
1960	沙彌律儀要略增注	菩提樹月刊代理
1960	到光明之路	菩提樹月刊代理
1960	法華三昧懺儀	菩提樹月刊代理
1960	盂蘭盆供儀規	菩提樹月刊代理
1960	金剛三昧經、莊嚴菩提心經（合訂本）	菩提樹月刊代理
1960	金剛般若波羅蜜經（梵本）	菩提樹月刊代理
1960	金剛經、心經、普門品、大悲咒（合訂本）	菩提樹月刊代理
1960	金剛經心印疏	菩提樹月刊代理
1960	金剛經講義	菩提樹月刊代理
1960	長阿含經	菩提樹月刊代理
1960	阿毘達磨法蘊足論	菩提樹月刊代理
1960	阿彌陀經、觀無量壽經、無量壽經、大勢至菩薩圓通章、普賢菩薩行願品、往生咒、華嚴經淨行品、楞嚴經清淨明誨（合訂本）	菩提樹月刊代理
1960	南海寄歸內法傳	菩提樹月刊代理

時間	書名	出版處
1960	持世經	菩提樹月刊代理
1960	持世經	菩提樹月刊代理
1960	皈依三寶品	菩提樹月刊代理
1960	泰北行腳記	菩提樹月刊代理
1960	祖源禪師萬法師心錄	菩提樹月刊代理
1960	高僧傳二集	菩提樹月刊代理
1960	高僧傳三集	菩提樹月刊代理
1960	高僧傳初集	菩提樹月刊代理
1960	唯心五講	菩提樹月刊代理
1960	唯識三論	菩提樹月刊代理
1960	梵網經	菩提樹月刊代理
1960	梵網經菩薩戒本匯解	菩提樹月刊代理
1960	淨土切要	菩提樹月刊代理
1960	淨土要津	菩提樹月刊代理
1960	造像量度經	菩提樹月刊代理
1960	勝鬘夫人經	菩提樹月刊代理
1960	寐言	菩提樹月刊代理
1960	寒笳集	菩提樹月刊代理
1960	普賢行願品（梵本）	菩提樹月刊代理
1960	無相頌講話	菩提樹月刊代理
1960	無量義經	菩提樹月刊代理
1960	紫柏大師集	菩提樹月刊代理
1960	絕餘論	菩提樹月刊代理
1960	菜根譚	菩提樹月刊代理
1960	菩提道次第略論	菩提樹月刊代理
1960	華嚴經要解	菩提樹月刊代理

時間	書名	出版處
1960	虛雲和尚年譜	菩提樹月刊代理
1960	傳心法要	菩提樹月刊代理
1960	圓覺經、佛遺教經、四十二章經、八大人覺經（合訂本）	菩提樹月刊代理
1960	楞伽經	菩提樹月刊代理
1960	楞嚴經	菩提樹月刊代理
1960	瑜伽菩薩戒本	菩提樹月刊代理
1960	解深密經	菩提樹月刊代理
1960	僧訓日記	菩提樹月刊代理
1960	壽春本金剛經	菩提樹月刊代理
1960	夢東禪師遺集	菩提樹月刊代理
1960	說無垢稱經	菩提樹月刊代理
1960	遠什大乘要義問答	菩提樹月刊代理
1960	增一阿含經節本	菩提樹月刊代理
1960	蓮池大師集	菩提樹月刊代理
1960	論佛教與群治之關係	菩提樹月刊代理
1960	憨山大師年譜	菩提樹月刊代理
1960	憨山大師集	菩提樹月刊代理
1960	整頓僧伽制度論	菩提樹月刊代理
1960	蕅益大師集	菩提樹月刊代理
1960	靜坐法輯要	菩提樹月刊代理
1960	優婆塞戒經	菩提樹月刊代理
1960	彌勒上生經、彌勒成佛經（合訂本）	菩提樹月刊代理
1960	禪關策進	菩提樹月刊代理

時間	書名	出版處
1960	雜阿含經（十二冊）	菩提樹月刊代理
1960	藥師如來本願經	菩提樹月刊代理
1960	闡教集	菩提樹月刊代理
1960	護生痛言	菩提樹月刊代理
1960	護法論	菩提樹月刊代理
1960	顯密圓通成佛心要集	菩提樹月刊代理
1960	觀音菩薩普門品（梵本）	菩提樹月刊代理
1960	觀音靈感錄	菩提樹月刊代理
1963	卍續藏	中國佛教會
1973	大正藏	新文豐書局
1973	頑石點頭	正聞出版社
1978	八指頭陀集*	臺灣印經處
1978	八指頭陀詩集（精裝）*	臺灣印經處
1978	十二門論	臺灣印經處
1978	三經合訂本	臺灣印經處
1978	大乘大集地藏經	臺灣印經處
1978	大乘本生心地觀經	臺灣印經處
1978	大乘起信論	臺灣印經處
1978	大乘起信論疏記會閱（精裝）*	臺灣印經處
1978	大乘起信論疏記會閱*	臺灣印經處
1978	大乘起信論講義*	臺灣印經處
1978	大乘頂首楞嚴經正脈科會*	臺灣印經處
1978	心經白話解釋*	臺灣印經處
1978	心經通釋	臺灣印經處
1978	永嘉大師禪宗集	臺灣印經處

時間	書名	出版處
1978	卍續藏	新文豐書局
1978	印光大師文鈔菁華錄*	臺灣印經處
1978	印光大師嘉言錄	臺灣印經處
1978	在家必讀內典	臺灣印經處
1978	在家律要廣集（上下冊）*	臺灣印經處
1978	地藏菩薩本跡暨靈感錄彙編*	臺灣印經處
1978	地藏菩薩本願經	臺灣印經處
1978	地藏菩薩聖德大觀*	臺灣印經處
1978	成唯識論學記（上下冊）*	臺灣印經處
1978	佛法與科學彙編**	臺灣印經處
1978	佛祖心要、牧牛圖頌、淨修指要合刊*	臺灣印經處
1978	佛教大藏經	佛教書局
1978	佛教略述	臺灣印經處
1978	佛說金光明經*	臺灣印經處
1978	佛學大辭典（精裝上下冊）*	臺灣印經處
1978	念佛法要*	臺灣印經處
1978	法華三昧懺儀	臺灣印經處
1978	阿毘達磨法蘊足論	臺灣印經處
1978	南海寄歸內法傳	臺灣印經處
1978	持世經	臺灣印經處
1978	相宗八要直解*	臺灣印經處
1978	相宗綱要（精裝）*	臺灣印經處
1978	苦海夢*	臺灣印經處

時間	書名	出版處
1978	泰北行腳記	臺灣印經處
1978	高僧傳一集（精裝）	臺灣印經處
1978	高僧傳二集（精裝）	臺灣印經處
1978	高僧傳三集（平裝四冊）	臺灣印經處
1978	淨土十要（精裝）*	臺灣印經處
1978	淨土五經*	臺灣印經處
1978	淨土聖賢四編*	臺灣印經處
1978	淨土聖賢錄初續三四編合訂（精裝）*	臺灣印經處
1978	淨土叢書（一部精裝20大本）*	臺灣印經處
1978	造像度量經	臺灣印經處
1978	普賢行願品白話解釋*	臺灣印經處
1978	普賢行願品疏鈔擷*	臺灣印經處
1978	無相頌講話	臺灣印經處
1978	無量義經	臺灣印經處
1978	菩提道次第略論（上下冊）	臺灣印經處
1978	華嚴經要解	臺灣印經處
1978	華嚴經普賢行願品別行疏鈔（精裝）*	臺灣印經處
1978	華嚴經普賢行願品別行疏鈔*	臺灣印經處
1978	虛雲和尚法匯（精裝）*	臺灣印經處
1978	楞伽經	臺灣印經處
1978	楞嚴經	臺灣印經處
1978	萬法歸心錄	臺灣印經處

時間	書名	出版處
1978	解深密經	臺灣印經處
1978	解深密經語體釋	正聞出版社
1978	夢東禪師遺集	臺灣印經處
1978	徹悟禪師語錄*	臺灣印經處
1978	維摩經注*	臺灣印經處
1978	說無垢稱經	臺灣印經處
1978	蓮宗寶鑒*	臺灣印經處
1978	整頓僧伽制度論	臺灣印經處
1978	龍舒淨土文	臺灣印經處
1978	優婆塞戒經	臺灣印經處
1978	續淨土十要（精裝）*	臺灣印經處
1978	觀無量壽經白話解釋*	臺灣印經處
1979	釋迦應化事蹟	中華佛教文化館
1980	卍正藏	新文豐書局
1980	卍續藏經上篇	新文豐書局
1981	大乘佛教思想論	正聞出版社
1984	八指頭陀詩集	自由書店
1985	人性之覺悟	普門文庫
1985	大方廣圓覺經	普門文庫
1985	大乘本生心地觀經	普門文庫
1985	大珠和尚頓悟入道要門論	普門文庫
1985	五福臨門	普門文庫
1985	天道佛書	普門文庫
1985	弘一大師別集、菜根談（譚）合刊	普門文庫
1985	正信的佛教	普門文庫

時間	書名	出版處
1985	永嘉大師證道歌淺解	普門文庫
1985	印光大師嘉言錄	普門文庫
1985	因果選集	普門文庫
1985	地藏菩薩本願經白話解釋	普門文庫
1985	百喻經選講	普門文庫
1985	竹窗隨筆	普門文庫
1985	肉食之過	普門文庫
1985	佛法要領	普門文庫
1985	佛門必備課誦本	普門文庫
1985	佛門詩偈趣談	普門文庫
1985	佛陀的人格與教育	普門文庫
1985	佛陀的啟示	普門文庫
1985	佛教的科學觀、佛法與科學	普門文庫
1985	佛教的精神與特色	普門文庫
1985	佛教與禪宗	普門文庫
1985	佛說阿彌陀經白話解釋	普門文庫
1985	佛學研究法	普門文庫
1985	佛學概論	普門文庫
1985	改造命運的原理和方法	普門文庫
1985	兒童佛學課本	普門文庫
1985	兩個世界的味道	普門文庫
1985	初機學佛決疑	普門文庫
1985	念佛法要	普門文庫
1985	金山活佛神異錄	普門文庫
1985	金剛經入門	普門文庫
1985	南海普陀山傳奇異聞錄	普門文庫

時間	書名	出版處
1985	建設佛化家庭	普門文庫
1985	甚麼是佛法	普門文庫
1985	科學時代的輪迴錄	普門文庫
1985	俱舍要義	普門文庫
1985	般若波羅蜜（多）心經白話解釋	普門文庫
1985	異部宗輪論語體釋	正聞出版社
1985	虛雲和尚十難四十八奇	普門文庫
1985	虛雲和尚方便開示	普門文庫
1985	達磨四行觀、血脈論、悟性論、破相論、最上乘論	普門文庫
1985	維摩詰經講義錄	普門文庫
1985	禪風底演變	普門文庫
1985	邁向生命底圓滿	普門文庫
1985	懺願室文集	普門文庫
1985	護國衛教專輯（一）吃茶事魔	普門文庫
1985	觀世音菩薩普門品講記	普門文庫
1985	觀世音菩薩靈應事蹟實錄	普門文庫
1985	觀潮隨筆（上）	普門文庫
1985	觀潮隨筆（下）	普門文庫
1987	佛學大辭典	華嚴蓮社
1987	高麗大藏經	新文豐書局
1987	嘉興藏	新文豐書局
1987	磧砂藏	新文豐書局
1990	青年佛教與佛教青年	正聞出版社

時間	書名	出版處
1990	評熊十力的新唯識論	正聞出版社
1993	佛學研究十八篇	中華書局
1993	俱舍論頌講記	正聞出版社
1993	學佛三要	正聞出版社

附錄C：佛光山「人間佛教」主題書目統計清單

主題	書名	作者
文選叢書	善女人	宋雅姿等 著
文選叢書	善男子	傅偉勳等 著
法藏文庫	法藏文庫42 中國近代佛教復興與日本 楊文會與近代佛教復興 太虛星雲的人間佛教與中國佛教的現代化	蕭平 著 孫永豔 著 張華 著
論文	人間佛教叢書第1集：人間佛教論文集	人間佛教研究院
論文	人間佛教叢書第2集：人間佛教當代問題座談會	人間佛教研究院
論文	人間佛教叢書第3集：人間佛教語錄	人間佛教研究院
論文	人間佛教叢書第4集：人間佛教序文選（1）、人間佛教書信選（2）	人間佛教研究院
藝文	全球華文文學星雲獎人間佛教散文得獎作品集（三）：娑羅花開	尹慧雯、汪龍雯、林逢平、段以苓、陳卿珍、張耀仁、解昆樺、鄧幸光、廖宣惠、噶瑪丹增
文選	定和尚說故事	心定和尚
文選	幸福DNA──定和尚說故事	心定和尚

主題	書名	作者
文選	幸福 DNA——定和尚說故事 2	心定和尚
文選	禪是甚麼？	心培法師
文選	歡喜抄經	心培法師
概論	佛七講話（一）佛是甚麼？	心培法師
概論	佛七講話（二）如何念佛？	心培法師
文選叢書	人間般若	心培法師
文選	道在哪？	心培師父
文選	禪七講話	心培師父、蔡孟樺
文選	創造自己的優勢：培養知識為導向的競爭力	心學法師
藝文	全球華文文學星雲獎 人間佛教散文得獎作品集（一）：瞬間明白	丘愛霖、吳奕均、呂政達、沈志敏、林佾靜、徐金財、徐萬象、梁玉明、連明偉、劉曙彰
文選叢書	與永恆對唱——細說當代傳奇人物	永芸法師 等著
藝文叢書	人生禪（全十冊）	吉廣輿
藝文叢書	人生禪 1・觀心人	吉廣輿
藝文叢書	人生禪 2・妙慧人	吉廣輿
藝文叢書	人生禪 3・覺迷人	吉廣輿
藝文叢書	人生禪 4・靈眼人	吉廣輿
藝文叢書	人生禪 5・默契人	吉廣輿
藝文叢書	人生禪 6・頓悟人	吉廣輿
藝文叢書	人生禪 7・出塵人	吉廣輿
藝文叢書	人生禪 8・知音人	吉廣輿
藝文叢書	人生禪 9・解脫人	吉廣輿

主題	書名	作者
藝文叢書	人生禪 10・自在人	吉廣輿
工具叢書	雲水三千	佛光山文教基金會
論文	一九九三年佛學研究論文集——佛教未來前途之開展	佛光山文教基金會
論文	一九九四年佛學研究論文集——佛與花	佛光山文教基金會
論文	一九九五年佛學研究論文集——佛教現代化	佛光山文教基金會
論文	一九九六年佛學研究論集（1）當代臺灣的社會與宗教	佛光山文教基金會
論文	一九九六年佛學研究論文集（2）當代宗教理論的省思	佛光山文教基金會
論文	一九九六年佛學研究論文集（3）當代宗教的發展趨勢	佛光山文教基金會
論文	一九九六年佛學研究論文集（4）佛教思想的當代詮釋	佛光山文教基金會
論文	2001 年佛學研究論文集——人間佛教	佛光山文教基金會
論文	2002 年人間佛教學術論文集	佛光山文教基金會
論文	2004 年麥積山石窟與人間佛教學術論文集	佛光山文教基金會
論文	2006 年禪宗與人間佛教學術論文集	佛光山文教基金會
論文	2007 年禪與人間佛教學術論文集	佛光山文教基金會
論文	2008 年佛學研究論文集——佛教與當代人文關懷	佛光山文教基金會

主題	書名	作者
論文	2009 年佛學研究論文集——人間佛教及參與佛教的模式與展望	佛光山文教基金會
論文	2009 年海峽兩岸學術研討會論文集——人間佛教的當今態勢與未來走向	佛光山文教基金會
論文	2009 年人間佛教學術研討會——人間佛教及參與佛教的模式與發展	佛光山文教基金會
論文	2010 年佛學研究論文集——第一屆國際佛教大藏經學術研討會	佛光山文教基金會
文選	大樹下：佛光山印度佛學院	佛光山編
文選叢書	人間佛教的星雲	佛光山編
概論	佛光禪入門	佛光山禪淨法堂編
概論	金玉滿堂教科書（1）・佛光菜根譚（全套 10 冊）	金玉滿堂編輯小組（佛光山）
概論	金玉滿堂教科書（2）・星雲說偈（全套 10 冊）	金玉滿堂編輯小組（佛光山）
概論	金玉滿堂教科書（3）・人間萬事（全套 10 冊）	金玉滿堂編輯小組（佛光山）
概論	金玉滿堂教科書（4）・佛光山名家百人碑牆（全套 10 冊）	金玉滿堂編輯小組（佛光山）
概論	金玉滿堂教科書（5）・星雲法語（全套 10 冊）	金玉滿堂編輯小組（佛光山）
概論	金玉滿堂教科書（6）・佛光祈願文（全套 10 冊）	金玉滿堂編輯小組（佛光山）

主題	書名	作者
概論	金玉滿堂教科書（7）・古今譚（全套10冊）	金玉滿堂編輯小組（佛光山）
概論	金玉滿堂教科書（8）・禪話禪畫（全套10冊）	金玉滿堂編輯小組（佛光山）
概論	金玉滿堂教科書（9）・人間音緣（全套10冊）	金玉滿堂編輯小組（佛光山）
概論	金玉滿堂教科書（10）・法相（全套10冊）	金玉滿堂編輯小組（佛光山）
文選	人間佛教系列：人生與社會：社會篇	星雲大師
文選	人間佛教系列：人間與實踐：慧解篇	星雲大師
文選	人間佛教系列：佛光與教團：佛光篇	星雲大師
文選	人間佛教系列：佛法與義理：義理篇	星雲大師
文選	人間佛教系列：佛教與生活：生活篇	星雲大師
文選	人間佛教系列：佛教與青年：青年篇	星雲大師
文選	人間佛教系列：宗教與體驗：修證篇	星雲大師
文選	人間佛教系列：緣起與還滅：生死篇	星雲大師
文選	人間佛教系列：學佛與求法：求法篇	星雲大師
文選	人間佛教系列：禪學與淨土：禪淨篇	星雲大師

主題	書名	作者
文選	人間音緣 CD	星雲大師
文選	人間萬事 10 怎樣活下去	星雲大師
文選	人間萬事 11 生命的擁有	星雲大師
文選	人間萬事 12 悟者的心境	星雲大師
文選	人間萬事 1 成就的條件	星雲大師
文選	人間萬事 2 無形的可貴	星雲大師
文選	人間萬事 3 豁達的人生	星雲大師
文選	人間萬事 4 另類的藝術	星雲大師
文選	人間萬事 5 像自己宣戰	星雲大師
文選	人間萬事 6 前途在哪裡	星雲大師
文選	人間萬事 7 一步一腳印	星雲大師
文選	人間萬事 8 人間的能源	星雲大師
文選	人間萬事 9 往好處去想	星雲大師
文選	生命的點金石	星雲大師
文選	佛光菜根譚 1 寶典	星雲大師
文選	佛光菜根譚 2 自在	星雲大師
文選	佛光菜根譚 3 人和	星雲大師
文選	佛光菜根譚 4 生活	星雲大師
文選	佛光菜根譚 5 啟示	星雲大師
文選	佛光菜根譚 6 教育	星雲大師
文選	佛光菜根譚 7 修行	星雲大師
文選	佛光菜根譚 8 勵志	星雲大師
文選	佛光菜根譚珍藏版 1 三際融通	星雲大師
文選	佛光菜根譚珍藏版 2 十方圓滿	星雲大師
文選	佛光菜根譚珍藏版 3 大地清香	星雲大師
文選	佛光菜根譚珍藏版 4 人間有味	星雲大師

主題	書名	作者
文選	往事百語有聲珍藏版 1 有佛法就有辦法	星雲大師
文選	往事百語有聲珍藏版 2 這是勇士的世界	星雲大師
文選	往事百語有聲珍藏版 3 滿樹桃花一顆根	星雲大師
文選	往事百語有聲珍藏版 4 沒有待遇的工作	星雲大師
文選	往事百語有聲珍藏版 5 有理想才有實踐	星雲大師
文選	星雲法語 10 歡喜滿人間	星雲大師
文選	星雲法語 1 修行在人間	星雲大師
文選	星雲法語 2 生活的佛教	星雲大師
文選	星雲法語 3 身心的安住	星雲大師
文選	星雲法語 4 如何度難關	星雲大師
文選	星雲法語 5 人間有花香	星雲大師
文選	星雲法語 6 做人四原則	星雲大師
文選	星雲法語 7 人生的錦囊	星雲大師
文選	星雲法語 8 成功的條件	星雲大師
文選	星雲法語 9 挺胸的意味	星雲大師
文選	迷悟之間 10——管理三部曲	星雲大師
文選	迷悟之間 11——成功的理念	星雲大師
文選	迷悟之間 12——生活的層次	星雲大師
文選	迷悟之間 1——真理的價值	星雲大師
文選	迷悟之間 2——度一切苦厄	星雲大師
文選	迷悟之間 3——無常的真理	星雲大師
文選	迷悟之間 4——生命的密碼	星雲大師

主題	書名	作者
文選	迷悟之間 5——人生加油站	星雲大師
文選	迷悟之間 6——和自己競賽	星雲大師
文選	迷悟之間 7——生活的情趣	星雲大師
文選	迷悟之間 8——福報哪裡來	星雲大師
文選	迷悟之間 9——高處不勝寒	星雲大師
文選	無聲息的歌唱	星雲大師
文選	當代人心思潮	星雲大師
文選	合掌人生全集（1）在南京，我是母親的聽眾	星雲大師
文選	合掌人生全集（2）關鍵時刻	星雲大師
文選	合掌人生全集（3）一筆字的因緣	星雲大師
用世	人間佛教的戒定慧	星雲大師
藝文	合掌人生全集（4）饑餓	星雲大師
文選叢書	石頭路滑——星雲禪話（1）	星雲大師
文選叢書	沒時間老——星雲禪話（2）	星雲大師
文選叢書	活得快樂——星雲禪話（3）	星雲大師
文選叢書	大機大用——星雲禪話（4）	星雲大師
文選叢書	圓滿人生——星雲法語（1）	星雲大師
文選叢書	成功人生——星雲法語（2）	星雲大師
文選叢書	禪門語錄	星雲大師
文選叢書	佛光山開山故事——荒山化為寶殿的傳奇	星雲大師
文選叢書	人間佛教的發展	星雲大師
文選叢書	人間佛教的戒定慧	星雲大師

主題	書名	作者
文選叢書	往事百語珍藏版套書（全套 6 冊）	星雲大師
文選叢書	百年佛緣（精彩照片集）	星雲大師
文選叢書	百年佛緣（全套 16 冊）	星雲大師
文選叢書	星雲日記（全套 44 冊）	星雲大師
文選叢書	覺世論叢	星雲大師
文選叢書	千江映月——星雲說偈（1）	星雲大師
文選叢書	廬山煙雲——星雲說偈（2）	星雲大師
文選叢書	2015 星雲大師人間佛教（上、下）	星雲大師
文選叢書	人間佛教佛陀本懷（中文—繁體）	星雲大師
文選叢書	人間佛教佛陀本懷（英文）	星雲大師
文選叢書	人間佛教佛陀本懷（中文—簡體）	星雲大師
文選叢書	改變人生的智慧（筆記書）	星雲大師
工具叢書	佛光菜根譚抄經本 1	星雲大師
工具叢書	佛光菜根譚抄經本 2	星雲大師
工具叢書	佛光菜根譚抄經本 3	星雲大師
工具叢書	佛光菜根譚抄經本 4	星雲大師
工具叢書	佛光菜根譚抄經本 5	星雲大師
工具叢書	佛光菜根譚抄經本 6	星雲大師
工具叢書	佛光菜根譚抄經本 7	星雲大師
工具叢書	佛光菜根譚抄經本 8	星雲大師
工具叢書	佛光菜根譚抄經本 9	星雲大師
工具叢書	佛光菜根譚抄經本 10	星雲大師

主題	書名	作者
藝文叢書	感動的世界——星雲大師的生活智慧（筆記書2）	星雲大師 著
概論	佛光教科書（一套十二冊）	星雲大師 編著
藝文叢書	生活禪心——星雲大師的處世錦囊（筆記書4）	星雲大師、陳士侯、謝慶興著
文選	人間佛緣：百年仰望	星雲大師、游智光
文選	書香味	星雲大師、蔡孟樺
論文（研討會）	一九九二年佛學研究論文集——中國歷史上的佛教問題	陳福雄等著
學報（期刊）	普門學報第三十七期——佛教信仰與社會教化	普門學報社
學報（期刊）	普門學報第四十期——星雲大師與人間佛教	普門學報社
學報（期刊）	人間佛教學報・藝文 創刊號	普門學報社
學報（期刊）	人間佛教學報・藝文 第二期	普門學報社
學報（期刊）	人間佛教學報・藝文 第三期	普門學報社
學報（期刊）	人間佛教學報・藝文 第四期	普門學報社
學報（期刊）	人間佛教學報・藝文 第五期	普門學報社
學報（期刊）	人間佛教學報・藝文 第六期	普門學報社
學報（期刊）	普門學報第三十期——出世與入世的融和	普門學報社
文選叢書	星雲大師人間佛教思想研究	程恭讓

主題	書名	作者
文選叢書	2013 星雲大師人間佛教理論實踐研究（平裝全2冊）	程恭讓、釋妙凡主
文選叢書	2013 星雲大師人間佛教理論實踐研究（精裝全2冊）	程恭讓、釋妙凡主
文選叢書	2014 人間佛教高峰論壇（一）——開放	程恭讓、釋妙凡主
文選叢書	2014 星雲大師人間佛教理論實踐研究（平裝全2冊）	程恭讓、釋妙凡主
文選叢書	2014 人間佛教高峰論壇（二）——人間佛教宗要	程恭讓、釋妙凡主
文選	古今談	慈惠法師
童話漫畫	人間佛教行者・星雲大師（佛教高僧漫畫全集1）	鄭問 編繪
文選	走進阿蘭若	釋妙熙
藝文叢書	與心對話	釋依昱
藝文叢書	滴水禪思	釋達亮（先賢）
藝文	全球華文文學星雲獎 人間佛教散文得獎作品集（二）：推開夜色	顧德莎、方中士、解昆樺、張耀仁、黃曉芳、連明偉、沈信呈、黃可偉、孫彤、劉滌凡

附錄 D：佛光山海外流通處一覽表

排序	地點	區域
1	西來寺 - International Buddhist Progress Society3456 S. Glenmark Drive, Hacienda Heights, CA. 91745, U.S.A.	美國地區
2	西方寺 - San Diego Buddhist Association , 4536 Park Blvd., San Diego, CA.92116, U.S.A.	美國地區
3	三寶寺 - American Buddhist Cultural Society,1750 Van Ness Ave.,San Francisco, CA. 94109 U.S.A.	美國地區
4	紐約道場 - I.B.P.S. New York,154-37 Barclay Ave., Flushing, New York 11355-1109, U.S.A.	美國地區
5	佛州禪淨中心 - I.B.P.S. Florida,127 Broadway Ave., Kissimmee, FL. 34741, U.S.A.	美國地區
6	達拉斯講堂 - I.B.P.S. Dallas,1111 International Parkway, Richardson, TX. 75081, U.S.A.	美國地區
7	夏威夷禪淨中心 - Hawaii Buddhist Cultural Society,6679 Hawaii Kai Drive, Honolulu, HI. 96825, U.S.A.	美國地區
8	關島禪淨中心 - Guam Buddhist Cultural Society,125 Mil Flores Ln., Latte Heights, Mangilao Guam, 96913, U.S.A	美國地區
9	多倫多禪淨中心 - I.B.P.S. Toronto,6525 Millcreek Drive, Mississauga, Ontario, L5N 7K6 Canada	加拿大

排序	地點	區域
10	溫哥華講堂 - I.B.P.S. Vancouver, #6680-8181 Cambie Rd. Richmond. B.C.V6X1J8 Vancouver, Canada	加拿大
11	如來寺 - I.B.P.S. Do Brasil,Estrada Municipal Fernandno Nobre, 1461 Cep. 06700`000 Cotia,Salo Paulo, Brasil	巴西
12	倫敦佛光寺 - I.B.P.S. London,84 Margaret St., London W1N 7HD, United Kingdom	歐洲
13	曼徹斯特禪淨中心 - I.B.P.S. Manchester,540 Stretford Rd., Old Trafford, Manchester M16 9AF, U.K.	歐洲
14	巴黎佛光寺 - I.B.P.S. Paris ,105 Blvd De Stalingrad 94400 Vitry Sur Seine, France	歐洲
15	柏林佛光講堂 - I.B.P.S. Berlin,Wittestr. 69, 13509 Berlin, Germany	歐洲
16	瑞典禪淨中心 - I.B.P.S Sweden,Hager Vagen 19, Tallk Rogen 122 39 Enskede, Sweden	歐洲
17	南天寺（雪梨）- Nan Tien Temple,P.O.Box 1336, Uanderra, N.S.W.2526, Australia	紐澳地區
18	雪梨南天講堂 - I.B.A.A.,22 Cowper St., Parramatta, N.S.W. 2150, Australia	紐澳地區
19	布里斯本中天寺 - I.B.A.Q.,1034 Underwood Rd. Priestdale, Queensland 4127, Australia	紐澳地區
20	墨爾本佛光緣 - I.B.C.V,233-2371F Lonsdale St. Mel 3000 Australia	紐澳地區

排序	地點	區域
21	墨爾本講堂 - I.B.C.V.,6 Avoca St. Yarraville, Vic. 3013, Australia	紐澳地區
22	西澳講堂 - I.B.A.W.A.,P.O. Box216, Maylands, Western Australia 6931, Australia	紐澳地區
23	紐西蘭北島禪淨中心 - T.I.B.A.,197 Whitford Rd., Howick, Auckland, New Zealand	紐澳地區
24	紐西蘭南島佛光講堂 - I.B.A.,566 Cashel St., Christchurch, New Zealand	紐澳地區
25	雪梨佛光緣 - I.B.A.A. of Sydney,2/382 Sussex St., Sydney, N.S.W. 2000, Australia	紐澳地區
26	北雪梨佛光緣 - Fo Kuang Yuan Sydney North,69 Albert Ave., Chatswood, N. S. W. 2067 Australia	紐澳地區
27	黃金海岸佛光緣,634 Nerang Broadbeach Rd., Carrara. Queensland 4211, Australia	紐澳地區
28	南非南華寺 - I.B.A.S.A.,11 Fo Kuang Road Bronkhorstspruit 1020 R.S.A.,P.O.Box 741 Bronkhorstspruit R.S.A.（郵遞處）	非洲地區
29	日本東京別院,〒173 日本國東京都板橋區熊野町 35-3 號	亞洲地區
30	香港佛香講堂,香港九龍窩打老道 84 號冠華園二樓 A 座	亞洲地區
31	澳門禪淨中心 - I.B.P.S. Macau,澳門文第士街 31-33 號豪景花園 1F A 座	亞洲地區
32	馬來西亞南方寺 - Nam Fang Buddhist Missionary,138-B Persiaran Raja Muda Musa, 41100 Klang, Selangor Malaysia	亞洲地區

排序	地點	區域
33	吉隆玻佛光文教中心,2, Jalan SS3／33, Taman University, 47300 Petaling Jaya, Selangor Malaysia	亞洲地區
34	馬來西亞清蓮堂 - Ching Lien Tong,2 Jalan 2／27, 46000 Petaling Jaya, Selangor, Malaysia	亞洲地區
35	檳城佛光學舍 - Fo kuang Buddhist Centre,5.4-3, Tingkat 4, Greenlane Heights, Jalan Gangsa, 11600 Penang, Malaysia	亞洲地區
36	描戈律佛光緣 - Bacolod Fo Kuang Yuan ,Vilia Argela, Burgos-Ciramferential Rd, Bacolod City, Philippines	亞洲地區
37	新加坡佛光緣 - Fo Kuang Yuan ,27 Upper East Coast Rd., Singapore 455211	亞洲地區
38	王彬佛光緣 - Ongpin Fo Kuang Yuan,634 Nueva Street Binondo, Manila, Philippines	亞洲地區
39	哈利順佛光緣 - Harrison Fo Kuang Yuan,Stall No.Q-16 2nd Flr.,Harrison Plaza Complex, Adriatico St., Malate, Manila Philippines	亞洲地區

致 謝

　　自 2013 年 9 月起，學生十分戰戰兢兢進入北京大學資訊管理系就讀博士生。在四年的時間裡面，時刻發現自己過去經歷尚嫌不足。不過，正因為導師李常慶老師的勉勵督促，加上他的治學嚴謹、一絲不苟，對學生學習過程中，可能犯的錯誤與不足之處，都不吝費心指導；以及同師門的同袍情誼，加上四年當中，每兩周的讀書會訓練，也讓學生慢慢習慣北京大學的學習步調，讓學生的博士學習之路，更加豐富有意義。在北京大學四年期間，王余光老師、王子舟老師、劉茲恒老師、周慶山老師、李國新老師與肖瓏老師等所開設的專業課程，開拓學生學習的視野，奠定學生在整個編輯出版的學習之路，走得更遠；趙麗莘老師與張久珍老師的辛勤工作，更協助學生在整個四年求學過程，更加順利。

　　當然，導師李常慶的確對學生兩岸來回奔波，煞費苦心。為此，李老師又更多費心力，透過電郵、電話以及當面的不時督促與指導，一方面擔心學生在整個畢業時程上來不及，更擔心博士論文品質，以及開題、預答辯時的底氣不足。這些，都讓學生銘感五內，也更以身為李常慶教授的博士生為榮。當然，開題與預答辯時的王余光老師、王子舟老師、吳慰慈老師、劉茲恒、周慶山與許歡老師等的寶貴意見，讓學生在寫本書時，少走許多彎路。但，學生本身資質駑鈍，雖然有這麼多系上老師與同學們的幫忙，仍在每個過程中跌跌撞撞，費盡心力，終達目標。不過，這正是學生在北京大學四年求學過程中，最美好的回憶。

　　有幸在北京大學完成我人生最後一次的求學，讓學生的學習之

路，畫下美好句點。感恩萬分，再度感謝李常慶老師、再度感謝張劼圻同學、江少莉師妹，以及更多師門的師兄、師姐們。北京與臺北雖然距離遙遠，但在學生心中，北京大學資訊系這段回憶，將對學生來說，深具意義。最後，謝謝我的父母、老婆與孩子們，謝謝！

陳建安

國家圖書館出版品預行編目(CIP)資料

臺灣佛光人間：佛教出版與傳播研究 / 陳建安著. -- 初版. -- 臺北市：元華文創股份有限公司, 2025.08

面； 公分

ISBN 978-957-711-460-0 (平裝)

1.CST: 佛教　2.CST: 出版　3.CST: 宗教傳播　4.CST: 臺灣

487.7　　　　　　　　　　　　　114009984

臺灣佛光人間：佛教出版與傳播研究

陳建安 著

發 行 人：賴洋助
出 版 者：元華文創股份有限公司
聯絡地址：100 臺北市中正區重慶南路二段 51 號 5 樓
公司地址：新竹縣竹北市台元一街 8 號 5 樓之 7
電　　話：(02) 2351-1607　　傳　　真：(02) 2351-1549
網　　址：https://www.eculture.com.tw
E - m a i l：service@eculture.com.tw
主　　編：李欣芳
責任編輯：陳亭瑜
行銷業務：林宜葶

排　　版：菩薩蠻電腦科技有限公司
出版年月：2025 年 08 月 初版
定　　價：新臺幣 550 元

ISBN：978-957-711-460-0 (平裝)

總經銷：聯合發行股份有限公司
地　　址：231 新北市新店區寶橋路 235 巷 6 弄 6 號 4F
電　　話：(02)2917-8022　　　傳　　真：(02)2915-6275

版權聲明：

　　本書版權為元華文創股份有限公司(以下簡稱元華文創)出版、發行。相關著作權利(含紙本及電子版)，非經元華文創同意或授權，不得將本書部份、全部內容複印或轉製、或數位型態之轉載複製，及任何未經元華文創同意之利用模式，違反者將依法究責。

■本書如有缺頁或裝訂錯誤，請寄回退換；其餘售出者，恕不退貨■